電気自動車のためのワイヤレス給電とインフラ構築

Wireless Power Transfer and Infrastructure Construction for Electric Vehicles

《普及版／Popular Edition》

監修 堀　洋一，横井行雄

シーエムシー出版

まえがき

電気自動車（EV）の普及という面で2010年は，三菱自動車の「i-MiEV」の一般向け販売に始まり，年末には，日産の「LEAF」の発売，米国でのFord「VOLT」の発売開始が相次ぎ，一方中国においては上海万博でキャパシタ・Li電池バスの運行が行われ，本格的なEV時代の幕開けの様相を呈した年になった。

一方で電気自動車の普及に向けての課題として，電力をどのような方法で供給し，貯め，有効に使うかという点が挙げられるが，最大の問題は航続距離の短さにある。そして，高性能電池を制するものがEV化したクルマ社会を制するとまで言われる。しかし，500kmを走る高性能電池は本当に必要だろうか。電気自動車が大きなエネルギーを抱えて走るのでは，そのコンセプトはガソリン車と同じである。高性能電池開発に注がれている情熱の数パーセントを使い，電力インフラから直接エネルギーを供給する最後の数メートルに着目すれば，未来のクルマは電池のもつ様々なデメリットから解放されるであろう。

将来のクルマが電気モータで動き電力インフラにつながることは確実である。もし電気自動車が電力インフラから直接エネルギーをもらうことができれば，航続距離とは「電力インフラから離れても安心できる距離」ていどの意味しかもたなくなる。そして少なくとも都市部では，「ちょこちょこ充電しながら走る電車のようなクルマ」が普通になり，そこでは「電池からキャパシタ」への移行と「ワイヤレス給電」が実現される。さらに，電気モータで走るクルマでは，モータの優れた制御性を生かした「モーション制御」が当たり前のように適用され，クルマの使うエネルギーはさらに少なくなり環境負荷を低減させるだろう。

電力は現状ではケーブルを介して電力インフラから供給を受けているが，ここ数年の間にワイヤレス給電技術開発が格段の進展を見ている。小型機器については既にWPC（Wireless Power Consortium）が5W以下の給電についての規格を公開した。一方で，電気自動車への給電については本年から自動車技術会に「ワイヤレス給電システム技術部門委員会」（委員長　堀洋一）が設置されオールジャパンのメンバーを網羅し活動を開始している。

このような時期に，ワイヤレス給電から電気自動車の普及に向けたインフラ構築，さらには低炭素な未来社会まで網羅した本書が発刊されるのは時宜を得たものである。最後にそのようなタイミングで執筆していただいた諸氏の努力に感謝すると共に，この分野に関心を持たれる諸兄のお役に立てれば幸いである。

2011年3月

東京大学

堀　洋一

長野日本無線㈱

横井行雄

普及版の刊行にあたって

本書は2011年に『電気自動車のためのワイヤレス給電とインフラ構築』として刊行されました。普及版の刊行にあたり，内容は当時のままであり加筆・訂正などの手は加えておりませんので，ご了承ください。

2017年３月

シーエムシー出版　編集部

監修者

堀　　洋一　　東京大学大学院　新領域創成科学研究科　先端エネルギー工学専攻　教授
横井行雄　　長野日本無線㈱

執筆者一覧

横井行雄　　長野日本無線㈱
松木英敏　　東北大学大学院　医工学研究科　医工学専攻　教授
小紫公也　　東京大学大学院　新領域創成科学研究科　先端エネルギー工学専攻　教授
居村岳広　　東京大学大学院　新領域創成科学研究科　先端エネルギー工学専攻　助教
髙橋俊輔　　昭和飛行機工業㈱　特殊車両総括部　EVP 事業室　技師長
阿部　　茂　　埼玉大学　工学部　電気電子システム工学科　教授
安間健一　　三菱重工業㈱　名古屋航空宇宙システム製作所　宇宙機器技術部　電子装備設計課　主席
篠原真毅　　京都大学　生存圏研究所　教授
竹野和彦　　㈱NTT ドコモ　先進技術研究所　環境技術研究グループ　主幹研究員
安倍秀明　　パナソニック電工㈱　先行技術開発研究所　参事
佐藤文博　　東北大学大学院　工学研究科　電気・通信工学専攻　准教授
黒田直祐　　㈱フィリップス エレクトロニクス ジャパン　知的財産・システム標準本部　システム標準部　部長
多氣昌生　　首都大学東京大学院　理工学研究科　電気電子工学専攻　教授

丸田　理　東京電力㈱　技術開発研究所　電動推進Ｇ　主任研究員
岩坪　整　日本ユニシス㈱　エネルギー事業部　営業三部　次世代ビジネスグループ　担当課長
鈴木　匠　JX 日鉱日石エネルギー㈱　小売販売本部　リテール販売部　部長
近藤信幸　㈱アルバック　カスタマーズサポート事業部　LC グリッド部　設計施工課　課長
青木新二郎　パーク２４㈱　パーキング総合研究所　所長
藤川博康　三菱重工パーキング㈱　設計部　技術開発課
福田博文　KDDI㈱　ソリューション第１営業本部　電力営業部２グループ　課長補佐
高山光正　オリックス自動車㈱　カーシェアリング企画部　部長
古川信也　三菱自動車工業㈱　開発本部 EV・パワートレーンシステム技術部　エキスパート
朝倉吉隆　トヨタ自動車㈱　HV システム開発統括部　企画総括室　主査
水口雅晴　大丸有地区・周辺地区環境交通推進協議会　副会長；三菱地所㈱　都市計画事業室　副室長・副理事
斉藤仁司　神奈川県　環境農政局環境部　交通環境課　電気自動車グループ
宇佐美由紀　豊田市　都市整備部　交通政策課　係長
荻本和彦　東京大学　生産技術研究所　エネルギー工学連携研究センター　特任教授
田中謙司　東京大学大学院　工学系研究科　システム創成学専攻　助教
須田義大　東京大学　生産技術研究所　先進モビリティ研究センター　教授

執筆者の所属表記は，2011年当時のものを使用しております。

目　　次

第4章　電磁誘導方式による電気自動車向けワイヤレス給電　髙橋俊輔

第5章　電気自動車向けワイヤレス給電　阿部　茂

第6章　マイクロ波ワイヤレス給電　安間健一

第7章　電気自動車用マイクロ波ワイヤレス給電　篠原真毅

〈拡がるワイヤレス応用〉

第8章　医療・民生家電機器とワイヤレス給電　居村岳広

第9章　モバイル機器におけるワイヤレス給電の適用手法　竹野和彦

第10章　携帯用電子機器のワイヤレス給電技術　安倍秀明

第11章　医療機器用充電システム　佐藤文博

第12章　携帯デバイス向けワイヤレス充電国際規格の標準化　黒田直祐

〈電波利用の現状と課題〉

第13章　電磁界の人体ばく露と人体防護　多氣昌生

【第Ⅱ編　電気自動車普及のためのインフラ構築】

〈充電インフラ構築および取り組み・サービス〉

第1章 充電インフラ整備の現状と標準化動向　丸田　理

第2章　充電インフラシステムサービス「smart oasis」　岩坪　整

第3章　サービスステーションにおける電気自動車の充電インフラ　鈴木　匠

第4章　急速充電器の開発・普及状況　近藤信幸

第5章　パーク＆チャージ―パーク２４による充電設備の展開―　青木新二郎

第6章　立体駐車場における充電インフラ（plug-in リフトパーク）

藤川博康

第7章　スマート充電システム　福田博文

第8章　カーシェアリング　高山光正

〈自動車メーカーとインフラ〉

第9章　三菱自動車の充電インフラに対する電気自動車普及への取り組み　古川信也

第10章　トヨタ自動車のプラグインハイブリッド普及に向けた取り組み　朝倉吉隆

〈地域・自治体での取り組み〉

第11章　大丸有地区における環境交通導入の取り組みについて　水口雅晴

第 12 章　電気自動車普及に向けた神奈川県の取り組み

斉藤仁司

第 13 章　ハイブリッド・シティとよたの取り組み　**宇佐美由紀**

【第Ⅲ編　電気自動車が実現する低炭素な未来社会】

第1章　スマートグリッドの展開　荻本和彦

第2章　スマートグリッドと電気自動車　荻本和彦

第3章　電気自動車に始まる二次電池の普及と環境対応型社会システムの構築―沖縄におけるグリーン・ニューディールプロジェクト―　田中謙司

第4章　パーソナルモビリティ・ビークル　須田義大

総論
—電気自動車普及に向けた動き—

横井行雄*

「非接触電力伝送技術の最前線」の刊行（2009年8月）から1年半が経過し，その間に量産型の電気自動車（EV）の本格的な普及の兆しが鮮明になってきた。充電システムはプラグイン＋ケーブル方式で構築されているが，利便性・安全性の観点からワイヤレス給電の優位性は明らかであり将来的にはワイヤレス給電への置き換えが期待されている。

本書は今後不可欠になると考えられるワイヤレス給電技術のその後の展開と，電気自動車の普及を支える充電インフラの各利用シーンでの構築・稼動の現状と展望，さらには電気自動車の本格的な普及を重要な契機としてもたらされることになる低炭素な未来社会，までを3編構成で網羅的に俯瞰することを意図して企画された。

第Ⅰ編のワイヤレス給電では，電気自動車への応用を念頭に，序論および第1章で電磁誘導，磁気共鳴，電磁ビーム（マイクロ波）伝送の各給電方式の基礎を再確認する。次に本書の主題のひとつであるワイヤレス給電の電気自動車への応用について，磁気共鳴，電磁誘導，マイクロ波伝送について第2章～第7章に記した。磁気共鳴方式についてはここ数年精力的に研究・開発が進められ，電気自動車への応用も視野に入ってきている。理論面と実用面を第2，3章とした。電磁誘導方式はコミュニティバス等を使った実証試験運行が最も進んでいる方式である。本書ではその最新の状況と，自家用車EVへの電磁誘導方式の応用を目指した位置自由度の比較的高い方式の開発状況について第4，5章とした。電磁ビーム伝送方式は，宇宙からの太陽光エネルギーのマイクロ波ワイヤレス伝送が研究のルーツである。この伝送方式をEV時代の電気自動車の充電システムに適用しようという試みが精力的に行われている。最新動向について第6，7章とした。

ワイヤレス給電の電気自動車への本格的な応用はいましばらく時間を要すると考えられているが，一方で，小型の機器を中心として各分野での応用が始まっている。それらの中から，医療・民生家電，携帯電話等のモバイル機器への応用の最前線について第9章～第11章に記した。とりわけ，携帯電話等のモバイル機器に関しては，WPC（Wireless Power Consortium）等で国際規格化の動きが加速しており，最新の状況と方向性について第12章とした。

＊　Yukio Yokoi　長野日本無線㈱

また，電波利用における現状と課題のうち人体への電磁波の影響と防護の章を独立して設け，ワイヤレス給電の実用化の課題の一つとして最新の状況を第13章で解説していただいた。

以上が第Ⅰ編の概要である。第Ⅱ編で詳述されるように，充電インフラとしては，現状では普通充電，急速充電ともに，電力インフラから電力をプラグイン＋ケーブルを介して供給を受けている。電気自動車の本格普及の暁にはプラグ＆ケーブルレスが実現し，簡便且つ安全なインフラ構築がなされているはずである。

電気自動車の充電に応用可能なワイヤレス給電の方式である磁気共鳴，電磁誘導，電磁ビーム伝送の3方式はそれぞれの利点をもっているが，一方でおのおの異なった課題を抱えていて，その解決に向けた研究開発が精力的に進められている。磁気共鳴方式の長所は，給電距離（エアギャップ）が電磁誘導方式に較べて大きいこと，給電のための位置の自由度が大きいことが挙げられ，自家用車EV給電の利便性向上に大いに期待されている。課題としては，給電位置の変化にフレキシブルに対応するための同調制御（自動整合）方式の確立と，給電距離が比較的長いので近傍電磁界が相対的に広範囲に及ぶ可能性があり，設計的配慮が必要なこと等が課題である。電磁誘導方式は給電距離が短いので，近傍電磁界への配慮は比較的少なくて済む。この方式は数10KWクラスの電力の給電まで実証試験運行が行われコミュニティバス等の準固定経路運行車両では最も実用化に近い。課題は給電距離の拡大と，位置決め精度の緩和である。自家用車EVへの応用を念頭においた位置自由度の拡大を図る方式の研究が進められている。電磁ビーム（マイクロ波）伝送の歴史は古く，宇宙太陽光発電の電力をマイクロ波を用いて地上にワイヤレスで送る方式として研究が進められてきた。本方式の電気自動車への応用も試行されている。給電距離の課題は少ないが，マイクロ波の特性上，送受電間が遮蔽されると給電出来ないので，取り付け場所の制約となる。3方式の概括的な比較を表1にまとめた。

第Ⅱ編では電気自動車普及のためのインフラ構築について，【充電インフラ構築および取り組み・サービス】として歴史，現状，見通しについて第1章～第8章で詳説している。次に【自動車メーカーとインフラ】として三菱自動車工業とトヨタ自動車のケースを第9章と第10章に，【地域・自治体での取り組み】として東京の大丸有（大手町，丸の内，有楽町）地区と神奈川県，豊田市のケースを第11章，第12章，第13章に取り上げた。

表1　ワイヤレス給電方式の比較

方式	給電距離エアギャップ	位置自由度	給電電力	近傍電磁界
磁気共鳴	長	大	数KWクラス	要対策
電磁誘導	短	精細	数10KWクラス	要対策
マイクロ波ビーム	長	レクテナに依存	レクテナに依存	ビームの範囲

自家用車EVでは保有者の自宅やオフィスでの基礎充電が基本であり，充電ネットワークの利用は自宅から離れた目的地または移動経路の途中での充電時に利用することになる。

現状では普通充電と急速充電とを問わず全ての充電インフラが，プラグイン＋ケーブルで電力系統とクルマを接続する方式である。充電システムの要件として，車の保有者の自宅またはオフィスでの充電（基礎充電）を別として，経由地または目的地周辺での充電設備の配置ならびに稼働状況（空き，使用中，予約の有無または故障等）の情報をEVへ配信，更には充電開始・完了時の課金管理データのネットワークとの認証・送受などが必須要件となる。即ち自家用車EVではネットワークとの双方向通信機能が必須である。充電という機能に加え利便性向上のための高度なネットワークを活用したシステムが構築・試行されている。経済産業省はEV・PHVタウン構想を進め，自治体を主体に実証実験を進めている。本書では電力会社，ネットワークを含めた先導的な充電インフラの構築主体になっている通信キャリヤ，メーカ，駐車場管理会社，サービスステーションの実施例を取り上げた。

量産型電気自動車の本格的普及のゴールは低炭素で持続可能な社会であろう。第Ⅲ編では，電気自動車が実現する低炭素な未来社会を見据えて，スマートグリッド，スマートグリッドと電気自動車，環境対応型社会システムの構築，さらにはパーソナルモビリティ・ビークルを主題に来るべき社会について第1章から第4章でそれぞれ論じていただいた。

電気自動車（EV）の普及という面で2010年は，EV時代の本格的な幕開けの様相を呈した年になったといっても過言ではない。環境に，そして生活弱者により一層やさしい未来の低炭素社会を目指して，利便性，安心・安全性の向上の追求は留まることなく進められるであろう。

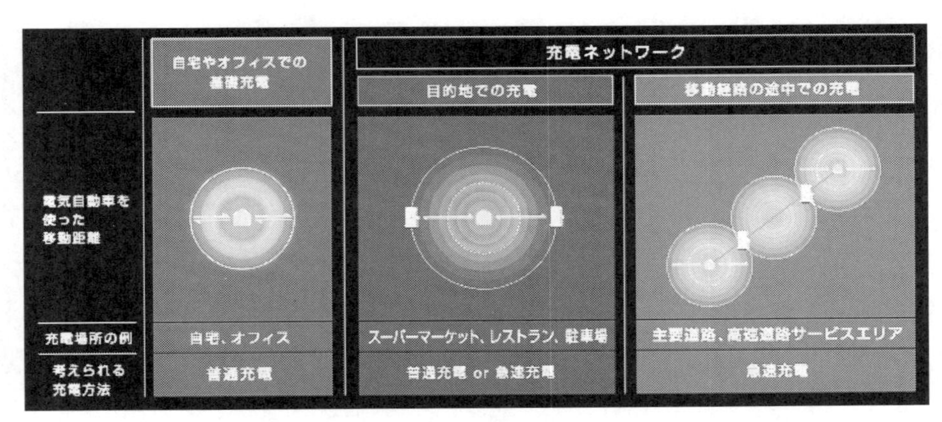

図1　充電ネットワーク

（出典；日産　電気自動車（EV）総合情報サイト　日産　充電ネットワークより）

参考文献

・舘内，吉岡，門田，吉田，堀，姉川，辻本，“EVの普及に向けて”，自動車技術会座談会，2010年1月
・村沢義久，“電気自動車”，毎日新聞社，2010年8月
・経済産業省製造産業局自動車課，“EV・pHVタウン構想”，経済産業省，平成20年4月

第Ⅰ編
ワイヤレス給電

序論
—ワイヤレス給電—

松木英敏*

非接触エネルギー伝送技術は古くて新しい技術であり，1831年のファラデーによる電磁誘導則にさかのぼる。また，我々の世代には懐かしい鉱石ラジオも，電波から駆動エネルギーを調達するワイヤレス給電のはしりであるともいえる。積極的な提案としては1968年，P. グレイザーによる「Power from the Sun」（現在のSpace Solar Power Systems：SSPS）が最初であろう。これは太陽電池を積んだ静止衛星によって百万kW級の電力を生み出し，それをマイクロ波で地上に送電しようとする壮大な計画であった。

電磁誘導方式によるワイヤレス給電技術では，1981年の松下電工による電動歯ブラシをはじめ，コードレス電話，電動歯ブラシなど様々な実用品が生まれている。ICカードFelicaがソニーから出されたのが1995年であり，電波方式では2003年，米国で登場した無線タグが，日立が開発したμチップに発展している。さらに2007年にMITによる磁界共鳴方式が登場するなど，興味深い新しい伝送方式がいくつか提案され，研究面でも活況を呈してきている。

人の住むところコンセントあり——先人たちが築いた電気エネルギーにおけるユビキタスエネルギー社会は今，新たなフェーズに入ろうとしている。配電網に相当する部分に，有線から無線への革命が起ころうとしている。すなわち，ワイヤレス給電技術の到来である。かつてニコラテスラが夢見た無線電力伝送システムのいわば具現化である。

これまで，ワイヤレス給電は，水周りや頻繁に取り外しを繰り返す用途など，非接触であることが要求される一部の特殊な用途における充電技術として主に利用されてきた。

しかし2007年にMITが，独自の理論に基づいた磁界共鳴方法を用いて，数m規模の“中距離”に対しての給電の可能性を実証したことにより，ワイヤレス給電に期待される用途は大きく様変わりしてきたといえるだろう。

折しもエネルギー問題が耳目を集め，電気自動車の市場投入機運が高まるタイミングからにわかにワイヤレス充電技術に対する関心が高まりをみせてきた感がある。

電気エネルギー，すなわち電力は①変換効率，②エネルギー密度，③エネルギー品質，のすべ

＊ Hidetoshi Matsuki　東北大学大学院　医工学研究科　医工学専攻　教授

ての点において，他のエネルギー形態を凌駕する優れた特性をもつ故に近代社会の牽引役を果たしているのである。しかしながら，電気エネルギーのまま貯蔵しておく手段を私たちは持ち合わせていない。電池は電気エネルギーを化学エネルギーに変換して貯蔵しているため，電気エネルギーの特徴を活かしたままの貯蔵，取り出しができない。いろいろなシステムを考えていく際に，このことは足かせとして残る。電池技術のブレークスルーが電気社会のブレークスルーにつながるといわれる一つの要因であろう。

今後の普及が期待される電気自動車にとっても，二次電池の問題は大きい。ガソリン自動車並みの航続距離を実現することを命題として掲げる一方で，自動車自体の性能に関わる居住性，運動性を確保するためには，容積，重量の増大を招くような二次電池の大容量化は避けたいところであろう。またガソリン車では，ガソリンスタンドに数分立ち寄ればエネルギーが補給できてしまうのに対して，現状の電気自動車では，家庭電源で 10 時間前後，急速充電器でも十分程度の充電時間を要するが，これは二次電池のエネルギー蓄積密度が向上すればするほどさらに深刻な状況を生む。現在，給油時間並みの短時間電池交換技術が実用化実験段階であるが，これは一つの解決策であろう。

ところで，ガソリン車並みの航続距離を実現することは，果たして電気自動車の大命題なのであろうか。電気自動車が本格的な日常の移動手段としての位置づけを勝ち取っていくためには，インフラと組み合わせた移動体システムとして捉えることが必須なのではないかと思われる。それは，電池性能が飛躍的に改善するまでのつなぎのシステムではなく，本質的なことである，と認識すべきではないだろうか。

その意味でも，インフラ側から随時，充電を行っていくことで，あたかも半永久の大容量電池を搭載したかのような環境をシステムとして実現できる「ワイヤレス給電」は，本格的なユビキタス社会の実現に向けて，今後もっとも重要なテーマとなる可能性を秘めている。

〈基礎〉

第1章　ワイヤレス給電の基礎

小紫公也*

1　はじめに

電磁誘導による無接点給電をはじめとし，近年はワイヤレスで給電できる電力や距離が拡大しつつあり，多様な応用が期待されている。1つ目は，自動車などの輸送システムへの電力伝送であり，走行中あるいは小まめなステーション給電を行うために，ワイヤレス給電に期待が集まっている。また携帯電話のようなモバイル・ユビキタス機器も薄型・軽量化が進んだが，バッテリの小型化にも限界があり，電気自動車と同様にいつでもどこでも充電可能な技術，あるいは使用中，休憩中に自動充電される技術などにワイヤレス伝送技術が活かされると期待される。これらの用途には，受電部と給電部の距離の変化や姿勢のずれを許容し，相対的位置関係が変化する環境下でも効率的に伝送できることが重要となる。

2つ目はインプラントセンサやタイヤ圧センサなどのマイクロセンサや，災害地の偵察や体内の検診を目的としたマイクロロボットの駆動である。センサ応用ではワイヤレスセンサネットワークによって大型構造物のヘルスモニタリングなど多地点の診断情報を無線で収集することが可能となったが，現在はその駆動エネルギー源としてエナジー・ハーベスティング技術が盛んに研究されており，ワイヤレス給電にも期待がされている。バッテリレス駆動という点が重要で，センサの小型化，電池切れの心配不要という実用面のほか，廃棄時の有害物質が少ないことも利点である。一方，マイクロロボットは，ワイヤを付けたその重みで動けなくなるほどのサイズであったり，ワイヤを引きずっては進めない場所に展開されるものであったりする。バッテリレス駆動ならば，その寿命，サイズ，可動範囲は，バッテリ容量・サイズで制限を受けない。近年ミリワットレベルの電力でも動作するIC，センサ，LED等の出現により，より高機能なバッテリレス・マイクロデバイスが設計可能となってきており，これまでにないアプリケーションも期待できる。

3つ目は定点間のワイヤレス伝送で，自動車内や室内を這いまわる大量で複雑なハーネス・コードは，ワイヤレス技術により簡素化・軽量化され，家電製品は置き場所が自由になり，銅資源の節約にもなる。また離島への電力伝送や，宇宙太陽発電衛星からの電力伝送など，伝送距離にし

*　Kimiya Komurasaki　東京大学大学院　新領域創成科学研究科　先端エネルギー工学専攻　教授

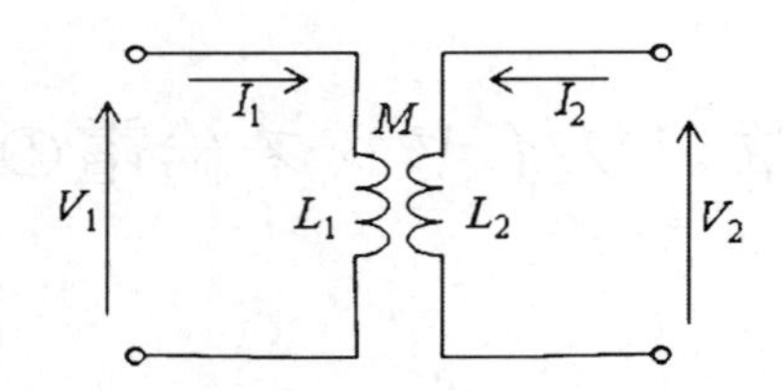

図1　電磁誘導送電回路

て数 km から数万 km，電力レベルが数十 kW から数 GW に及ぶ基幹電力伝送の研究が行われており，これらを担う高出力マイクロ波アンプやレーザーの開発も進んでいる。

近接した距離での給電には電磁誘導が用いられているが，波長よりもずっと長い距離には電磁ビームが利用できる。また波長の十分の1から百分の1の中間的な距離では磁界共鳴が便利であろう。以下にそれぞれの技術の基礎を解説する。

2　ギャップを有する電磁誘導給電

最も簡単な電磁誘導送電回路を図1に示す。自己インダクタンスをL，相互インダクタンスをM，送・受電側をそれぞれ添え字1,2で表している。この回路について成立するキルヒホフ電圧則は以下のように表わせる。

$$\begin{bmatrix} V_1 \\ V_2 \end{bmatrix} + \begin{bmatrix} -L_1 & M \\ M & -L_2 \end{bmatrix} \frac{d}{d_t} \begin{bmatrix} I_1 \\ I_2 \end{bmatrix} = \begin{bmatrix} 0 \\ 0 \end{bmatrix} \tag{1}$$

相互インダクタンスは$M = k\sqrt{L_1 L_2}$と（$0 \leq k \leq 1$）と表せる。このとき結合係数kは2つのコイルの幾何学的な位置関係により決まり，コイル間ギャップが大きくなるとkが小さくなって効率が低下すると同時に漏れインダクタンスL_{leak}が大きくなり力率低下が生じる。L_{leak}とは，回路の結合が完全でないときにコイルの一部がインダクタンスとして働くもので，(1) 式を以下のように変形し

$$\begin{bmatrix} k\sqrt{L_2/L_1 V_1} \\ k\sqrt{L_1/L_2 V_2} \end{bmatrix} + \begin{bmatrix} -M & k^2 L_2 \\ k^2 L_1 & -M \end{bmatrix} \frac{d}{d_t} \begin{bmatrix} I_1 \\ I_2 \end{bmatrix} = \begin{bmatrix} 0 \\ 0 \end{bmatrix} \tag{2}$$

これと (1) 式を用いて次式を得る。

$$\begin{bmatrix} V_1 \\ V_2 \end{bmatrix} = \begin{bmatrix} -k\sqrt{L_1/L_2V_2}+(1-k^2)L_1(dI_1/t) \\ -k\sqrt{L_2/L_1V_1}+(1-k^2)L_2(dI_2/t) \end{bmatrix} = \begin{bmatrix} \varepsilon_1 \\ \varepsilon_2 \end{bmatrix} + \begin{bmatrix} L_{\text{leak1}}(dI_1/t) \\ L_{\text{leak2}}(dI_2/t) \end{bmatrix} \tag{3}$$

ここで$L_{\text{leak1, leak2}}=(1-k^2)L_{1,2}\rightarrow L_{1,2}$ $(k\rightarrow 0)$ である。この表式を用いて図2のような等価回路に置き直して考えることができる[1)]。

漏れインダクタンス対策としては，補償コンデンサを付加し位相のずれを相殺するのが一般的である。1次側の電源力率改善用コンデンサC_1と2次側の漏れインダクタンス補償用コンデンサC_2をそれぞれに直列に挿入した電気回路を図3に示す。並列に付加することもできる。電源角周波数をωとすると，$k\rightarrow 0$で力率が1となる条件は$\omega C=1/\omega L$で，これはすなわち送受電回路の固有角周波数$\omega_{1,2}$がωと一致する条件$\omega_{1,2}=1/\sqrt{L_{1,2}C_{1,2}}=\omega$である。

kが小さくなることに伴う効率低下に対しては，電源周波数を10kHz以上に高めて2次誘起電圧を上げる対策が取られる。周波数と効率の関係を定量的に議論するにはこの回路のQ値について考える必要がある。送受電回路の固有角周波数を虚数成分も合わせて示すと

$$\beta_{1,2}=1/\sqrt{L_{1,2}C_{1,2}}+i(R_{1,2}/2L_{1,2})=\omega_{1,2}+i\Gamma_{1,2} \tag{4}$$

となる。$\Gamma_{1,2}$は銅損や放射損によるエネルギー散逸をレートで表したものであり，次のように交流電流の角周波数との比として定義される無次元量をQ値と呼ぶ。

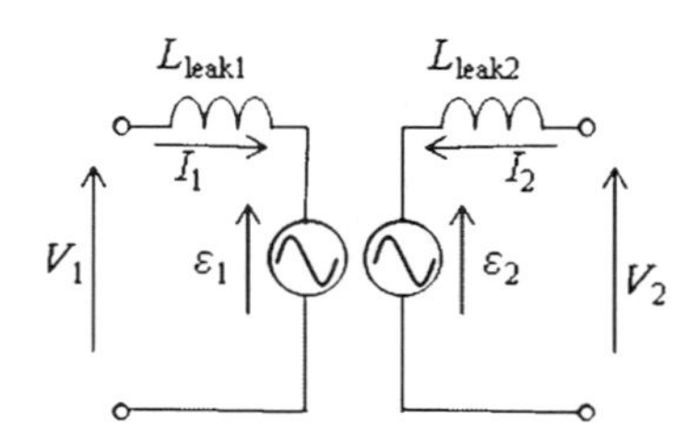

図2　漏れインダクタンス等価回路

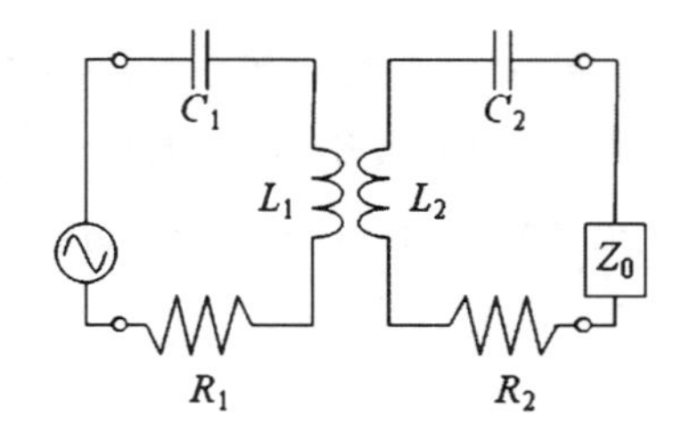

図3　補償用コンデンサを直列に挿入し力率改善を行った回路
$Z_0=R_0$は電力を取り出すための負荷。

$$Q \equiv \frac{\omega}{2\Gamma} = \frac{\omega}{(R/L)} \tag{5}$$

Q 値が低いと早くエネルギーが散逸してしまう。

$\omega_{1,2} = 1/\sqrt{L_{1,2}C_{1,2}} = \omega$ の条件下では以下のキルヒホフ電圧則が成立する。

$$\begin{bmatrix} V_{\mathrm{src}} \\ 0 \end{bmatrix} = \begin{bmatrix} R_1 & i\omega M \\ i\omega M & Z_0 + R_2 \end{bmatrix} \begin{bmatrix} I_{10} \\ I_{20} \end{bmatrix} \tag{6}$$

電流振幅 I_{10}, I_{20} は $Z_0 = R_0$ として

$$\begin{bmatrix} I_{10} \\ I_{20} \end{bmatrix} = \frac{V_{\mathrm{src}}}{R_1(R_0+R_2)+(\omega M)^2} \begin{bmatrix} R_0 + R_2 \\ -i\omega M \end{bmatrix} \tag{7}$$

と求めることができる。1次側での反射電力が有効利用できるとすれば，伝送効率 η は式（7）を用いて次のように表せる。

$$\eta = \frac{Z_0 I_{20}^2}{V_{\mathrm{src}} I_{10}} = \frac{R_0 \omega^2 M^2}{\{R_1(R_0+R_2)+(\omega M)^2\}(R_0+R_2)} = \frac{1}{\left\{\frac{1}{k^2 Q_1 Q_2}(r+1)+1\right\}\left(1+\frac{1}{r}\right)} \tag{8}$$

ここで r は出力インピーダンス比で $r = R_0/R_2$ である。ある $k^2Q_1Q_2$ に対して効率を最大にする r は,

$$r_{\mathrm{opt}} = \sqrt{1+k^2 Q_1 Q_2} \tag{9}$$

であり，そのときの η は

$$\eta_{\max} = \frac{k^2 Q_1 Q_2}{\left\{1+\sqrt{1+k^2 Q_1 Q_2}\right\}^2} \tag{10}$$

となる。この関係を図4に示す。k が小さい分 Q 値を大きくしてやれば高い伝送効率を維持できる。電磁誘導で用いられるコイルの Q 値は高々数10程度であるが，より高周波数の交流電流を用いることにより高 Q 値が実現できる。しかし一方で，高い Q 値では共振特性が急峻となり，周波数の制御を要する場合がある。

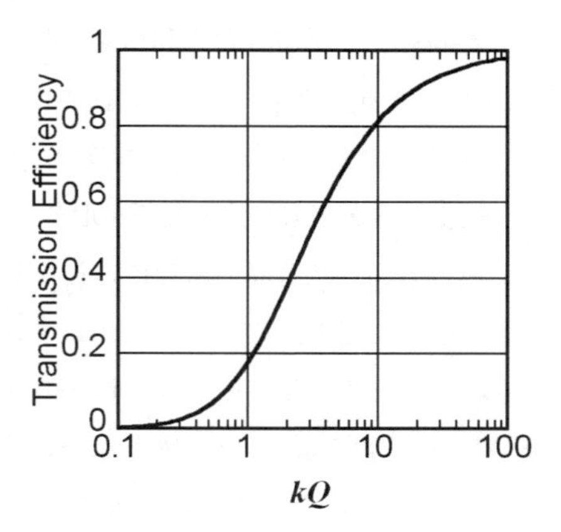

図4　伝送効率 η と kQ の関係
$r = r_{\mathrm{opt}} = \sqrt{1+k^2Q_1Q_2}$

3　磁気共鳴給電

3.1　基礎原理とインピーダンス整合

前節で述べたように伝送効率は結合係数 k とコイル Q 値の積 kQ のみの関数であり，たとえギャップが大きく k が 0.1～0.01 と小さくても，Q 値が 100 から 1000 と高ければ 80%以上の高伝送効率を実現できる。磁気共鳴給電の特徴は，高い Q 値のコイルを用いることによって k の小さな条件でも高い伝送効率を実現するというところにある。伝送効率と伝送距離の関係は図5のようになる。

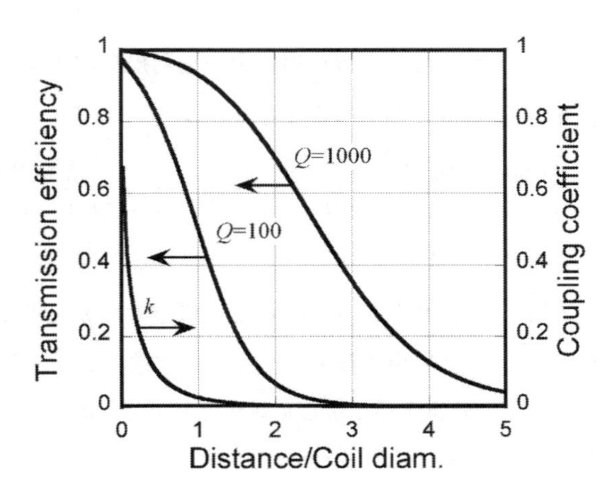

図5　伝送効率と伝送距離の関係
$r = r_{\mathrm{opt}} = \sqrt{1+k^2Q_1Q_2}$

MHz帯の高周波を用いることが多いが，電磁放射を利用するわけではなくむしろ放射を抑えて近傍場における電磁誘導現象を利用する。導線ループの近傍場には，電磁誘導によってループ平面と垂直に磁界が形成される。それを介して共振を起こすので，ループアンテナの放射指向性と共振の方向性は90度異なり，電磁誘導と相似の位置関係を取る。

Soljačić 等[2)]は，光やマイクロ波の方向性結合器の原理の延長として，共振するコイル間で電力伝送が可能であることを理論展開し，10MHz帯の交流を用いて約1.8m離れた場所から60Wの電球に対して効率40%の無線給電に成功した。その後，昨今のワイヤレス通信，モバイル機器の普及などに伴って多様な研究が行われるようになった。1対の音叉の共鳴現象のように1対の等しい共振周波数をもったコイルが強く結合する現象を利用するため“Magnetic resonance”給電と命名された。

近傍場で結合するため，送電側の出力は受電側の負荷の変化の影響を受けて変化する点が電磁放射を利用した給電と比べ複雑になる。長ギャップを有する電磁誘導でも既知のことであるが，kが大きくなる（ギャップが小さくなる）と共振周波数が分裂し双峰性を有する。この双峰性を含めて伝送効率を考えてみよう。送受電側それぞれの回路のインピーダンスは

$$Z_{1,2} \equiv R_{1,2} + i\left(\omega L_{1,2} - \frac{1}{\omega C_{1,2}}\right) = R_{1,2}(1 + ix) \tag{11}$$

と表せる。ここで

$$x = \sqrt{\frac{L_{1,2}}{C_{1,2}}}\frac{1}{R_{1,2}}\left(\frac{\omega}{\omega_0} - \frac{\omega_0}{\omega}\right) = Q_{1,2}\left(\frac{\omega}{\omega_0} - \frac{\omega_0}{\omega}\right)$$

である。10MHzを超えるような高周波では反射電力の再利用が困難なので，伝送効率をsパラメターを用いて定義する[2)]。高周波4端子回路と考えれば

$$\eta = |s_{21}|^2 = \frac{4\omega^2 M^2 Z_{01} Z_{02}}{|(Z_1 + Z_{01})(Z_2 + Z_{02}) + (\omega M)^2|^2} = \frac{4k^2 Q_1 Q_2 r_1 r_2}{|(1 + ix + r_1)(1 + ix + r_2) + k^2 Q_1 Q_2|^2} \tag{12}$$

と定義できる。この関係を図6に示す。

最適なインピーダンス比$r_{1,2} = r_{opt}$および$\omega = \omega_0$のときに最大のηを得るが，図6に見られるようにインピーダンス比rがr_{opt}よりも小さな場合，ηが周波数に対して双峰性を有し，共振周波数が分裂する。また同様にこの最適作動点から距離が減じてkQが大きくなると双峰性が強く表れ，$\omega = \omega_0$での効率低下が顕著となる。

インピーダンス整合には，図7に示すように入出力に変成器（入出力トランス）が用いられる。送電側，受電側で回路の固有振動数を変えることなく容易にインピーダンス整合を行うことがで

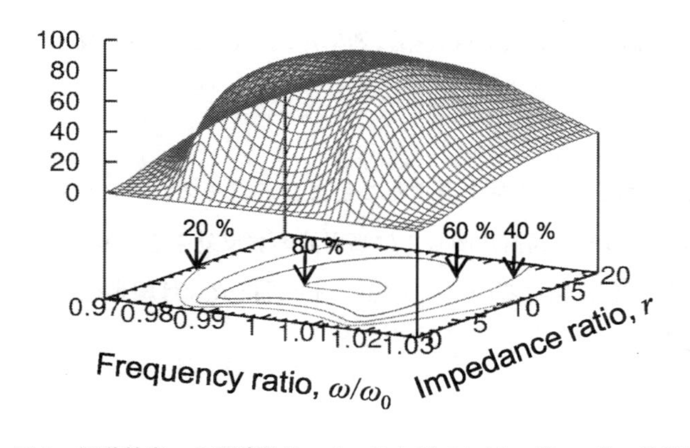

図6　伝送効率 η の周波数比 ω/ω_0 およびインピーダンス比 r 依存性
$kQ=10$

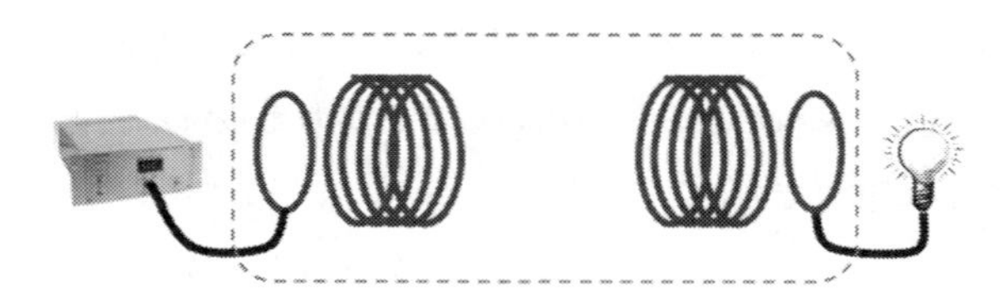

図7　4素子給電。左から励起コイル，送電側高 Q 値コイル，受電側高 Q 値コイル，ピックアップコイル。

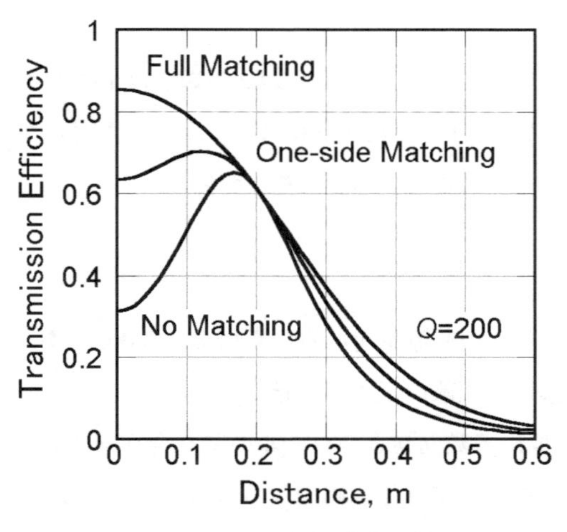

図8　インピーダンス整合の効果

きる。図8にインピーダンス整合をしない場合，片方だけで整合を取る場合，両方で整合を取る場合の伝送効率の伝送距離依存性を示す。0.2m でインピーダンスを設定すると，そのあたりの距離では高効率が維持できるが距離が短くなると急激に効率が低下する。その際，送電側で整合を取るだけでも伝送距離の短い領域では大幅に効率が改善されることがわかる。

3.2　高 Q 値コイル

磁気共鳴伝送の本質は高い Q 値を実現することにある。そのためには銅損，放射損の少ないコイルを設計する必要がある。銅損に関しては高周波の表皮効果を考慮しなければならない。表皮厚は周波数の平方根に反比例するので，導線の内部抵抗 $R_{\rm ohm}$ は線半径を a，線長を l，胴体の電気抵抗を ρ とすると

$$R_{\rm ohm}=\sqrt{\frac{\mu_0\omega}{2\rho}}\frac{l}{2\pi a} \tag{13}$$

と表される。μ_0 は真空の透磁率である。このため周波数をあまり大きく取れず，代表的な周波数としては 1MHz から 10MHz が選ばれる。表皮効果による実効断面積の減少を防ぐためリッツ線（絶縁被膜された細線を束ねたもの）を用いることが考えられる。線材の皮膜の誘電損が無視できず皮膜材料の選択も重要である。

一方放射抵抗 $R_{\rm rad}$ はコイルの直径を D，巻き数 n，交流電流の波長を λ とすると，およそ

$$R_{\rm rad}=20n^2\pi^6\left(\frac{D}{\lambda}\right)^4 \tag{14}$$

となり[3)]，D/λ の 4 乗に比例して増加するため D/λ は数%以下に抑えたい。

さらに，伝送距離 $l_{\rm gap}$ で $k=0.01$ を実現するには $l_{\rm gap}/D\approx 1$ 程度のコイル径が必要（図 5 参照）なので，これらのスケールパラメターのおおよその関係は

$$l_{\rm gap}\approx D\leq \lambda/100 \tag{15}$$

と制限される。例えば 10MHz の交流を用いるならば $\lambda\approx 30$m であるから，数十センチの径のコイルを用いてコイル径程度の距離の伝送が可能である。

静電容量 C の与え方には，多数回巻きのコイルの隣り合う線間の静電容量を利用する方法と単巻きループにコンデンサを挿んで共振回路を作る方法がある。多数回巻きのコイルの場合，C は線間のピッチに反比例する。そのため，共振周波数を設計値通りに製作することが難しいが，高い Q 値を達成しやすい。コンパクトに作るとなるとコイルの巻き方に工夫が必要である。一方，単巻きループの場合には，周波数の設定が容易でコイルがコンパクトになる利点がある。しかしコンデンサの誘電抵抗が主たる損失の原因となるため，現在入手可能な高 Q 値コンデンサを選んでも 1000 オーダーの Q 値を達成することは難しい。

インダクンスLの大きさに関しては色々な近似式があるが，1辺の長さがbの正方形単巻きコイルの場合は以下の式[4]が使える。

$$L=\frac{2\mu_0 b}{\pi}\left(\ln\frac{2b}{a}-1.21712\right) \tag{16}$$

MHz帯の電源は，kHz帯の低周波数の電源に比べて制御が複雑で，一般に低効率・高価格である。また高い周波数を使うと周波数に比例して誘起される電圧が高くなるので，特に大きな電力を送ろうとすると高耐圧な設計が不可欠となり困難を生じる。さらに，数メートルの伝送となると，大きなコイル径を要するため放射が増えてQ値が減少しがちである。このようなことが問題となる場合，数百kHz帯の利用も考えられる[5]。但し共振に大きなLおよびCが必要となるため，必然的に送受電コイルは大型化する。逆にGHz帯の交流を利用すれば微細なコイルを使うことができる。

3.3　障害物と漏れ電磁界

コイル間もしくはコイル周りの障害物による影響は重要な要素の1つである。非金属である木製品，本，壁，有機ガラス，布，皮といった物質は電力伝送に影響を及ぼさず，インプラントセンサやペースメーカーなどへの給電といった応用に向けて研究が行われている。また金属も共振器のコイル径よりも小さい物体，もしくは大きな渦電流を発生させないような物体の場合にはその影響はわずかである。

4　電磁ビーム伝送給電[6]

4.1　ガウシアンビーム

電磁放射は距離と共に拡散するため，一般には微弱な電力しか送れないと思われているが，電磁ビームを形成することによって波長よりも遥かに長い距離に，わずかな拡散損失で伝送できる。電磁波の波長，ビーム径と伝送距離には密接な関係があり，マイクロ波（GHz）領域からレーザー光の領域の電磁波が用いられる。

点源から発せられる電磁波は波源を中心として全方向に広がるが，単一波長あるいは狭い帯域の波だけを含む位相の揃った波が平面的に励起されると，図9に示すように，波の重ね合わせの原理に従って，平面波を形成しながら伝搬する。このような電磁波はコヒーレント（coherent）であるという。

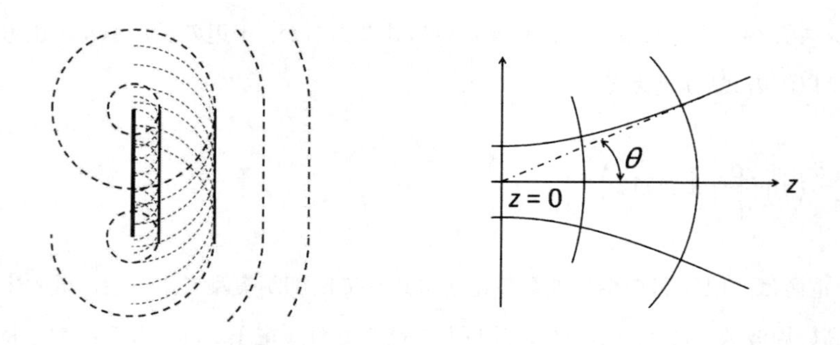

図9　平面波によるビーム形成

実際にはビームは有限の径を持っているので，遠方場では球面波に近づき，ビームは距離と共に拡大する。最も単純なガウス型強度分布を有するビームの場合，伝播距離zとビームスポット径wの関係は，射口（$z=0$）での径をw_0，波長をλとして

$$w = w_0\sqrt{1+\left(\frac{\lambda z}{\pi w_0^2}\right)^2} \tag{17}$$

と表せる。ビームスポット径とは，あるビーム断面における電界強度分布が中心の$1/e$になる半径を表し，この半径内に全体の87%の電力が含まれる。

遠方場（フラウンホーファー回折領域）においてビーム発散角はθに漸近する。

$$\theta = \arctan\left(\frac{w}{z}\right) \to \arctan\left(\frac{\lambda}{\pi w_0}\right)(z \to \infty) \tag{18}$$

伝送距離と受信器径の関係を図10に示す。近傍場（フレネル回折領域）で伝送を行うと，コンパクトな受信器でも高効率な伝送を実現できる。レンズやパラボラ鏡を使ってビーム径を拡大したり，位相同期のとれたアレイ型発振器を用いたりすることによってw_0を自由に選ぶことができるので，様々な距離の伝送に対応可能である。

4.2　マイクロ波ビーム給電

マイクロ波ビームの特徴は，①発振器・アンプが安価で高出力化できること，②DC-RF変換効率が高く（50%～90%），相対的に発熱が少なく冷却の負担が軽いこと，③整流を含む受電効率（80%を超える値も得られている）も高いこと，④マイクロ波位相制御によってビーム方向制御が可能なこと，などが有利な点である。水分子等による共鳴吸収が大きいため，生物が浴びると内側から加熱を起こす。長時間定常的に浴びても安全な基準は10W/m^{2}とされている。

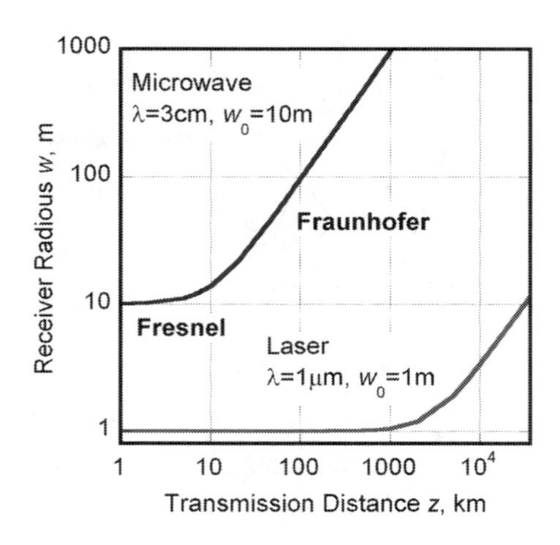

図10　伝送距離と必要受信器径

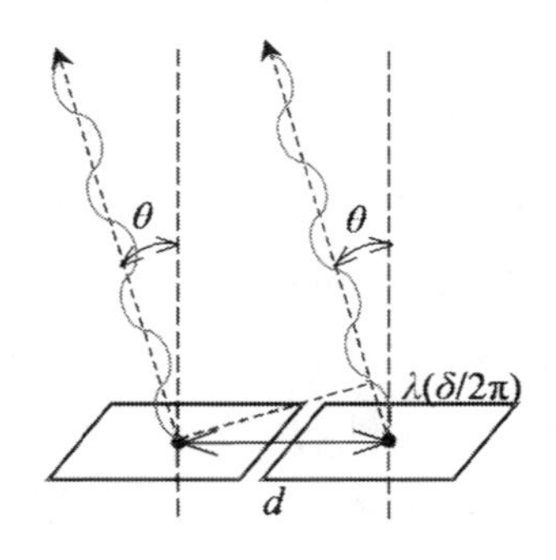

図11　アクティブフェーズドアレイアンテナの原理

マイクロ波発信アンテナをアレイ化して位相を揃えること（フェーズドアレイ化）によって，指向性のあるアンテナを構築できる。さらに位相を制御し，ビームの方向制御を行うものをアクティブフェーズドアレイアンテナと呼ぶ（図11）。間隔dで並んだアンテナ間の信号にδ radの位相差を与えると，$\theta = \arcsin(\delta\lambda/2\pi d)$ だけビームを傾けることができる。すでに衛星通信やレーダーなどに利用されている。

電界効果トランジスタ（Field Effect Transistor: FET）アンプとデジタル移相器を用いることにより，コンパクトで高速制御可能な送電アンテナシステムが実現している。電界効果トランジスタアンプは，その発振周波数が数十GHzにまで広がり，また増幅に必要な電源電圧も，真空管の場合の数千Vから数十Vで済むようになった。5GHzまでの周波数領域では，両極性（npn型）Siトランジスタが多く用いられ，それよりも高周波の領域では単極性（n型）GaAs（ガリウム砒素）トランジスタが用いられる。

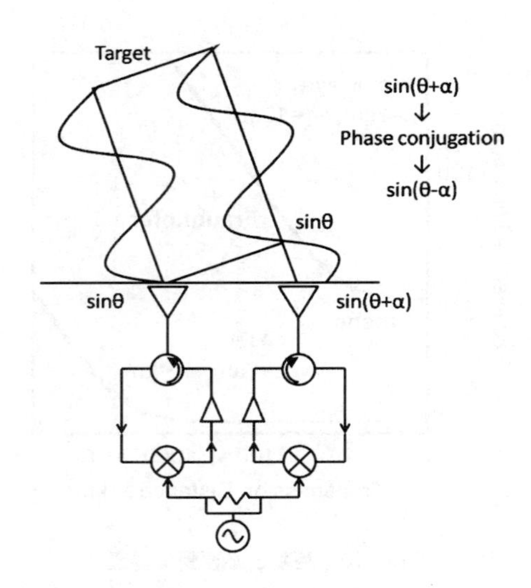

図 12　レトロディレクティブ機能の原理と位相反転回路例[7]

ターゲットから送られるパイロット信号をアレイアンテナで受信し，それぞれのアンテナで位相を反転させて送り返すと，ターゲットに向かってマイクロ波が自動的に返送される。これをレトロディレクティブ機能と呼ぶ（図 12)。追尾のためにアンテナの姿勢を機械的に動かす必要がなく，素子間の位相を電気的に調節するだけでよい。マイクロ波が誤って受信器のない場所に送信されることがないよう安全装置としても働く。

移動体，あるいは任意の姿勢を取るデバイスなどには，円偏波を用いることで偏波方向に伴う受電効率の低下が緩和される。人工衛星を用いた移動体通信には右旋回円偏波を使用することが定められており，円偏波電波はマイクロストリップアンテナやクロスダイポールアンテナで受電する。マイクロストリップアンテナは単純で 2 次元的なアンテナのエレメントを絶縁物の基板上にエッチングして作られる。航空機や自動車内に取り付けられた無線通信機器によく用いられており，共振周波数帯域は狭いが，給電点の変更により様々な偏波に簡単に対応できる。高効率の整流にはマイクロ波帯に追随できるダイオードを選ぶことが重要であるが，一般に数 mW 程度の微弱電力となると高効率な整流を行うことが難しい。

4.3　レーザービーム給電

レーザービームの特徴は，①通信電波との干渉が生じないこと，②発散角が小さく，コンパクトな装置で長距離の伝送が可能なこと，（その一方で，高精度な追尾・指向を要する）などである。レーザー光を浴びると失明の危険性があり，強度に関して制限が厳しい。

レーザー光は位相を制御することが困難で，アレイでコヒーレントなビームを形成し難しいが，

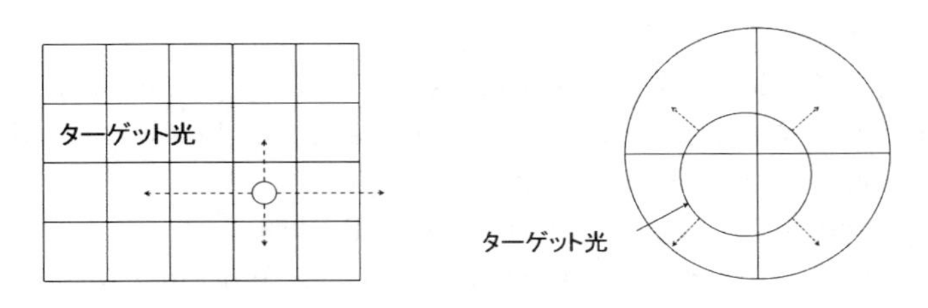

図13　粗追尾用エリアCCDセンサ（左）と精追尾用4分割フォトダイオードセンサ（右）

数百mの伝送距離であれば個々のレーザーのビーム径はほとんど拡大しないので，同期のとれていないアレイであっても十分に伝送に供し得る。半導体レーザー（LD）アレイを用いた伝送は，月面探査ローバー，災害ロボット，災害監視飛行機などへの電力供給など，様々なアプリケーションへの応用が試みられている。もしLDの光フェーズドアレイが実現できれば，高効率，高出力，長距離の伝送が可能となる。例えばInjection Locking法は単モードで発振するマスターレーザー光を分割しアンプレーザーで増幅するもので，容易に高出力化できると期待されている。

捕捉・追尾技術に関しては，レーザー光による衛星間通信実験に際し，二重フィードバックループを用いた機械的な自動追尾・指向制御システムが開発されている[8)]。粗追尾にはエリアCCDセンサと2軸ジンバル駆動機構，精追尾には4分割フォトダイオードセンサとミラー駆動機構を用い，1μrad以下の精度を達成している（図13）。

大気の揺らぎの影響は，光軸の振れ回りとして現れる。特に日中，地面付近での伝送に影響が大きい。そこで，受信機側から送られる参照光の電力密度分布のむらをセンサで検知し，常にターゲットに光軸が合うように複数のアクチュエーターを用いて光学系を制御する補償光学の研究が行われている。

光エネルギーは，最終的には光電素子（太陽電池）を用いて電力に変換される。その波長に適した光電素子を選ぶことによって50%以上の変換効率も可能である。また，電力に変化するのではなく，エタノールや水素を生成，製造し，携帯可能な燃料として利用しようという試みもある。マグネシウムを燃料としてリサイクルすることも検討されており，レーザー光を利用した効率的な酸化マグネシウムの還元の研究が行われている。

文　　献

1)　安部英明，“携帯用電子機器への非接触給電技術，”非接触電力伝送技術の最前線，シーエムシー出版，pp.159–170, 2009.

2） André Kurs, Aristeidis Karalis, Robert Moffatt, J. D. Joannopoulos, Peter Fisher, Marin Soljačić,, “Wireless Power Transfer via Strongly Coupled Magnetic Resonances,” Science, Vol.317, No.5834, pp.83–86, 2007.

3） J. D. Kraus, *Antennas* . New York: McGraw-Hill, 1988.

4） Frederick Warren Grover, “Inductance Calculations: Working Formulas and Tables,” Dover Phoenix Edition 2004.

5） 居村岳広，岡部浩之，小柳拓也，加藤昌樹，Teck Chuan Beh，大手昌也，島本潤吉，高宮真，堀洋一，“Hz～MHz～GHz における磁界共振結合によるワイヤレス電力伝送用アンテナの提案，” 電子情報通信学会総合大会講演論文集 1, pp.24–25, 2010.

6） 小紫公也，“レーザー・マイクロ波電力伝送技術，” 非接触電力伝送技術の最前線，シーエムシー出版，pp.40–48, 2009.

7） T. Brabetz, V. F. Fusco, and S. Karode,: “Balanced Subharmonic Mixers for Retrodirective-Array Applications,” IEEE Trans. MTT, Vol.49, No.3, pp.465–469 (2001)

8） 城野隆，中川敬三，鈴木良昭，山本昭男，“光衛星間通信機器（LUCE）の開発状況，” 信学技報，アンテナ・伝播，**96**（10), pp59–65, 1996.

〈電気自動車への応用〉

第2章　電気自動車とワイヤレス給電および電磁共鳴技術

居村岳広*

1　電気自動車へのワイヤレス給電の需要

2010年は電気自動車（EV: Electric Vehicle）元年と言われ，量産型の電気自動車が三菱自動車や日産自動車から相次いで販売された。ガソリンや軽油を使用するエンジン搭載車に比べ，電気自動車は圧倒的にエネルギー効率が高く，石油採掘から車での動力使用までの総合効率，つまり，Well-to-Wheelの効率では，約3倍高い。従って，当然ながらWell-to-Wheelでの二酸化炭素排出量も1/4と低く，非常にエコであることは，一般の人にも常識となりつつあり，電気自動車への注目を高める大きな要因となっている[1)]。

電気自動車は，モーターと電池で走っているので走行中に排気ガスを出す事はなく，原理的に街中でのゼロエミッションを実現している。エンジンがないので，走行時の騒音が小さく，かつエンジンによる振動がないため，室内環境は大幅に向上する。他にも，床下に電池を配置する事で，室内空間を広く取りやすく，低重心の安定した車になる。また，モーターの加速は切れ目なく，低速から高速まで力強く走るなど，車本来の良さも持ち合わせているなど多くの利点があり，幅広い支持を得られている。気になる事は電気自動車の走行距離であるが，一般の人々の日常の走行距離は40km未満が大半を占めており，電気自動車の1回の充電辺りの走行距離160kmはこれを十分に満たしている。そのため，日常使用に十分耐えられることが分かっている。

しかしながら，現在の電気自動車の一回の充電あたりの走行距離が160kmであることは，電気自動車での遠出を困難にさせると同時に，頻繁な充電作業を必要とする。これは，ガソリンや軽油に比べ，電池のエネルギー密度が小さいことが原因である。

では，160kmを越える遠方への移動はどうすればよいかというと，サービスエリアなどでの休憩の際に急速充電を行なえばよい。30分で80%まで充電されるので，インフラが整ってくれば1充電走行距離が160kmであることのデメリットも低減する。但し，急速充電はバッテリーを痛め，寿命を縮めてしまうため，日常的に行なう充電方式ではない。また，遠方への移動となっ

＊　Takehiro Imura　東京大学大学院　新領域創成科学研究科　先端エネルギー工学専攻　助教

てくると新幹線や飛行機などの公共交通機関利用も選択肢に入ってくる。更には，遠方への移動の時だけエンジン車をレンタカーするなど，臨機応変に対応するという事も可能である。

日常の利用シーンとしては，自宅に戻った後充電すれば，AC100V，15A で 14 時間，AC200V，15A で 7 時間ほどで満充電されるので，寝ている間に充電が完了する。また，ガソリン代に比べ電気代は安いので家計にもやさしい。電気コードがつながっているので，出発前にエアコンを入れておいても，満充電のまま走り始める事ができ，暑い日も寒い日にも，快適な車内環境を整える事ができる。更には，自宅での充電が基本的なスタイルとなるので，わざわざガソリンスタンドに行く必要もなくなるなど，多くのメリットがある。一方で，ほぼ毎日の充電作業は必須である。

多くの人々の本音として，電気自動車の販売価格が高い，走行距離が短いと思われるのは至極当然の事だろう。現在，電気自動車のコストの約半分を占める電池コストの低減，走行距離の延長，充電作業回数の低減のため，各社電池のエネルギー密度の向上の研究を日夜続けている。そのエネルギー密度は 2030 年には 5～7 倍となるというロードマップが示されているが[2)]，ブレークスルーを加味した上での値であり，世界中の研究開発がこのまま電池開発一辺倒になってしまうのは，非常に危険である事はこれまでの燃料電池開発などから明らかである。電池開発が本命であるのは間違いなく，是非とも成功して欲しいと期待する一方，昨今では，電池のエネルギー密度向上の限界が見えてきており，それだけに頼る事に対する危機感が生まれてきている事も事実である。

2　電気自動車へのワイヤレス給電の発展

この様な現状の中，ワイヤレス給電に大きな注目が注がれている。電気自動車へのワイヤレス給電はこれからの技術であり，4 つのフェーズを経て進化していくと考えると理解しやすい。フェーズ 1 は 7～14 時間かかる自宅での通常タイプのワイヤレス充電，フェーズ 2 は 30 分で 80%まで充電できるサービスエリアなどで行なわれる急速ワイヤレス充電，フェーズ 3 は赤信号などでの一時停車中の急速充電，フェーズ 4 は走行中充電である。

フェーズ 1 としては，自宅での 1.5kW～3kW 程度の通常タイプのワイヤレス充電である。使用する電力としては，電気コードをワイヤレス充電に置き換えるだけなので，充電に必要な時間は同じである。現在の多くの電気自動車向けのワイヤレス給電の研究開発は，これに注力されており，このシステムが全てのフェーズの基本となる。

現行では，電気自動車はほぼ毎日の充電作業を必要とし，手動で電気ケーブルをコンセントに挿す作業，つまり，接触式の充電作業が必要となる。この充電作業がどの程度，電気自動車の普及の足枷となるかは未知数であるが，実際の利用シーンを考えると，使用者にとって大きな負担となるのは想像に難くない。自宅での充電はガソリンスタンドに行く必要がないが，毎日の充電作業が義務になる。自宅に帰ったら，雨が降っていても，真冬の日でも，真夏の日でも，荷物を持っていても，必ず充電作業が必要である。充電コードを外に置きっぱなしにしてしまった場合は，泥だらけになる可能性もある。充電コードが服に触れたら当然ながら服が汚れる。泥だらけの充電コードをトランクに戻したら，トランクが汚れる。万が一，充電をし忘れたら次の日には車が動かないことも想定される。狭い駐車場で充電コードが車に接続されていると更に身動きが取れない。子供が充電コードに足を引っ掛けてコネクタが壊れる危険性がある。これらは全て日ごろの心がけで解決するような問題であり，大分，大げさに書かせてもらったが，十分に考えられる事である。

そこで，フェーズ1としての自宅での停車中のワイヤレス自動充電システムが大いに注目されている。接触式の充電方式では，マイナス面が多いが，ワイヤレス自動充電システムが完成すると，ガソリンスタンドに行く必要のない分，むしろ，エンジン車よりメリットが多い事が分かる。自動的に充電されるので，充電のし忘れという事もなくなる。ワイヤレス自動充電システムは，自宅以外の勤務先や，ショッピングセンターの駐車場やコインパーキングなどでも使用される事になる。充電コードが不要なので，勤務先やショッピングセンターなどに設置し，数百台が同時に使用した際に，充電コードが歩行者の邪魔にならないメリットは非常に大きい。また，先述した電気自動車の自宅充電自体のメリットは全て享受できる。

フェーズ2としては，急速充電である。電気自動車の1充電走行距離が短い事を克服するために，サービスエリアなどに設置する事が想定される。これも，充電コードをワイヤレス充電に置き換えるだけであるため，電力が20～50kWであることや，30分で80%まで充電できることは変わらない。しかしながら，電界や磁界や電磁波の抑制が非常に難しい事が想像される。

フェーズ3としては，赤信号での急速充電である。これは，電気自動車の1充電走行距離が短い事を補うために，ちょこちょこ充電すれば良いという発想である。自動車を運転している時間の約20～40%は赤信号で停止しているため，赤信号での充電，渋滞箇所での充電が効果的であるというシナリオである。これは，走行中給電に向けた一つの取り組みとして非常に興味深い話である。日本を始め多くの国々はインフラとして電気は至る所に電線を通じて張り巡らされており，すぐそこまで来ている。その線を数メートル延ばすだけで良いので，長い目で見ると現実的な方法として浮上してくる。50年前には，日本中に電線や電気が行き渡ると言ったら信じてもらえなかったかもしれないが，今では数メートル先には必ず電気が来ている。残り1メートルさえ解決すればいいのだが，ワイヤレス給電はそれを解決することができる。

フェーズ4としては，走行中給電である。夢の様な話であるが，既にこの研究は進められている。これも，電気自動車の1充電走行距離が短い事を補うためであり，主要な高速道路に設置する事により，160km 以上の走行を可能にする。走行中に給電するためには，送信側と受信側が大きな位置ずれを起こしても電力を送れる技術が必要となる。送信側のコイルやアンテナは充電レーンなどに数百キロメートルに渡って設置される事になり，電車の様に常に電力を送られる事になる。

3 電気自動車へのワイヤレス給電の技術的課題

電気自動車へのワイヤレス給電は，高効率，大エアギャップ，位置ずれに強い事，大電力の4つが大前提にあり，更には不要な磁界，電界，電磁波の放射を抑える事が重要になってくる。

現在，電気自動車へのワイヤレス給電は，電磁誘導方式,電磁共鳴方式,マイクロ波方式の3タイプが研究されている。

電磁誘導方式に関しては，周波数が kHz 周辺であり,非放射タイプである。フェライトとコイルを利用した従来タイプの電力伝送であり，現在一番実用に近く，一部では試験運用がされており，総合効率は 90%を超える。一方でエアギャップの短さや位置ずれの弱さ，大きなコイルが問題となっている。

電磁共鳴に関しては，2007 年に発表されたばかりの技術であり，非放射タイプである。使用周波数は kHz〜MHz 周辺であり，高効率，大エアギャップ，位置ずれに強く，大電力も可能であるが，現在の所，アンテナ間効率が高いものの総合効率での評価に至っていない。一方で中継コイルなど，新しい技術があり，様々な応用の可能性がある。

マイクロ波方式に関しては，周波数 2.45GHz や 5.8GHz が使用されており，放射タイプである。マイクロ波方式は近い所から数 km 離れた遠い所まで電力を送れるという究極的な技術であり，原理的には，停車中の給電から走行中充電まで幅広く適応できる。

4 電磁共鳴技術

4.1 磁界共鳴技術の基本特性

電磁共鳴は磁界による結合の磁界共鳴と電界による結合の電界共鳴の総称である。その中でも特に，磁界型の結合は人体に対し安全であるので磁界共鳴への注目が集まっている。MHz で動作する磁界共鳴は，アンテナの巻数は，数巻で十分であるため，コイルが非常に軽く，様々な機器への組み込みが容易である。図1は磁界共鳴型アンテナであり，自己共振のみで動作できる。使用している導体はただの銅線である。支持材は発泡材であるが，アンテナの形状を保持するた

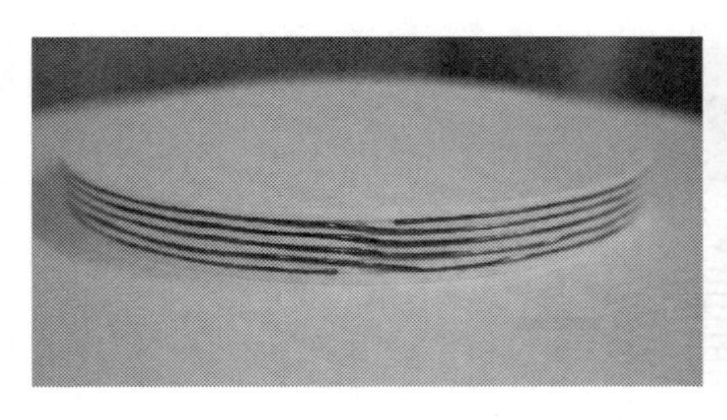
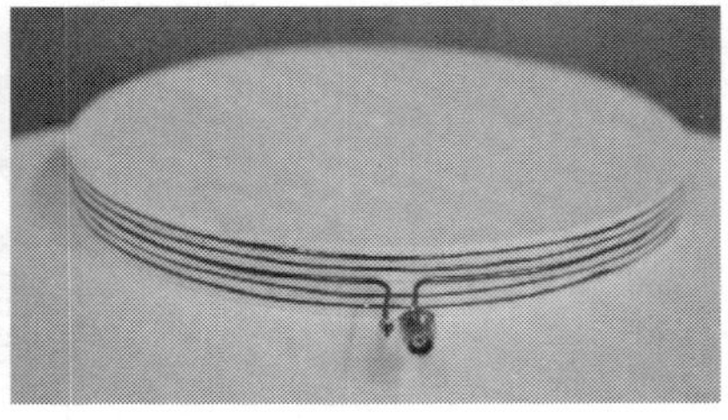

図1　ワイヤレス電力伝送用非放射型ヘリカルアンテナの前面（左）と背面（右）

図2　磁界共鳴型アンテナ

めに使用されているので本来は不要なものである。このコイルを使用すると図2の様にワイヤレスで高効率の電力伝送が可能となる。この写真で使用されているアンテナはヘリカルアンテナである。ヘリカルアンテナは半径150mm，ピッチ5mm，巻数5ターンであり，アンテナの全線路長の中央から電力が供給されている。

電磁共鳴は電磁波を放射せずに，アンテナ近傍での電磁界の結合を利用して電力伝送を行なう。そのため，受信側のアンテナがない場合においては電力はほぼ全反射の状態となり，放射波としてエネルギーを外に出す事がほとんどないため，放射損が非常に小さい。一方，受信アンテナが送信アンテナに近づくと磁界もしくは電界の結合により電力が受信アンテナに伝わる。高周波電力の流れとしては，図3の様に送信アンテナに与えられた電力が空間を介して受信アンテナに伝わる。伝わった電力の効率をη_{21}で表す。一方，反射して電源側に戻る電力をη_{11}で表す。送信アンテナ単独での電力反射率と入力インピーダンスを図4に示す。アンテナには特性インピーダンス50Ωの同軸ケーブルが接続されている。1素子単独における共振周波数f_0以外においては全反射となり，f_0においては，共振していると同時に，電力が消費されている事が分かる。この電力消費は銅損として熱として使用される内部抵抗による損失と，電磁波として遠方に放射される放射損の2つが考えられるが，電磁界解析の結果から，約6%の電力が銅損として消費され，

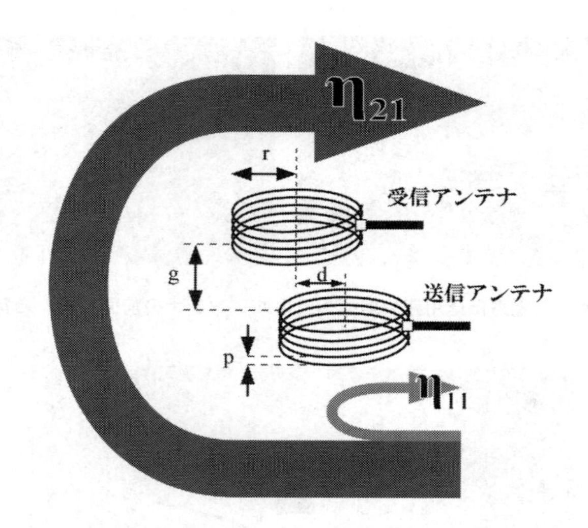

図3　ヘリカルアンテナのパラメータ

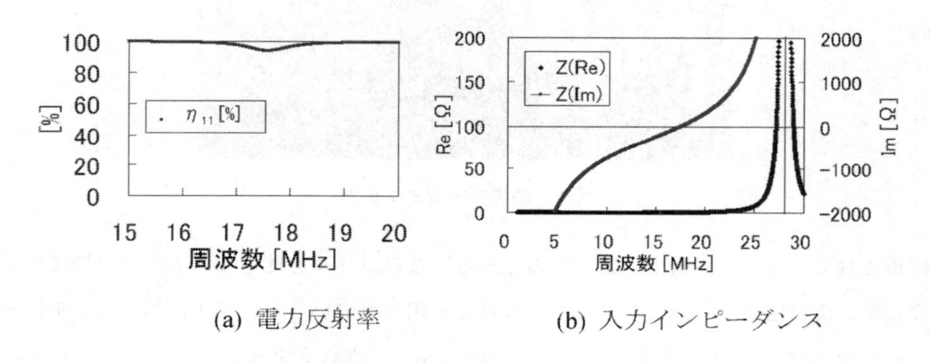

(a) 電力反射率　　(b) 入力インピーダンス

図4　送信アンテナの電力反射率と入力インピーダンス

損失の約97%以上が内部抵抗によるオーム損であることが分かっている。

次に，送信アンテナと受信アンテナを使用して電力伝送を行なった時の電力伝送効率と電力反射率，そして，入力インピーダンスを図5に示す。 送信アンテナと受信アンテナは同一のアンテナを使用している。3つの共振周波数が確認できるが，その内の低い共振周波数 f_m と高い共振周波数 f_e において，インピーダンスのマッチングが取れており高効率の電力伝送となっている。中央の共振周波数は一素子での共振周波数 f_0 と同じであるが，インピーダンスのミスマッチングが起こってしまい，反射が起こるため効率が悪化している。

磁界共鳴のアンテナはQ値の高い鋭い共振状態にあるアンテナであり，かつ，放射型のアンテナと違い，磁界の結合を電力伝送の経路として使用しているため，電力伝送のエアギャップを変えると送信アンテナと受信アンテナ間の結合の変化が，電気的特性に大きく影響を及ぼす。つまり，相互インダクタンスが変化し，共振周波数が変動する。結合係数を k とし，エアギャッ

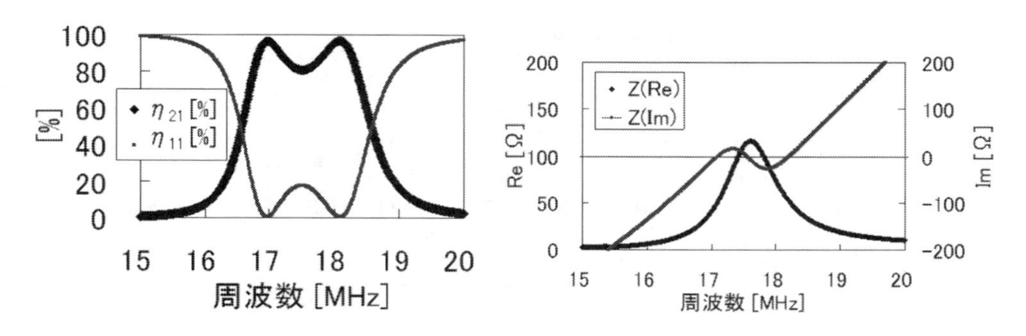

図 5　送信アンテナと受信アンテナ間の電力伝送効率と電力反射率と入力インピーダンス，g=150mm

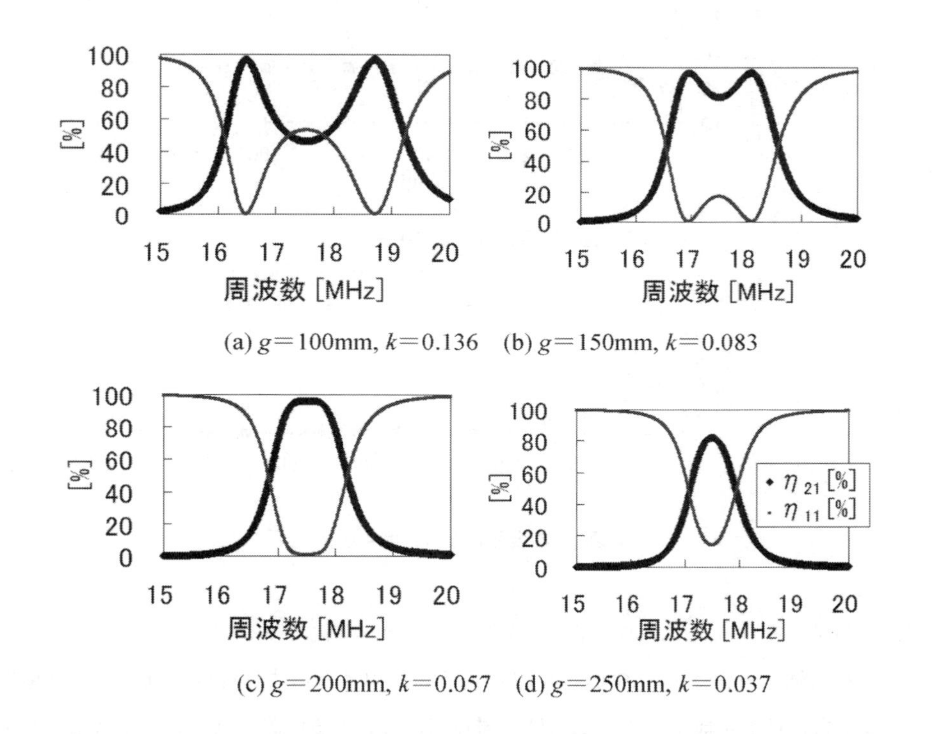

(a) g=100mm, k=0.136　(b) g=150mm, k=0.083

(c) g=200mm, k=0.057　(d) g=250mm, k=0.037

図 6　各エアギャップにおける効率と周波数の関係，電磁界解析（r=150mm，n=5turns，p=5mm）

プ変化による電力伝送効率の変化の様子を図 6 に示す。エアギャップが小さく結合が強い状態においては，共振周波数は大きく 2 つに分かれ，その 2 つの共振周波数において高効率の電力伝送が可能である。エアギャップが大きくなって，結合が弱くなるにつれ，2 つに分かれていた共振周波数は 1 つになり，更にエアギャップが大きくなり，結合がなくなっていくと，1 つになった共振周波数において効率が悪化して行く。これは，入出力部分のインピーダンスを固定した場合に起こる現象である。この時のエアギャップと効率の関係を図 7 に，エアギャップと周波数の関係を図 8 に，エアギャップと結合係数の関係を図 9 に示す。

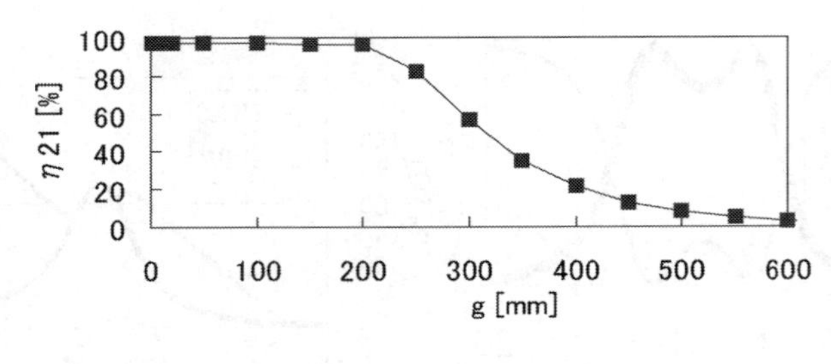

図7　効率とエアギャップ

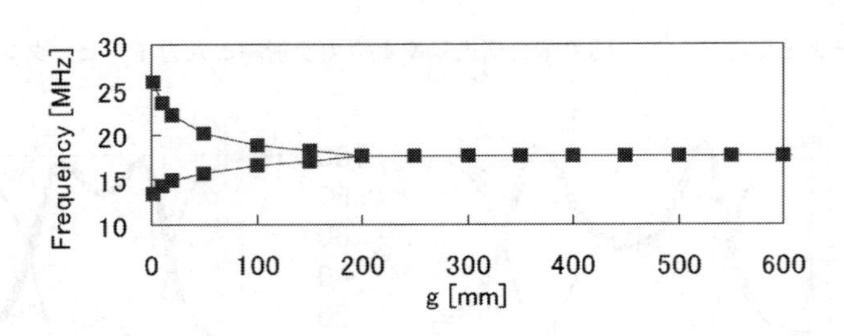

図8　周波数とエアギャップ

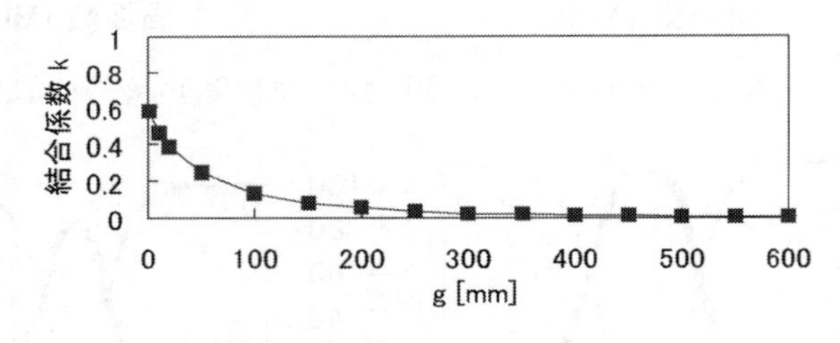

図9　結合係数とエアギャップ

電磁共鳴が優れている点は，エアギャップが大きいときに高効率を実現できるということに加えて位置ずれに強いと言う事がある。図10のように，コイルの半径程度の位置ずれが起こっても高効率の電力伝送が可能である。これは，同じ高さにおける位置ずれにおいては相互インダクタンスがそれほど変わらないので，電気的な特性が変わらず，共振周波数がほぼ一定に保たれているためである。エアギャップと位置ずれにおける電力伝送効率の関係を図11に示す。図11では電源周波数を送信アンテナ1素子の時の共振周波数に固定した時の効率を示している。この図からも，ある一定の高さにおいては，位置ずれが起こっても高効率の電力伝送が可能であることが分かる。磁界共鳴においては，エアギャップ変化や位置ずれ変化，そして負荷変動によって共振周波数やインピーダンスが変化する。そのため，それら変動を抑えるための制御が必要である。図12では，共振周波数が図6の様に変動した時において，電源側の周波数を共振周波数に追従させた時の電力伝送効率を示した図である。この様に，制御を加える事により高効率の電力伝送

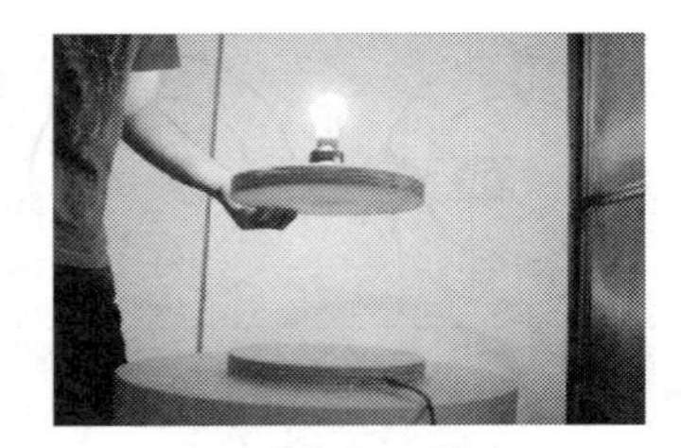

(a) 真上の場合

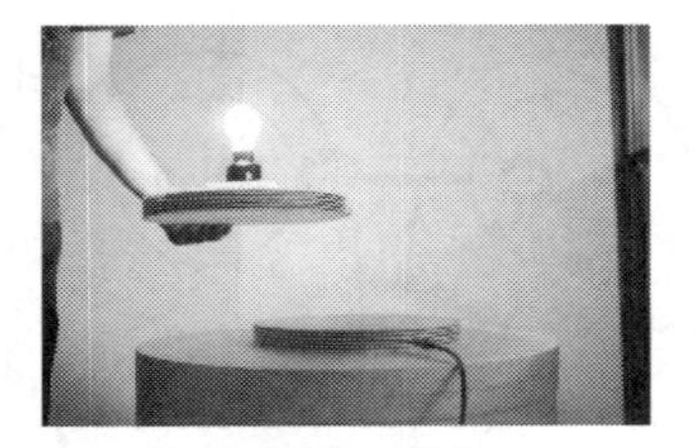

(b) 位置ずれの場合

図10　磁界共鳴による電球点灯実験の様子

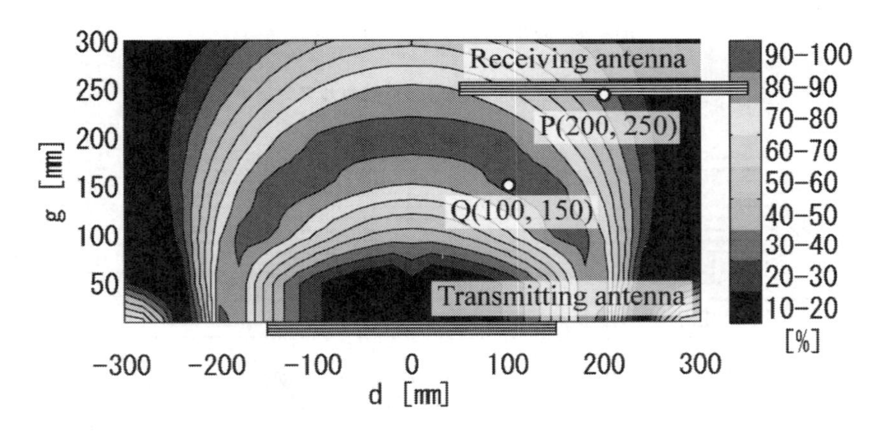

図11　位置ずれ特性，周波数は f_0 で固定
（r=150mm，n=5turns，p=5mm）

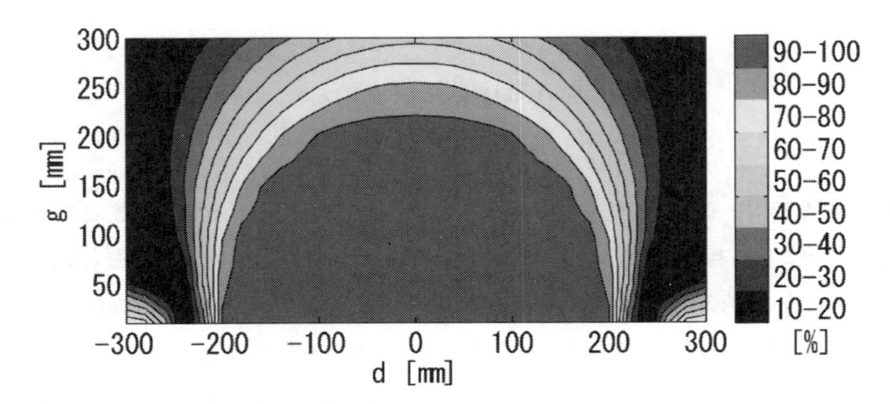

図12　位置ずれ特性，周波数は各々の位置の f_m
（r=150mm，n=5turns，p=5mm）

を実現させる事ができる。ここでは，周波数を追従する制御を加えた場合の結果を示しているが，制御の方法は，電源の周波数を変える方法だけでなく，インピーダンスを制御する方法もある。

2つの共振周波数の時のアンテナ近傍での電磁界の振る舞いについて検証する。磁界と電流分

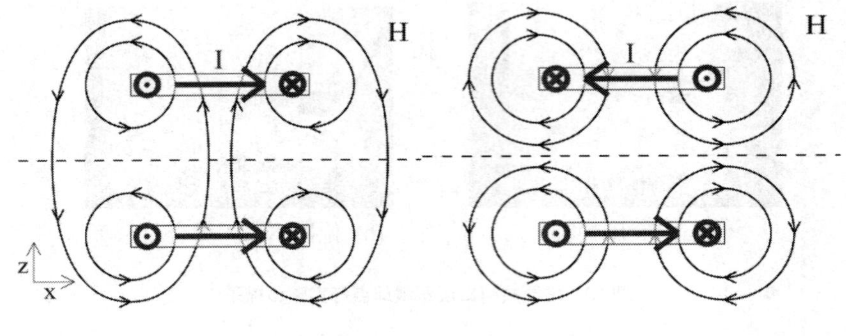

(a)　磁気壁，f_m　(b)　電気壁，f_e

図 13　電流と磁界（側面），ヘリカルアンテナ

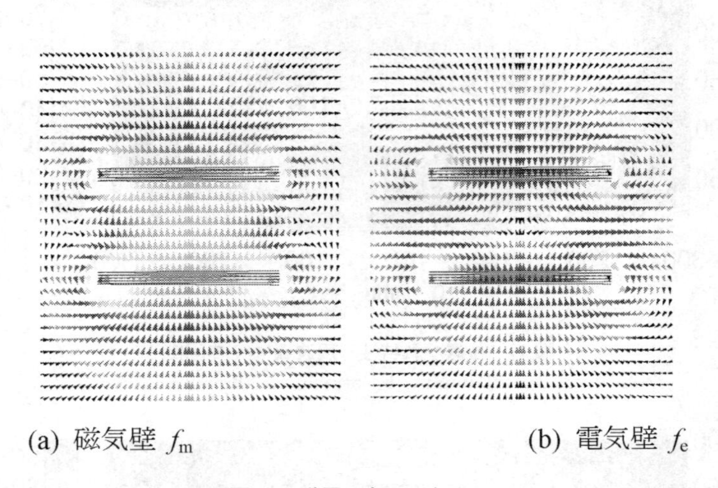

(a) 磁気壁 f_m　(b) 電気壁 f_e

図 14　磁界分布，ベクトル

布の概形図を図 13 に，磁界の分布の様子を図 14 に示す。また，それぞれの共振周波数における半周期分の磁界の振る舞いを図 15，図 16 に示す。共振周波数が低い場合は，磁束が同じ向きに貫きかつ電流の向きがほぼ同位相になる。送信アンテナと受信アンテナの対称面において磁束の分布が垂直に貫く事から磁気壁を形成している。一方，高い共振周波数においては，磁束が逆の向きに貫きかつ電流の向きがほぼ逆位相になる。対称面においては磁束の分布がアンテナと並行になっており，電気壁を形成している。

4.2　磁界共鳴技術の等価回路

磁界共鳴はモード結合理論で表す事もできるが，アンテナ含めた周辺回路設計，制御回路の構築のためにはアンテナを等価回路で表現する事が適している。磁界共鳴は自己共振を起こしてお

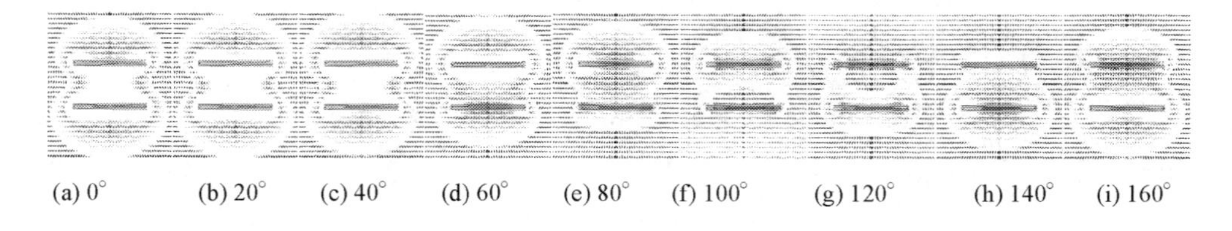

図 15　f_m における半周期の磁界変化，ベクトル表示

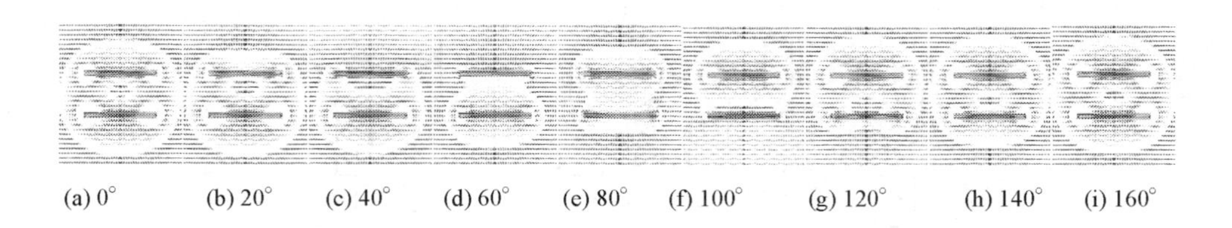

図 16　f_e における半周期の磁界変化，ベクトル表示

り，LCR の直列共振で等価回路として表現できる（図 17）。この LC 共振を起こしているアンテナにおいて，磁界で結合しているので相互インダクタンス L_m で結合を表すことができる。式（1）に電力伝送効率と透過の式を示す。負荷R_L以外で消費される損失は内部抵抗 R_{in} と放射抵抗 R_{rad}によっておこり，$R=R_{in}+R_{rad}$（$R_{in}>R_{rad}$）である。簡易のため $R_L=Z_0$ とする。式（2）に送信アンテナから受信アンテナへの透過の式を示す。式（3）は共振条件の式であり，回路のリアクタンスが 0 となる条件式である。送受同じアンテナを使うので，$L=L_1=L_2$，$C=C_1=C_2$，$R=R_1=R_2=0$ として，そこから 2 つの角共振周波数が，式（4），（5）から求まる。そして，式（6）より，2 つの共振周波数から結合係数が求まる。但し，式（6）における共振周波数は特性インピーダンスZ_0が 0 とした時の共振周波数 ω_{m0}，ω_{e0} である。実験結果，電磁界解析，等価回路を比較した結果を図 18 に示す。等価回路においては，L，C，L_m，R（8.5μH, 9.7pF, 0.71μH, 0.82 Ω）を使用した。

$$\eta_{21}=-|S_{21}|^2\times 100\ [\%] \tag{1}$$

$$S_{21}(a)=\frac{2jL_m}{L_m^2\omega+\left\{(Z_0+R)+j\left(\omega L-\dfrac{1}{\omega C}\right)\right\}^2} \tag{2}$$

$$\frac{1}{\omega L_m}+\frac{1}{\omega(L_1-L_m)-\dfrac{1}{\omega C_1}}+\frac{1}{\omega(L_2-L_m)-\dfrac{1}{\omega C_2}}=0 \tag{3}$$

$$\omega_m=\frac{\omega_0}{\sqrt{1+k}}=\frac{1}{\sqrt{(L+L_m)\,C}} \tag{4}$$

$$\omega_e = \frac{\omega_0}{\sqrt{1-k}} = \frac{1}{\sqrt{(L-L_m)\,C}} \tag{5}$$

$$k_m = \frac{L_m}{L} = \frac{\omega_{e0}^2 - \omega_{m0}^2}{\omega_{e0}^2 + \omega_{m0}^2} \tag{6}$$

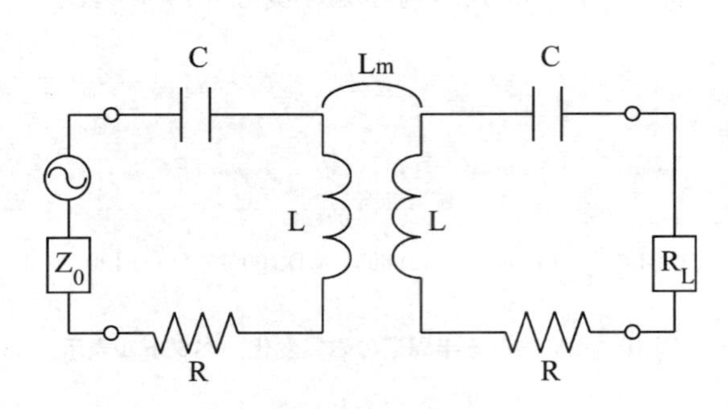

図 17　磁界共鳴の等価回路

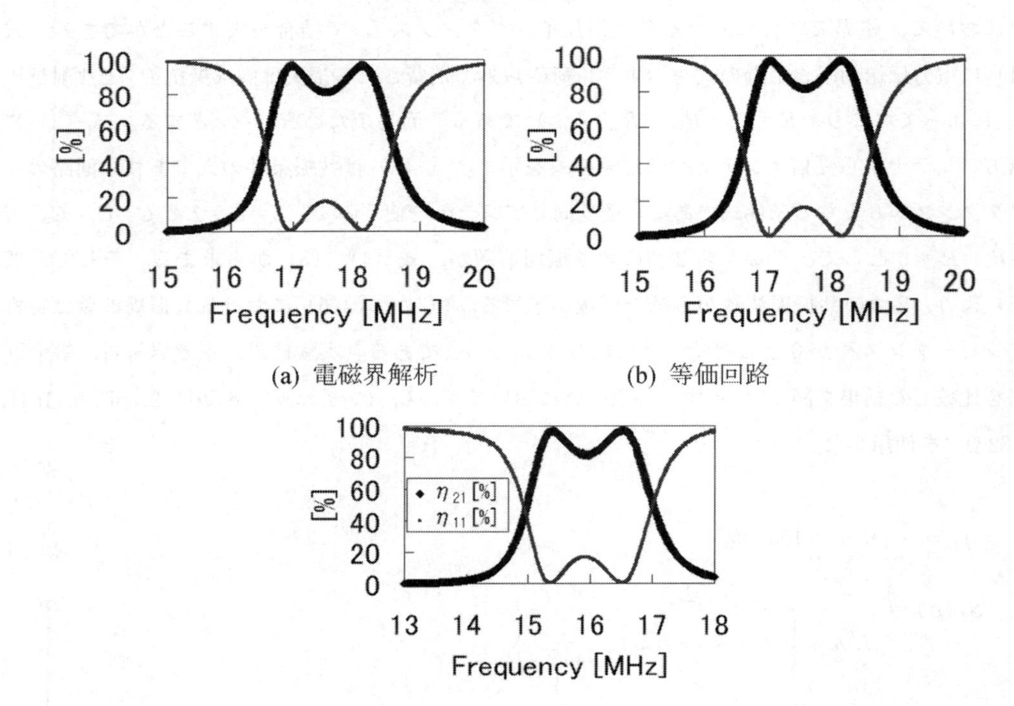

図 18　電磁界解析と等価回路と実験結果の比較
(n=5, p=5mm, r=150mm, g=150mm)

4.3　中継コイルと等価回路

大きなエアギャップが達成できた事により，新しい技術の中継コイルに注目が集まっている。中継コイルの実験風景を図 19 に示す。一番手前が電源に直接電気コードでつながっている送信アンテナであり，同形状の中継コイルと，楕円状の中継コイルを介して，電球が接続された受信アンテナに電力が送られている。従来の電磁誘導においては，エアギャップが小さかった事もあり，電力を中継することが困難であり，このような概念はなかったが，磁界共鳴においては，アンテナ間でのエアギャップが大きいので，電力を中継し，電力伝送距離を延長させるということ

図 19　中継コイルによる電球点灯実験

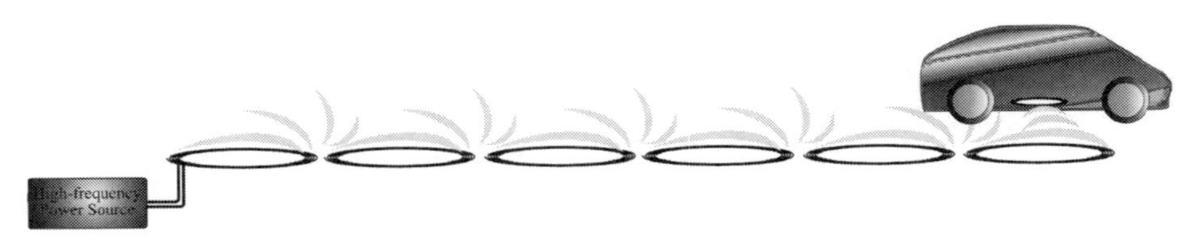

図 20　中継コイルの使用方法

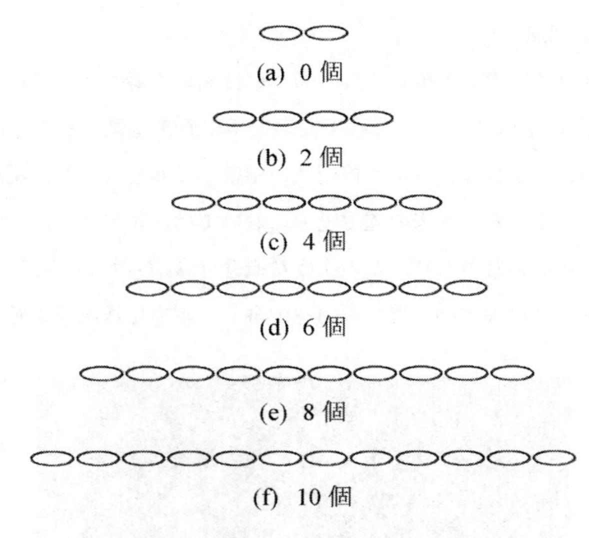

図 21　中継コイル直線，sp＝10mm

が考えられる。この中継コイルは新しい活用法であり，多くの可能性を秘めている。その中でも，走行中の電気自動車へのワイヤレス給電として使用する事も考えられる。例えば，図 20 の様に，給電ポイントである送信アンテナを一箇所にして，それ以降を中継コイルで電力を中継する事により電源の数を減らす事ができる。この中継コイルは，写真にある様に，コイルをただ配置するだけで良く，大掛かりな配線が不要であるので，コストを抑える事ができる。中継コイルがない場合から中継コイルを 10 個まで増やした場合の電磁界解析モデルとその結果を図 21，図 22 に示す。一番左が送信アンテナであり，一番右が受信アンテナである。その間は全て中継コイルとした時の電力伝送効率を示してある。それぞれのアンテナが共振しているので，アンテナの個数が増える毎に共振周波数は増えていく。しかしながら，中継コイルも送信アンテナと受信アンテナと同じアンテナなので，損失の原因となるような因子を持っていないので，効率で電力を中継する事ができる。図 23 に中継コイルによる磁界エネルギーの伝播の様子を示す。図 24 の様にこの中継コイルも，等価回路で表す事ができるため，回路全体の設計も容易に行なう事ができ，今後の中継コイルを用いた磁界共鳴の発展に期待している。

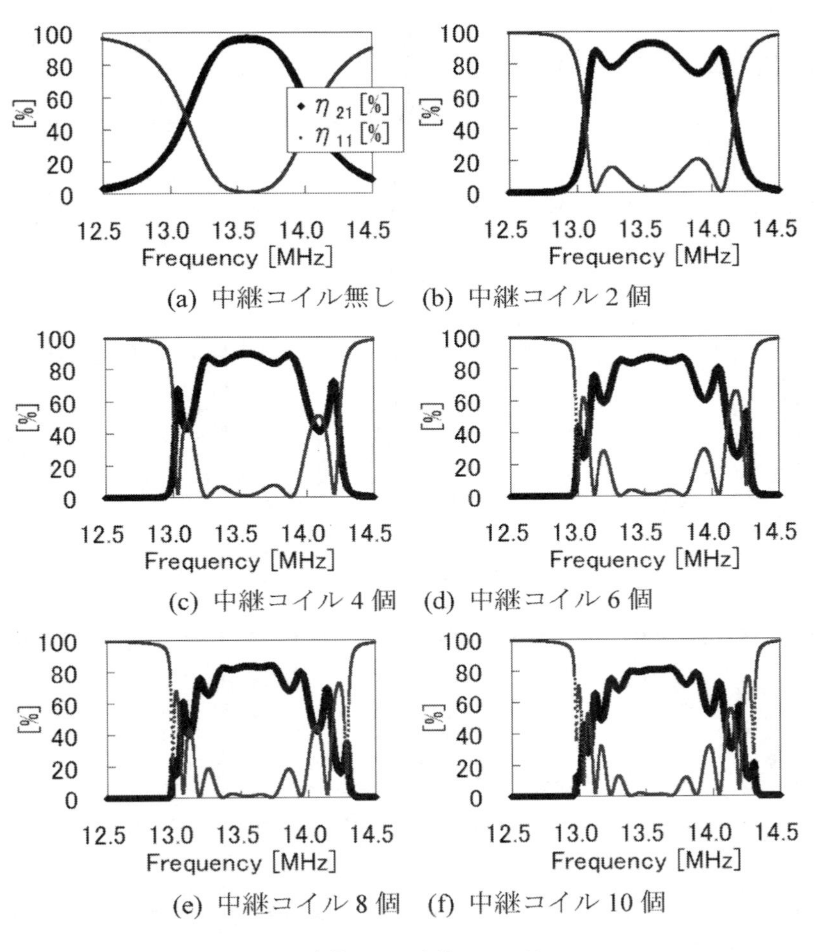

(a) 中継コイル無し　(b) 中継コイル2個

(c) 中継コイル4個　(d) 中継コイル6個

(e) 中継コイル8個　(f) 中継コイル10個

図22　中継コイル直線，sp＝10mm

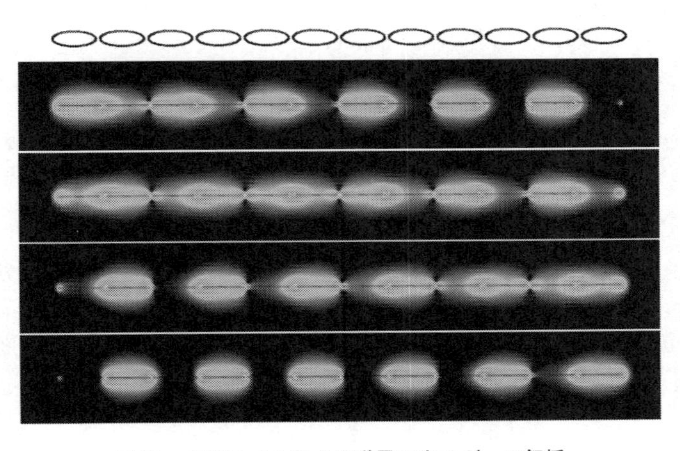

図23　中継コイルによる磁界エネルギーの伝播

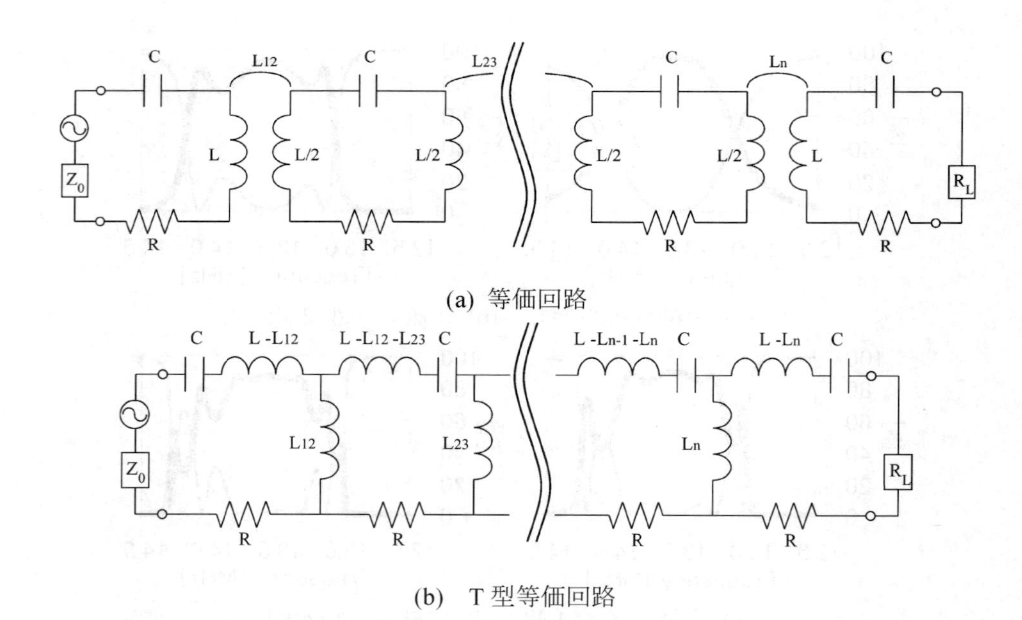

図 24　飛び越し結合が不要な場合の中継アンテナの等価回路，直線，中継アンテナ N 個

文　　献

1)　「JHFC 総合効率検討結果」報告書，JHFC 総合効率検討特別委員会，財団法人 日本自動車研究所，平成 18 年 3 月

2)　NEDO 次世代自動車用蓄電池技術開発ロードマップ 2008，独立行政法人新エネルギー・産業技術総合開発機構，平 21 年 6 月

第3章　磁界共鳴方式によるワイヤレス給電

横井行雄*

1　はじめに

磁界共鳴方式の原理を利用したワイヤレス給電は2007年に米国MITのM.Soljaciらが，Science誌上に，2m離れた，コイルの間を9.9MHzの周波数を用いて電力を伝送し，受信側で60Wの電球を点灯させた報告を行ったところから一気に注目されるところとなった[1)]（図1)。これは，電力をワイヤレス（無線）で自在に送りたいという時代の要請にマッチしたためであろう。情報（信号）をワイヤレス（無線）で送ることは無線通信の基本であり，マルコニーの時代の無線電信から，最近の動画情報の伝送まで，さらには電波から光の領域に至るまで，連綿として研究・実用化が進み，社会生活の隅々まで広く浸透している。一方で，電力については，発電所で発電した電力を有線の送電網で各家庭・工場に配電し，個々の機器にケーブルを介して供給する形態から脱することが出来ていない。また移動する機器に対しては，電池を使用して，電子機器稼動のために蓄電することが一般的である。

図1　ワイヤレス給電（米国MIT）[1)]

---

*　Yukio Yokoi　長野日本無線(株)

そのような中で，数 m 程度の距離を自由度高くワイヤレスで電力を伝送できる可能性を示した MIT の報告は，家庭内で，雑然とした電源ケーブル配線に悩まされている状況からの開放の光明であり，また道路輸送における CO_2 排出量を削減し，地球環境改善の有力な方向である自家用車型の電気自動車にとっては，一般のドライバーでも安全で手軽に給電できる世界が近づいている可能性を示唆した点で画期的であった。

2　ワイヤレス給電方式の位置づけ

MIT の報告は 2m の距離を比較的簡単な装置で電力を送り 60W の電球を光らせた点で注目を浴びたが，ワイヤレス＝非接触という視点でみれば，本書の他の章で詳しく述べられているように，例えばパナソニック電工は 1997 年以来，5W 以下程度の電磁誘導方式を用いて家庭用のひげそりなどを商品化している（第 10 章）。また昭和飛行機，ダイフクでは同じく電磁誘導方式を用いて電動バスあるいは，搬送機等への数 10kW レベルの電力供給を行っている（第 4 章）。

一方で，マイクロ波ビーム給電（第 1 章第 4 節および第 6 章，第 7 章）は 1960 年代に，宇宙太陽発電所（SPS）として提唱され，近年では，EV への充電への応用も研究されてきている。

表 1　ワイヤレス給電の方式比較

方式	給電距離エアギャップ	位置自由度	給電電力	近傍電磁界
磁界共鳴	長	大	数 kW クラス	要対策
電磁誘導	短	精細	数 kW クラス	要対策
マイクロ波ビーム	長	レクテナに依存	レクテナに依存	ビームの範囲

表 1 のように各方式はそれぞれ長短があり，電磁誘導方式にせよマイクロ波ビーム伝送方式にせよ，自家用車型の電気自動車に適用しようとすると，給電距離（エアギャップ），位置自由度（給電時の位置ズレあるいは正着度）に課題を持っていて，その解決は容易ではない。一方で磁界共鳴方式は，給電距離，位置自由度に関しては，一般のドライバーにとって普段の操縦可能な精度に納めることが比較的簡単であると考えられている[2)]。まだ実用に供される装置が出ていないが，十分な給電電力と近傍電磁界の抑圧技術の解決がなされれば，自家用車型の電気自動車の給電の主役になる可能性を秘めているといえる。

EETimes　2009 年 12 月 5 日号に磁界共鳴方式に関する 2006 年からの研究開発の歴史が整理されているので図 2 に引用する[3)]。

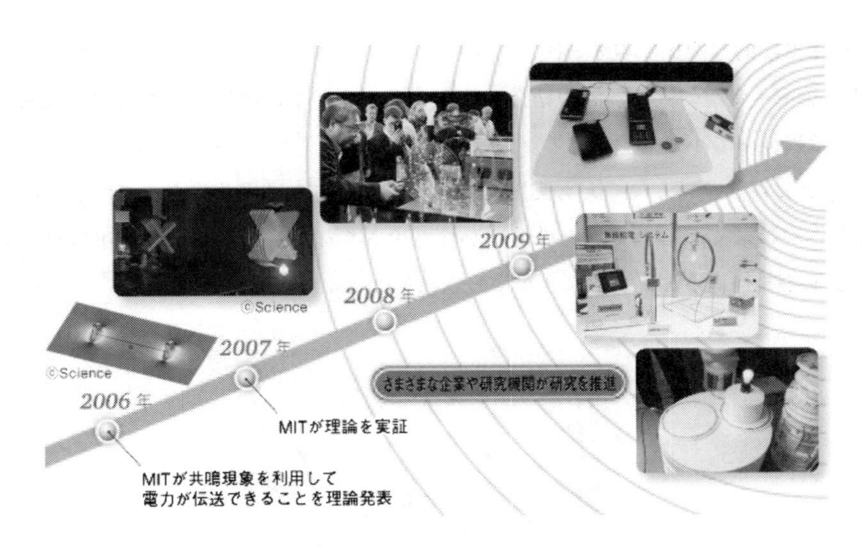

図2　磁気共鳴方式の開発時系列（EETimesより）

3　磁界共鳴ワイヤレス給電技術

磁界共鳴方式の原理は，音響的共鳴と同様の原理である。音程の揃った（固有振動数が同じ）音叉を少し離して配置し，その片方（送音側）をハンマリングすると，発生した音響エネルギーが，他方の音叉（受音側）に伝播する現象が良く知られている。つまり，打撃エネルギーが送電側の音響エネルギーに変換され，それが音響的な共鳴によって，受音側の音叉の音響エネルギーとして伝播していく（図3）。

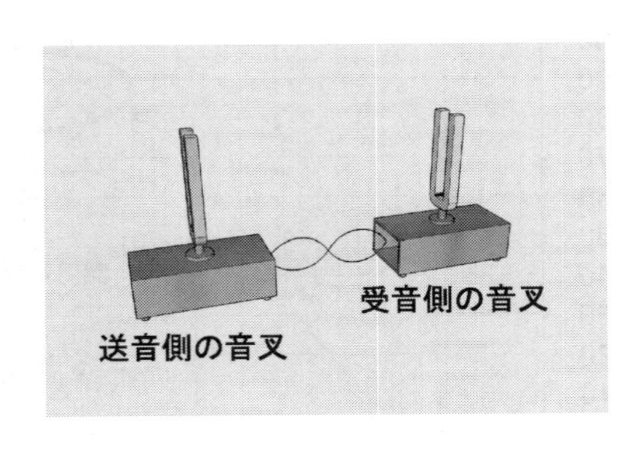

図3　音叉を用いた音響エネルギー伝播

図3を電磁気学的な関係で現すと図4のようになる。ここで Q_s，Q_d はそれぞれ送電側，受電側の Q 値，送電・受電の共振器間の結合係数を k とする。結合係数 k は共振器の間隔（給電距離）が離れるに従って小さな値になる。電磁誘導方式のように両共振器が近接の場合は，殆ど1に近く，Q がそれほど高くなくとも実用化できるが，一方の磁界共鳴方式では，給電間隔を大きく取ることが特徴であるので，k の値はかなり小さくなる。この場合に実用に耐える効率を得るには Q 値を相当程度高くすることが求められる[4]。

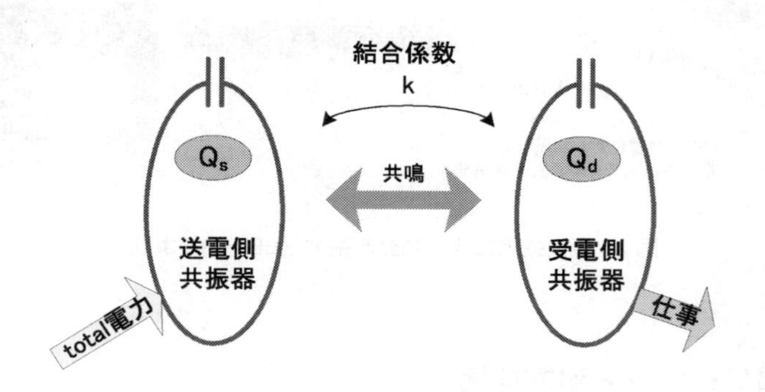

図4　磁界共鳴方式ワイヤレス給電の概念

ここで fom（性能指数）を

$$form = k\sqrt{Q_S Q_d}$$

で表すと効率 η の関係は図5のようになる。

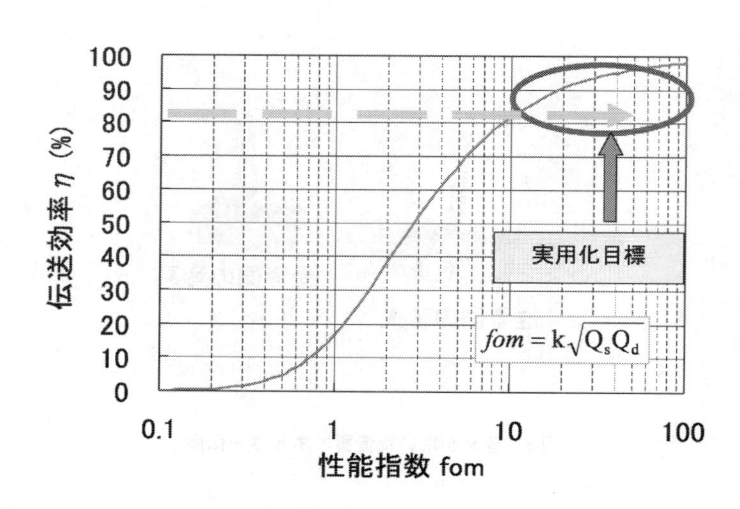

図5　性能指数 fom と伝送効率 η の関係

共振器にリング状のループを用いた場合のループ径毎の伝送距離と伝送効率の関係を図6にまとめた。比較のために示した電磁誘導方式は条件を揃えたシミュレーションにより算出した。

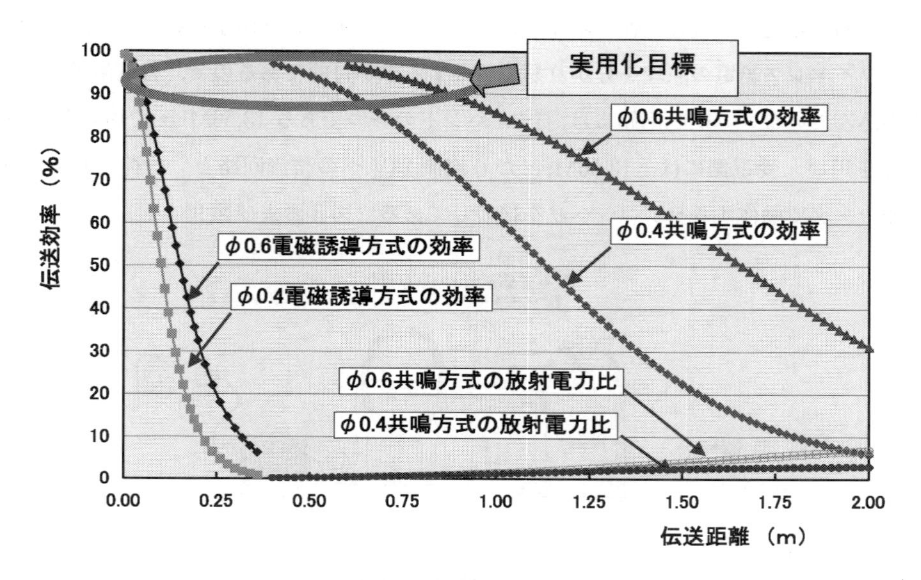

図6　伝送距離と伝送効率ηの関係

4　原理デモシステムについて

図7にワイヤレス給電システムのブロック構成図を示す。電力は電力系統から電源・変換部へAC電源を通して供給される。磁界結合部はワイヤレス給電を行う部分である。受電した後，負荷に電力を供給するために，電源・蓄電部で充電・蓄電の機能が組み込まれる。

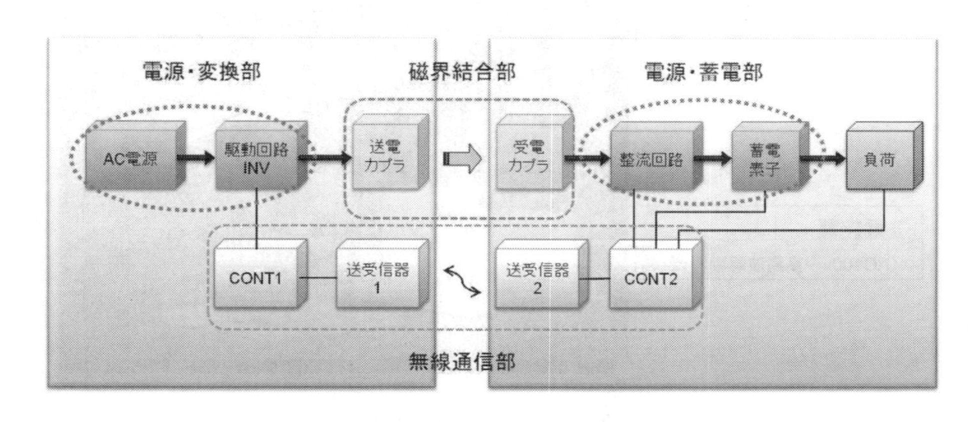

図7　ワイヤレス給電装置ブロック構成図

無線通信部では，不要な給電を避けるため，或いは課金を行うために送電側から見た，受電部の認証データなどを，また最適給電を行うために受電部からの充電のステータスデータ等がやりとりし，最適な給電と共に安全性の確保を行うシステムとすることが望まれている。デモシステムでは，ワイヤレス給電の原理を分かり易くデモするのが目的であるので，蓄電素子と無線通信部は組み込んでいない。駆動回路には，ISMバンドの一つである13.56MHzで約30W出力の高周波電源を用い，受電側には，13.56MHzから直流24Vへの整流回路と，負荷として電球，および直流モータで動作するラジコンヘリを接続してある（図8および図9）。

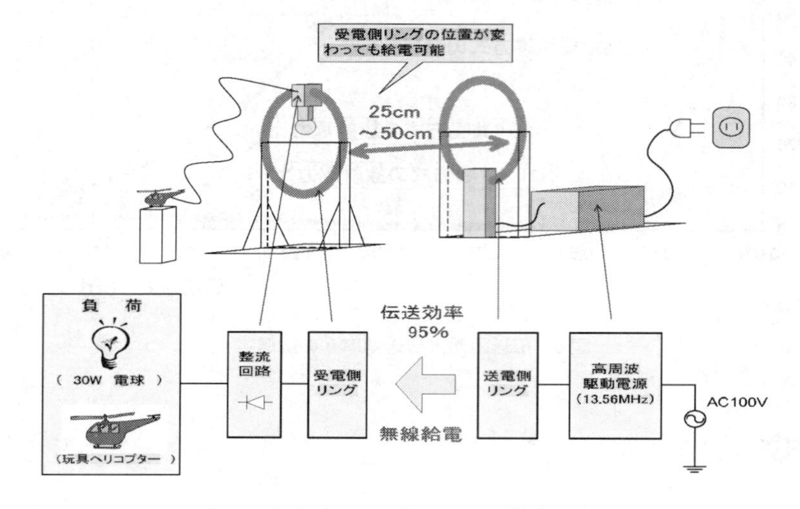

図8　デモシステムの構成

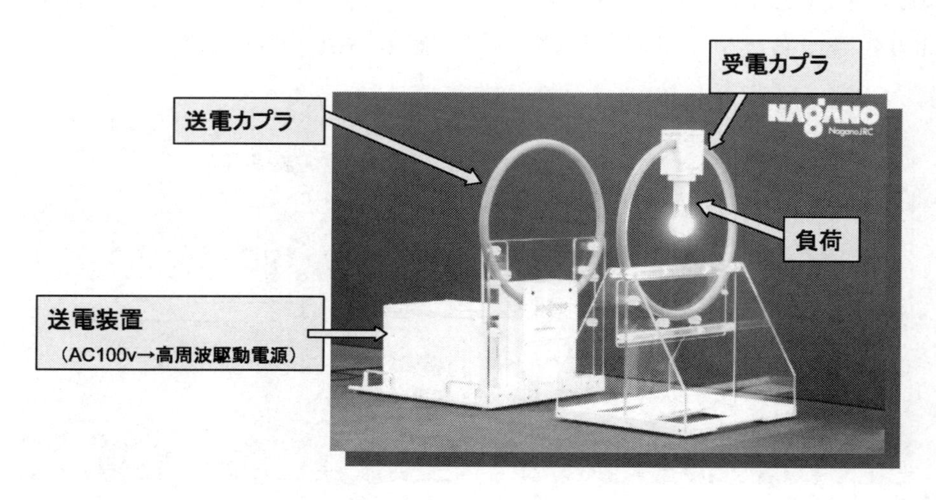

図9　デモシステムの外観

5　フレキシブル性と同調制御

磁界共鳴方式ワイヤレス給電の利点は，電力伝送の距離が長くても比較的高い効率で伝送できることである。この場合，送受の位置が固定されていれば，その条件にあらかじめ同調させた状態で電力を伝送すれば高い効率が得られる（図 10 の制御なし）。しかし，送受の共振器の位置関係が固定的でない場合，例えば，自家用車のドライバーが駐車場に駐車する場合など，高い精度での駐車（正着度）を求めるのは容易ではない。その場合は，駐車の都度の位置関係を織り込んだ最適の同調制御をシステムの側でリアルタイムで行えば，ドライバーは車の正着度を殆ど気にすることなく，効率の良い給電が実行できる。デモシステムには送受の位置関係が伝送効率に大きく影響しないような同調制御を組み込んである。その結果，図 10 の“制御有り”のように送受の共振器の位置関係の変化にかかわらず，最大の効率で給電できるようになっている。

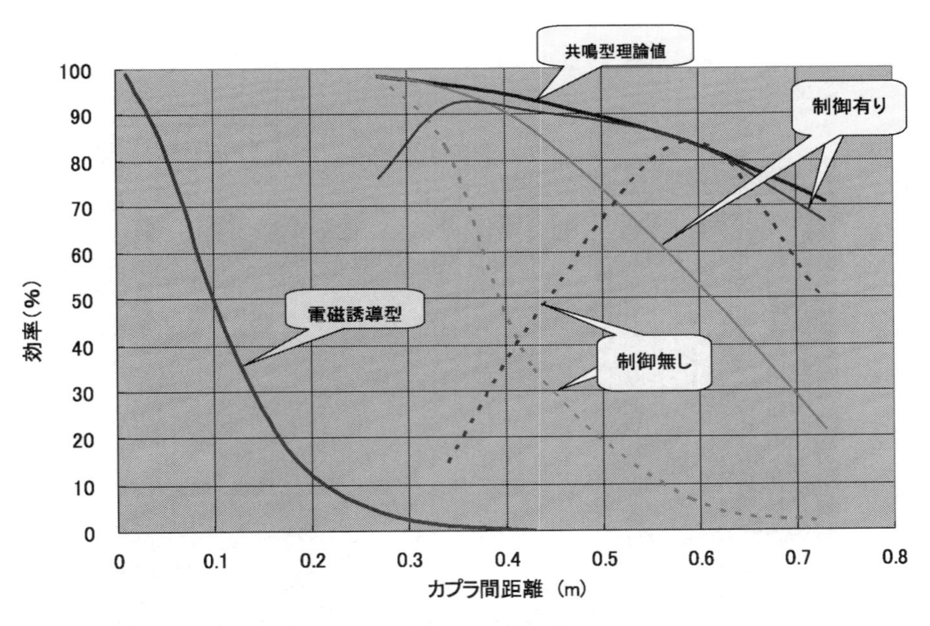

図 10　同調制御方式の効果

6　安全・安心のために

ワイヤレス給電は，磁界の共鳴という原理によって，位置的に離れた共振器に電力を伝送するというものである。そのため磁界共鳴の経路では相応の磁界が分布している。電磁界の人体に対する影響に関しては，国際的にはICNIRP（国際非電離放射線防護委員会）のガイドラインが定められている[5]。またわが国においては電波防護指針として無線装置に遵守が義務付けられている。通信アンテナの場合の測定法も郵政省告示300号[6]として公布されている。しかし無線局で用いるアンテナは通常遠方に情報を送る目的であり，ワイヤレス給電のようにせいぜい数10cm程度の極めて近傍における電磁界分布の測定が十分に考慮されているとは言いがたい。

ワイヤレス給電システムでは共振器間および近傍での電磁界分布の計測分析にもとづいた電磁界の拡散の効果的な抑圧技術の確立が，実用化のために不可欠である[7]。そのためには実機を用いずに評価できるシミュレーション手法が有効である。図11は有限要素法によるモデリングを行い，電磁界解析シミュレーションを適用して，デモシステム近傍の磁界分布を算出し，2次元分布とした図であり磁界の強度は濃淡で表示している。図12では，シミュレーション結果を，送受の共振器の中間点を原点とした，x軸およびz軸上の1次元の分布としてあらわし，位置を横軸，縦軸を磁界強度とした。さらに実測値を行いそのデータをシミュレーション結果に重ねて表示してある。z軸表示の二つのピークの位置は送電・受電のそれぞれの共振器の位置と同じで

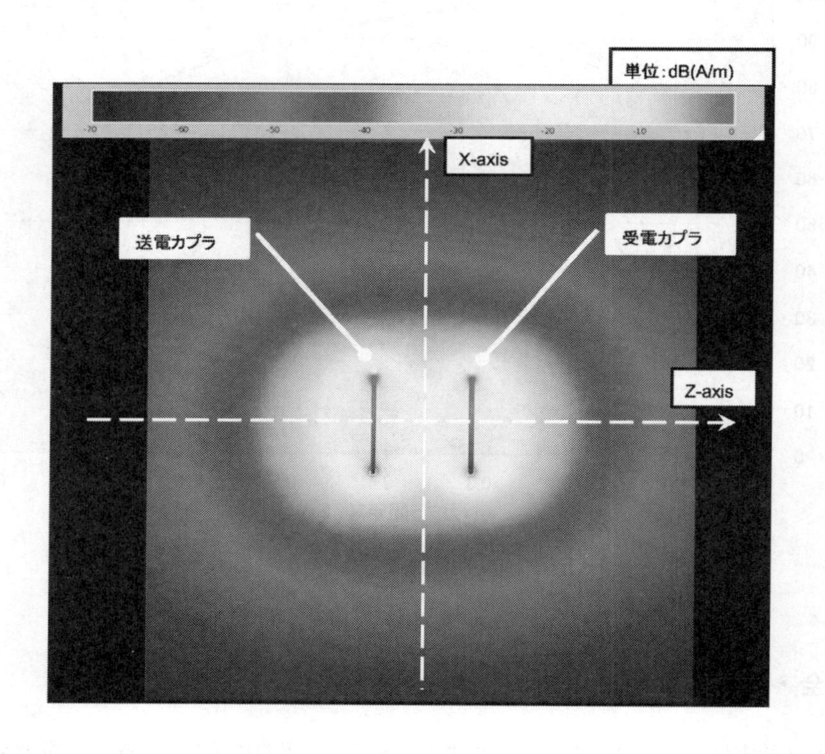

図11　デモシステムの周辺の磁界分布シミュレーション

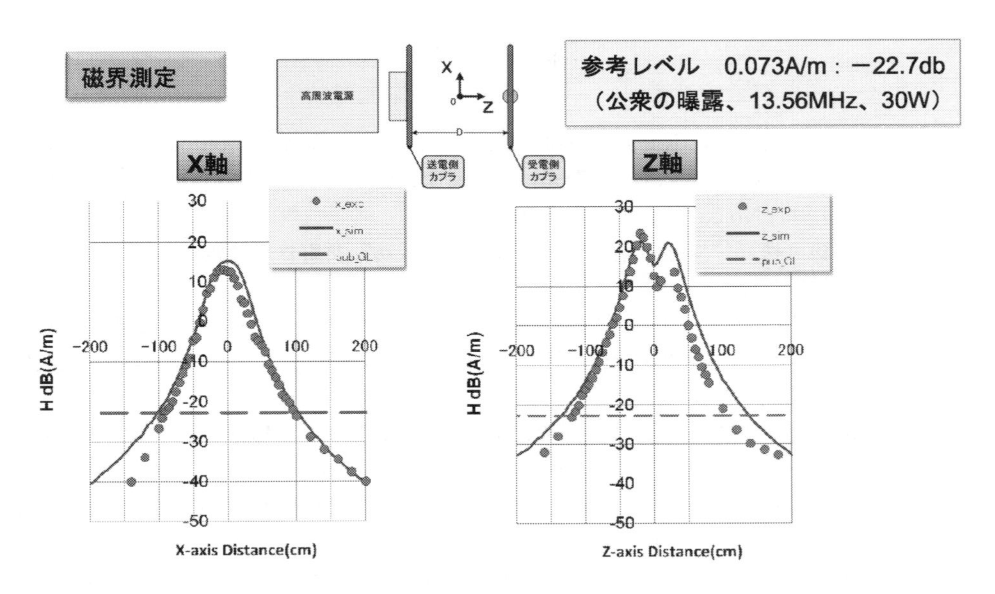

図12　磁界分布；シミュレーション（実線），実測（点）およびガイドライン参考レベル（破線）

ある。受電側の実測値のピークレベルが若干低いのは送電効率の影響と考えられる。また破線はICNIRPのガイドラインの公衆の曝露の参考レベルを示している。位置的には原点（送受の共振器の中間点）から約1m程度の場所である。

有限要素法によるモデリングを用いた電磁界解析シミュレーション予測が実測と相当程度一致しているので，磁界分布（電界分布）を抑圧し，ガイドライン（指針）の提示する参考レベルを超える範囲を一定領域に限定するための対策について，あらかじめシミュレーションによって効果予測を立てることが可能となることをこれらのデータは示している[8)]。

磁界共鳴方式を用いたワイヤレス給電システムのように，原理的に新しい手法を採用した装置の安全性の確保は，広く世の中に受け入れられるために重要な課題である。その上で，製品の安心をユーザに届けることができるといえる。動作シーケンスも含めた安心・安全の確保が普及のための重要な課題の一つとなっている。なお本書の第13章に「電磁界の人体ばく露と人体防護」として詳述されている。

文　　献

1) André Kurs, Aristeidis Karalis, Robert Moffatt, J. D. Joannopoulos, Peter Fisher, 3 Marin Soljačić, “Wireless Power Transfer via Strongly Coupled Magnetic Resonances”, *Science,* Vol.317, No.5834, pp83–86, 2007.

2) 長野日本無線（株），“無線給電システムの開発に成功”長野日本無線（株）プレスリリース 2009 年 8 月 17 日

3) EETimes Japan,“ワイヤレス送電第二幕第 1 部”2009/10/5 号 5 ページ，2009–10

4) 居村岳広，“ワイヤレス給電技術～電磁共鳴の基礎と概説～”，エレクトロニクス実装学会誌，Vol.13，N0.6，2010

5) 国際非電離放射線防護委員会，“時間変化する電界，磁界および電磁界への曝露制限のためのガイドライン”，ICNIRP（多氣昌生訳），1998 年 4 月公表

6) 郵政省，“無線設備から発射される電波の強度の算出方法及び測定方法”，郵政省告示第三百号，平成十一年四月二十七日，1999–4

7) 堀内，小林，谷屋，横井，“磁界共鳴ワイヤレス電力伝送における装置近傍の磁界分布について”，電子情報通信学会 2011 年全国大会，BS–2–14，2011–3

8) 谷屋，小林，堀内，横井，“磁界共鳴ワイヤレス電力伝送における電磁界シミュレーションと磁界分布計測の対比評価”，電子情報通信学会無線電力伝送時限研究専門委員会，WPT2010–14，2011–1

第4章　電磁誘導方式による電気自動車向けワイヤレス給電

髙橋俊輔*

1　はじめに

充電装置において，車両外の電源から車両に電力を供給するコネクタ部のプラグとレセプタクルの組み合わせを，充電カプラという。この充電カプラは通電方式から，接触式と非接触式に大別される。接触式は，通電方法として金属同士のオーミック接触を用いて，電気的に電力電送するものであり，非接触式とは一般的にはコイルとコイルを向かい合わせ，その間の空間を介して電磁気的に通電させて電力伝送するものである。

EV に使用可能と考えられるワイヤレス給電システムとしては，①マイクロ波方式，②電磁誘導方式，③磁界共鳴方式の3種類が挙げられるが，出力，効率の点から現状において実用に最も近いシステムは電磁誘導方式である。

2　電磁誘導方式の原理

1831年に英国の Michael Faraday は，静止している導線の閉じた回路を通過する磁束が変化するとき，その変化を妨げる方向に電流を流そうとする電圧が生じるという電磁誘導現象を発見し，変圧器の基本となる原理であるファラデーの電磁誘導の法則を導き出した。1836年にアイルランドの Nicholas Callan が誘導コイルを発明し，これが変圧器として用いられる初めてのものとなった。それ以降，送受電コイル間に共通に鎖交する磁束を利用するワイヤレス給電システムはいろいろ研究されたが，大電力半導体デバイスの普及により，安価で小型，高性能なインバータを容易に入手できるようになった1980年頃から，電磁誘導方式のワイヤレス給電システムの本格的な研究が始まった。EV 関連の研究は1986年，Lashkari らが EV への給電システム，1995年には Klontz らが鉱山機械への応用を提案した。2008年に紙屋らは EV への充電システムを，2010年に保田らも EV 用ワイヤレス給電システムを発表した。

電磁誘導方式のワイヤレス給電には，静止型（図1 a)）と移動型（図1 b)）の2つの方式が

＊　Shunsuke Takahashi　昭和飛行機工業㈱　特殊車両総括部　EVP 事業室　技師長

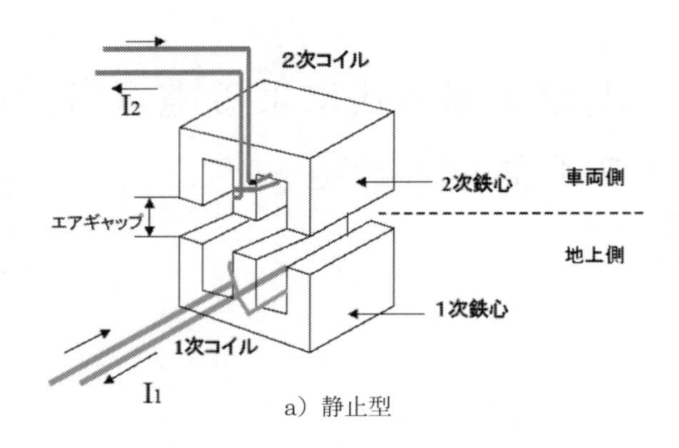

a）静止型

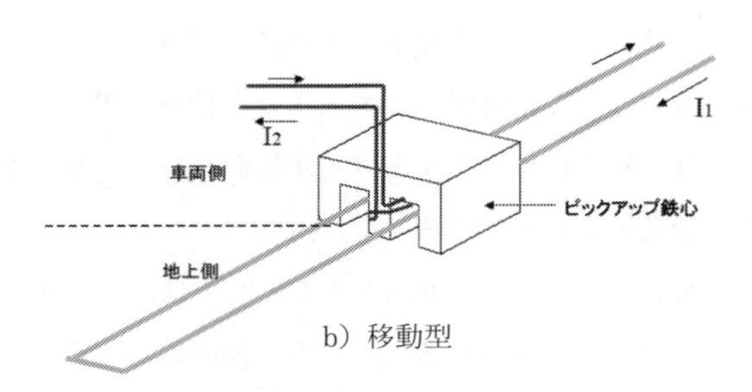

b）移動型

図１　電磁誘導式非接触給電の原理

ある。静止型はヒゲ剃りなどの家電品やEV用として使われるように，給電中は１次側コイルの直上にギャップを隔てて２次側コイルを置いておく必要があり，移動体側に搭載した電池に電気エネルギーを充電する。移動型は，静止型の１次側コイルのコアを取り去り，コイルをレール状に伸ばして給電線としたもので，ピックアップが給電線上にある限りは搬送車の移動中にも給電が可能である。

いずれの方式も，基本的にはコア間に大きなギャップ長のある変圧器である。変圧器のように１次コイルに交流電流を流すとコイル周囲に磁界が発生し，１次／２次コイルを共通に鎖交する磁束により２次コイルに誘導起電力が発生する。理想的な変圧器の磁束は全て主磁束で構成され，漏れ磁束がない。この場合の１次コイルと２次コイルとの結合の度合いを示す結合係数kは１である。しかし，非接触にするための大きなギャップ長により磁路が切れていて，漏れ磁束があるために結合係数は１よりも小さくなる。この漏れ磁束が変圧器の１次側，２次側にそれぞれ直列に接続されたインダクタンスとして，チョークコイルと等価な働きをする。これが漏れインダクタンスである。つまり，変圧器として働く励磁インダクタンスは自己インダクタンスのうちのk倍で，残りの部分は漏れインダクタンスになる。ワイヤレス給電は変圧器に比べ励磁インダクタンスが小さく，漏れインダクタンスによる電圧降下が大きいシステムということができる。そこで，電力を効率よく伝達するために，1次側の印加周波数を10kHz程度から数100kHzの範囲で最適な値の高周波にして2次誘起電圧を上げたり，漏れインダクタンスの補償のために，コイルのインダクタンスにコンデンサを並列もしくは直列に接続した共振回路を用いる。1次コイルから出る磁束が2次コイルに鎖交しやすくするためと，1次コイルに流す電流を低減させるため，コアとして磁性体が使用されるが，周波数が高いためフェライトを用いる。また周波数が高くなると，導線の表面近くしか電流が流れない表皮効果が現れる。電流が導体表面に集まって導体の中心部に電流が流れないと，導体の有効断面積が小さくなって導体抵抗が増加，損失となる。そこで，コイル抵抗が増大するのを防ぐため，径を細くした素線を絶縁して，多数撚り合わせ，導体の表面積を増やしたリッツケーブルを使用する。

3　電磁誘導方式の開発

実際に使われたEV用のワイヤレス給電システムとしては，1980年代の米国でのPATH（Partners for Advanced Transit and Highways）計画で，図1 b）の原理を使い，道路に埋め込んだケーブルからの電磁誘導により，走行中の車両に給電するシステムが最初のものであるが，実験は成功したものの漏れ磁束が大きかった。1995年仏国のPSA（Peugeot／Citroenグループ）が発案したTulip（Transport Urbain, Individuel et Public）計画では図1 a）の原理に従い，図2に示すように，地上に設置した送電コイル上にEVが跨り，床面に設置した受電コイルとの間で給電すると共に，通信システムで充電制御を行うという，現在のものとほとんど変わらないシステムが採用されたが，満充電に4時間が必要であった[1)]。1997年仏国のCGEA社およびRenault社が，サンカンタン・イヴリーヌ市で実験を行ったPraxiteleシステムの構造は，高周波による電磁波漏洩問題から逃れるために床下につけた低周波トランスによるワイヤレス給電であったが，効率が悪く，車両の位置決めが難しいという課題があった。日本では1990年代に，本田技研工業がツインリンク茂木で，ICVS-シティパル用の自動充電ターミナルにおけるワイヤレス給電システムを一般公開した。その構造は棒状の分割トランスをロボットアームで車両に差し込むものであったが，製品化には至らなかった。

製品化されたものとしては，米国GM社が開発したMagne Chargeと呼ばれるパドル型のものがあり，1993年に豊田自動織機にて国産化され，国内数百台，国外に数千台以上が販売された。入力単相200V，周波数130kHz～360kHz，最大出力が6kWであったが，図3に示すように1次コイルに相当するパドルを2次コイルとなるインレット部に差し込まねばならず，コネクション操作が不要というワイヤレス給電の特徴を損ねる構造をしていたため，広く普及するには至らなかった。

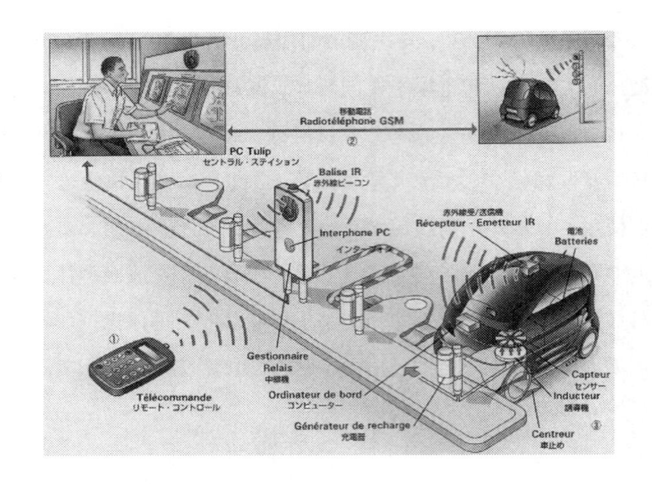

図 2　Tulip 計画の非接触充電システム
（出典：カースタイリング別冊 NCV21）

図 3　Magne Charge による充電の状況

大電力で，地上コイルに跨るだけで容易に給電できるものとしては図 4 に示すドイツ Wampfler 社のワイヤレス給電システム（IPT）があり，欧州ではトリノなどの電気バス用として数十台が採用され，日本でも日野自動車の IPT ハイブリッドバスや早稲田大学の先進電動マイクロバス（WEB-1）などに採用された。仕様は入力 3 相 400V，最大出力 30kW である。WEB-1 では，必要最小限の容量の電池を搭載し，短いサイクルで充電を繰り返しながら使う，という考え方が導入された。これにより，高価な電池の搭載量が減るため，初期費用が大きく下がることになる。また，重い電池が減るため車両重量が軽くなり，内燃機関車の燃費に相当する電費が良くなるとともに，電費向上の分だけ Well to Wheel ベースの CO_2 排出量も減少する。しかしながら良いことばかりではなく，電池の絶対搭載量が減るので 1 充電走行距離は短くなる。それを，充電操作が安全で，ケーブルの接続に時間の掛からないワイヤレス給電で短時間充電を

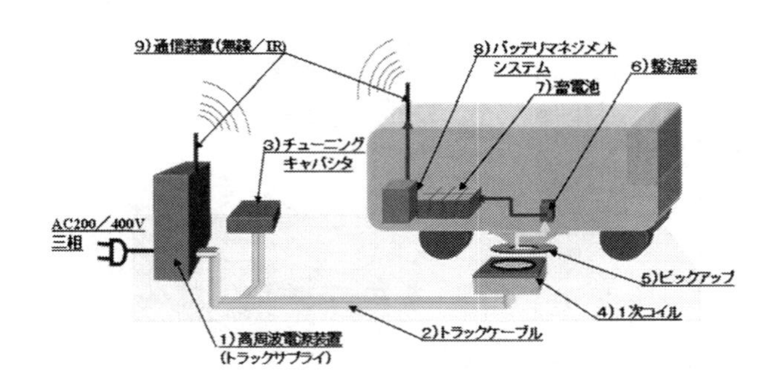

図4　Wampfler社製電磁誘導式非接触給電システム

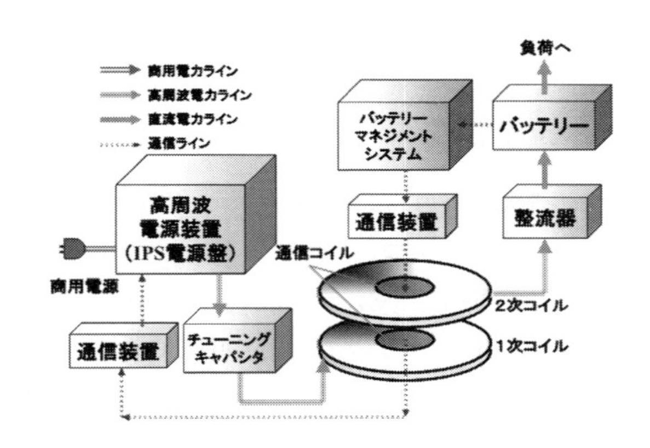

図5　電磁誘導式非接触給電システムの構成

行うことにより，小さな電池でも走行距離を確保できることになる。このコンセプトに従い，WEB–1にIPTを搭載し，路線1往復毎にターミナルで急速充電を行うことで，電池搭載量を必要最小限に削減，大幅な車重減による走行エネルギー削減と車両初期コストを低減することができた。しかしながら，IPTはWEB–1のようなサイズのEVに搭載するには，車両サイズに比較して相対的に大きい，重い，効率が悪い等の，大きな改善課題が存在することが明らかになった[2)]。

そこで昭和飛行機工業らの研究グループは，EVへの充電を安全・簡便・短時間で行えるワイヤレス給電システム（IPS）を2005年から4年間，（独）新エネルギー・産業技術総合研究開発機構（NEDO）の委託を受けて開発した。具体的な装置構成例は，図5にあるように地上側システムが高周波電源，1次コイル，高周波電源から1次コイルまでの給電線とインピーダンス調整用のキャパシタボックス，移動体側システムは2次コイルと高周波を直流に直す整流器，バッテリーマネジメントシステムと地上側の高周波電源との間で制御信号をやりとりする通信装置からなる。高周波電源装置の内部は，商用電源を直流に変換するAC/DCコンバータ，高周波（方形波）を出力する高周波インバータ，方形波をサイン波に変える波形変換回路，安全対策の

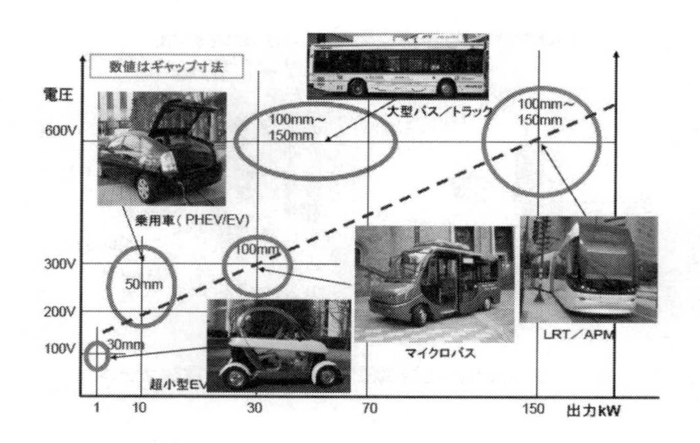

図6　電磁誘導式非接触給電システムの展開

ための波絶縁トランスで構成されている。IPTと同じ30kW，22kHzの仕様で開発したIPSは，コイル形状やリッツケーブル構造，高周波電源装置の最適化により，円形コア，片側巻線，1次直並列2次並列共振コンデンサシステムで，コイル間ギャップ50mmを100mmに増加，商用電源から電池までの総合効率は86%を92%に改善した。その他，2次側コイルの重量や厚みを半分にするなど小型，軽量化がはかられている。このシリーズは図6のように，一人乗りEV用の1kW，普通車サイズPHEVやEV用の10kW，マイクロバスなど中型車両用の30kW，IPSバスやトラックといった大型車両用の60kW，LRT（次世代型路面電車）や連接バス用の150kWを越える大電力まで，ラインナップされている[3)]。

4　電動バスによる実証走行試験[4)]

奈良県は奈良市内においてパークアンドライド（P&R）と電動バスを導入し，利便性を上げると共に環境への優しさで多くの宿泊観光客の導入を計画している。平成20年に少量電池搭載のWEB＋非接触式急速充電器（IPS）と大容量電池搭載の電動バス＋接触式急速充電器の2台の電動バスを使い，県庁をP&Rの起点として充電装置を設置し，走行ルートとして東大寺・春日大社を含む奈良公園一帯を巡回する観光用周遊バスの社会実験を実施した。実験の結果，どちらの電動バスでもCO_2排出削減効果の有効性は確認できたものの，充電の利便性の点ではWEB＋IPSのシステムに軍配が上がった。そこで平成21年にはWEB-1の電池をリチウムイオン電池に換装したWEB-1adv.のみを使い，再度，奈良公園にて実証走行試験を行った。

試験では走行ルートにIPSを2か所，1つはターミナル駅での充電を想定して奈良県庁に設置，もう1つはバス停での充電を想定してルート途中の春日大社に設置，乗客が乗降する間に充電す

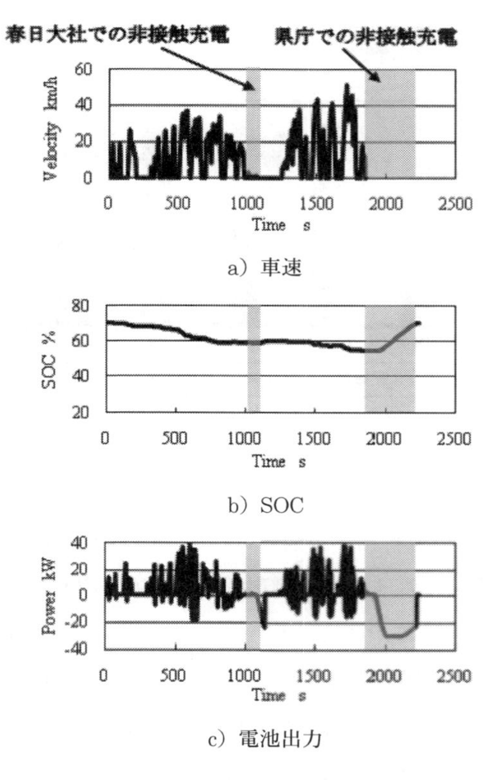

a）車速

b）SOC

c）電池出力

図7　奈良公園走行試験結果

ることにした。試験条件として，県庁では毎回必ずSOC70％まで充電を行い，春日大社では途中経路の渋滞度合いによって充電時間を充電無し・1分間充電・2分間充電の3パターン設定した。空調負荷については空調無し及びクーラー作動とした。

最も代表的なデータとして，春日大社1分間充電，空調無しの条件で試験を行ったときの結果を図7に示す。1周5.5kmのルートを図7 a）のような速度で走行し，約30分要した。図7 b）は循環中のSOC履歴を表している。図中1200秒付近は春日大社でのIPS充電で，SOCが回復したことが見て取れる。このときの充電電力は図7 c）より確認できる。また，図中，1900秒以降は奈良県庁でのIPS充電である。これによると消費したSOCを回復するのに要した時間は約6分である。これで1周5.5kmのルートを走行した場合でも，1+6分の7分間のIPS充電を行うことで連続的に走行可能であることが示された。WEB-1adv.の電池総容量は12kWhである。単純に比較はできないが，4人乗りの三菱iMiEVは車両重量1080kgに16kWhの電池を搭載しているのに対し，定員12名のWEB-1adv.の車両重量は3倍近い3180kgあるのに電池容量は少ない12kWhで，充電は繰り返すもののアップダウンの大きな奈良公園内を1日中運用できる。すなわち，本車両のコンセプトである「短距離走行・高頻度充電」が実証された。

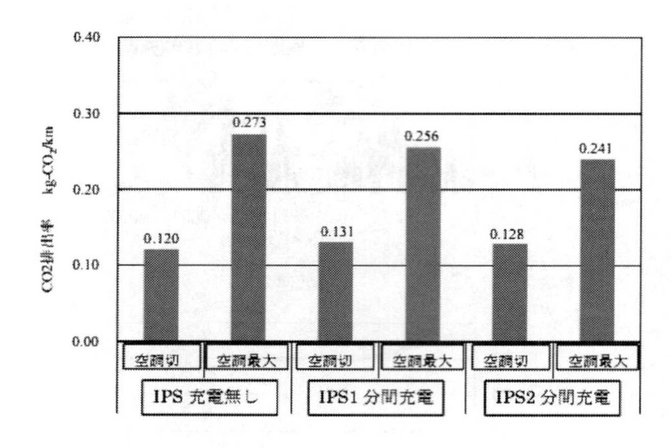

図 8　CO_2 排出率

試験結果より算出される CO_2 排出率を図 8 に示す。CO_2 排出原単位は 0.299kg-CO_2/kWh を使用している[5)]。今回の実験における CO_2 排出率は 0.120kg-CO_2/km であった。WEB-1adv. に改造する前のディーゼルバスの M15 モードにおける CO_2 排出率は 0.370 kg-CO_2/km (7.40km/l) であり，今回の試験結果と比較すると，67.6%CO_2 排出率を削減できたことが確認できる。M15 モードは重量車向けの燃費計測用で，平均速度 15km/h の走行モードで，登坂は含まれていない。今回の走行試験では平均速度が 10km/h 前後であり，登坂を含んでいることを考慮すると，今回の走行試験は M15 モードに比し厳しい条件であると言える。このように WEB-1adv. はディーゼルバスに有利な条件下においても，CO_2 排出率が少なく抑えられていることが示された。

5　おわりに

WEB-1adv.は板バネのため車両側のコイル下面は地上から 180mm に固定されており，また IPS のギャップはコイル間で 100mm，カバーを考慮したメカニカルギャップは 80mm であるため，地上側コイルは地上に 100mm 出っ張った状態で運用試験を行った。これでは実際に道路上にコイルを設置する場合において，車両の走行の邪魔になり，道路使用の要件を満たしていない。そこで図 9 に示すように WEB-1adv.に搭載した通常型 30kW コイル（外径 847mm）の 1.5 倍近い 1247mm の外径を持つ大ギャップ型コイルを開発した。道路交通法で規定されている軸重 10ton の耐荷重，すなわち片輪 5ton，車体が傾いた場合の偏荷重を想定し，コイルの表面を樹脂コンクリートで覆い 6ton の耐荷重を持つ地中設置型の地上コイルを製作した。厚い樹脂コンクリートで覆われながらも，メカニカルギャップは 120mm である。このコイルを平成 21 年度

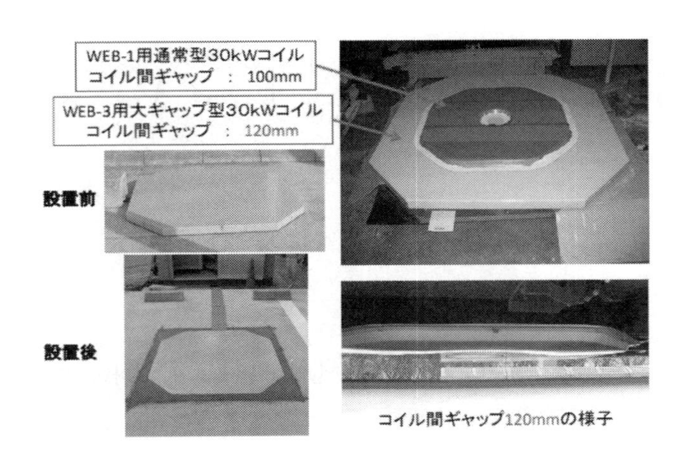

図 9　WEB-3 用埋込コイルとギャップの様子

の環境省の「地域産学官連携環境先端技術普及モデル策定事業」の補助金を受けて早稲田大学が開発した 25 人乗り先進電動バス（WEB-3）に搭載した。WEB-3 はバリアフリーのため 60mm 車高を下げるニーリング機能を保有している。この機能を使うとバスの床面に固定した車両側のコイルの下面は，地表面と面一になるように設置した地上側コイルの上面から 120mm となり，問題無く充電ができた。

このような利便性の高いワイヤレス給電システムを搭載した電動バスがバス停で簡単充電をしながら，街中を走行しているシーンが近々見られるはずである。

文　　献

1)　高木啓：NCV21 21 世紀は超小型車の時代,カースタイリング別冊 Vol.139 1/2, p99–105 (2000)

2)　紙屋雄史ほか：先進電動マイクロバス交通システムの開発と性能評価（第 1 報），自動車技術会論文集，Vol.38, No.1, 20074109, p9–14 (2007)

3)　高橋俊輔ほか：非接触給電システム（IPS）の開発と将来性,自動車技術会シンポジウム前刷集 No.16–07, p47–52 (2008)

4)　荻路貴生ほか：先進電動マイクロバス交通システムの開発と性能評価,自動車技術会春季学術講演会論文集，No.1, 20105128, (2010)

5)　関西電力株式会社：環境レポート 2009，データ編，環境関連データ，p.04 (2009)

第5章　電気自動車向けワイヤレス給電

阿部　茂*

1　はじめに

電磁誘導方式のワイヤレス給電（非接触給電とも呼ばれる）[1]は，接点の不良・摩耗・火花が無いなどの特徴から，クリーンルーム内の搬送車やFAX子機の充電器等で実用化されている。電気自動車向けは，ヨーロッパや日本でバス向けの大容量給電装置が製作されてきたが，一般に普及するには至っていない[2]。ここでは，ハイブリッド自動車や電気自動車向けの小容量ワイヤレス給電について，筆者等が開発中の方式について紹介する。

本方式の特徴は，一次直列二次並列コンデンサ方式と角形コア両側巻トランスにある。これらの採用により高効率はもとより，乗用車に搭載可能な小型軽量化，十分な位置ずれ許容量，ギャップ長変動に強い特性を実現した。

2　電気自動車向けワイヤレス給電の特徴

電磁誘導方式のワイヤレス給電の基本はギャップ長の大きいトランスである。漏れリアクタンスが大きく，結合係数が0.1～0.5と小さいため，電源周波数を10kHz以上にとり二次誘起電圧を上げ，漏れリアクタンスの補償のため共振コンデンサを用いる。電気自動車向けでは特に，①一次二次間のギャップ長が大きい，②一次二次間に位置ずれが発生する，③車載トランスは小型軽量が不可欠という特徴がある。

電気自動車向けワイヤレス給電の構成を図1に示す。家庭の車庫や駐車場に設置する単相100V/200V入力のインバータ電源により，20kHz～30kHzの高周波交流を発生し，地上トランスに給電する。ギャップ長50mm～100mmを隔てた車両底面の車載トランスで受電し，二次電池充電回路に電力を送る。

電気自動車向け1.5kWワイヤレス給電装置の目標仕様の例を示す。

(1) トランス効率：95%以上

(2) ギャップ長の標準値と変動幅：70mm±20mm

---

*　Shigeru Abe　埼玉大学　工学部　電気電子システム工学科　教授

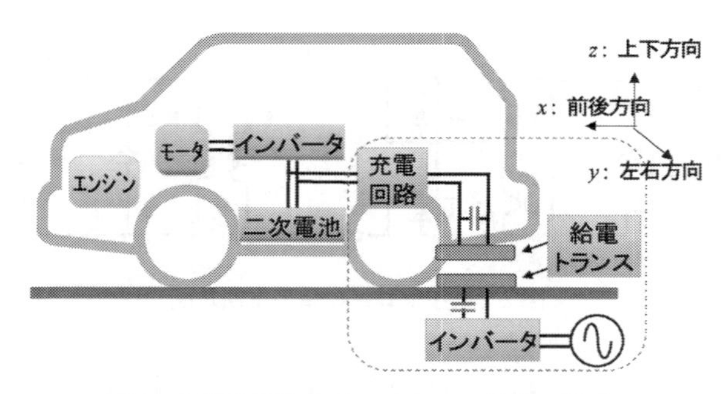

図1　電気自動車向けワイヤレス給電の構成

(3) 位置ずれ許容量：左右方向±125mm，前後方向±45mm

(4) 車載トランスの寸法，重量：A4サイズ（210mm×300mm）程度，4kg以下

(5) 価格：量産時10万円以下（インバータ＋地上及び車載トランス＋整流器）

各項目について補足する。(1) トランス効率が低いとトランスの冷却も問題となる。(2) ギャップ長は最低地上高（約150mm）程度にすべきとの意見も多いが，ギャップ長を小さくするほどトランスを小型軽量，高効率，安価にできる。停車時に給電することと地上トランスの設置容易性（駐車場の床に置くだけで設置可能）を考慮し，標準ギャップ長を70mmに選定した。(3) 駐車のしやすさから左右方向の位置ずれ許容量は大きくする必要がある。前後方向の位置ずれはタイヤ止め等で±50mm以下に抑えることができる。(5) 1.5kW程度の電磁誘導方式のワイヤレス給電は，家庭用IH調理器と技術的に酷似している。量産すればIH調理器の数倍の価格も夢ではない。

3　一次直列二次並列コンデンサ方式

電磁誘導方式のワイヤレス給電では様々なコンデンサ配置が提案されてきた。工場内搬送車では一次並列二次並列コンデンサ方式（P/P方式）が有名である[1]。これに対し著者等は，一次直列二次並列コンデンサ方式（S/P方式）は，理想変圧器特性を持つこと，効率や最大効率で給電するための負荷条件が簡単な式で表されること，などを明らかにした[3~5]。これらの成果から，高効率なトランスが容易に設計でき，電源電圧制御による高効率な給電も可能になった。

図2に一次直列二次並列コンデンサ方式の電気自動車向けワイヤレス給電の主回路図を示す。フルブリッジインバータを用いて商用周波数の交流をf_0＝20kHzの交流に変換する。周波数が高いため，給電トランスのコアにはフェライトを，巻線にはリッツ線を用いる。

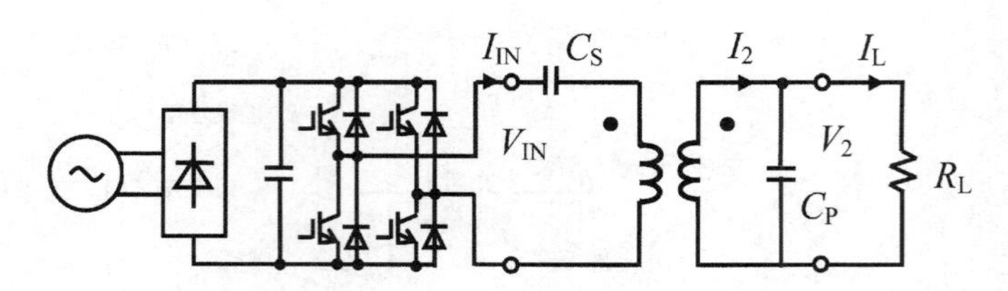

図2　ワイヤレス給電の主回路図

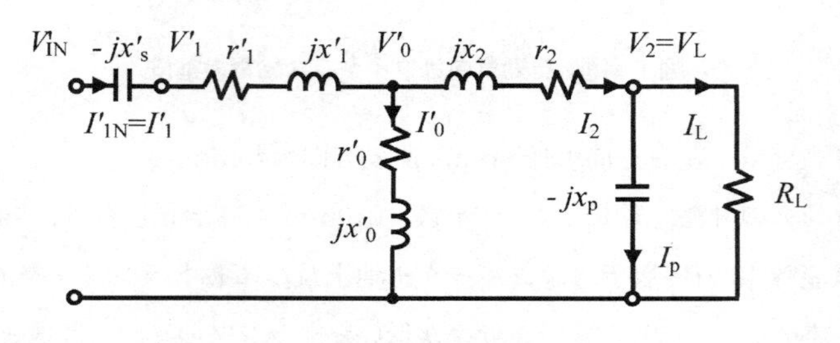

図3　詳細等価回路

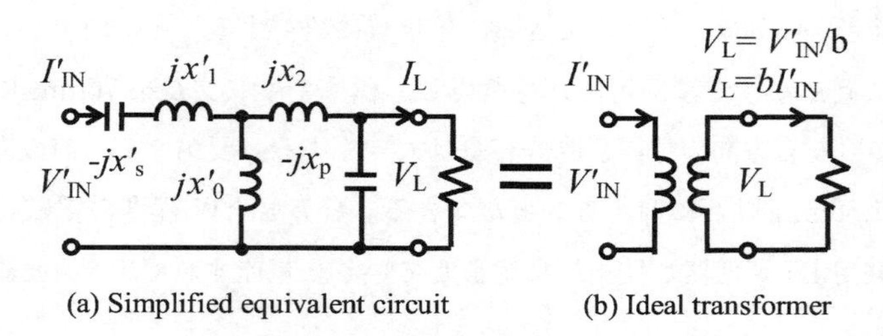

図4　簡略等価回路と理想変圧器

3.1　等価回路とコンデンサ値の決定法

給電トランスをT形等価回路で表し，直列及び並列共振コンデンサ C_S, C_p と抵抗負荷 R_L を加えた詳細等価回路を図3に示す。給電トランスの巻数比を $a=N_1/N_2$ とし，一次側諸量は二次側に換算し′（ダッシュ）をつけて表す。実際の給電トランスでは，フェライトコアとリッツ線を用いると鉄損を表す r_0' と巻線抵抗 r_1', r_2 は，電源周波数 f_0（$=\omega_0/2\pi$）においてトランスのリアクタンス x_0', x_1', x_2 に比べ十分小さい。従って r_0' と r_1', r_2 を省略した簡略等価回路（図4(a)）で解析を進める。

まず二次側並列コンデンサ C_p の値を，電源周波数 f_0 において励磁リアクタンス x'_0 と漏れリアクタンス x_2 との和（二次巻線の自己リアクタンス $\omega_0 L_2$）に共振するように決める。

$$\frac{1}{\omega_0 C_p}=\omega_0 L_2=x_p=x_0'+x_2 \tag{1}$$

次に一次側直列コンデンサの値を（2）式の値に決める。

$$\frac{1}{\omega_0 C_s'} = x_s' = \frac{x_0' x_2}{x_0' + x_2} + x_1' \tag{2}$$

3.2　理想変圧器特性とトランス効率

ここで，V_{IN}' と V_2，I_{IN}' と I_L の関係を求めると次式となる。

$$V_{IN}' = bV_2,\ I_{IN}' = I_L/b,\ b = \frac{x_0'}{x_0' + x_2} \tag{3}$$

（3）式は共振周波数（＝電源周波数）において，図4（a）のコンデンサを含むトランスの等価回路が，図4（b）に示す巻数比 b の理想変圧器と等価であることを示している。なお b の値は結合係数 k に近い。

理想変圧器特性から一次直列二次並列コンデンサ方式には次の利点があることが分かる。

（1）抵抗負荷であればインバータの出力力率が1となり，ソフトスイッチングが可能となる。これはインバータの小型化と高効率化に有利である。

（2）コンデンサの値は負荷（給電電力）に依らず一定でよい。

（3）電源を定電圧/定電流制御すれば負荷が変化しても，負荷も定電圧/定電流になる。

図3よりトランス効率 η は（4）式で表される。

$$\eta = \frac{R_L I_L^2}{R_L I_L^2 + r_1' I_1'^2 + r_2 I_2^2} = \frac{R_L}{R_L + \frac{r_1'}{b^2} + r_2\left\{1 + \left(\frac{R_L}{x_p}\right)^2\right\}} \tag{4}$$

効率 η が最大になるときの抵抗負荷の値 R_{Lmax} とその時の最大効率 η_{max} は（5）式となる。

$$R_{Lmax} = x_p\sqrt{\frac{1}{b^2}\frac{r_1'}{r_2} + 1} \quad \eta_{max} = \frac{1}{1 + \frac{2r_2}{x_p}\sqrt{\frac{1}{b_2}\frac{r_1'}{r_2} + 1}} \tag{5}$$

最大効率で給電するには，給電電力 P_L のとき負荷電圧 V_L を次式の値に調整すればよい。

$$V_L = \sqrt{P_L R_{Lmax}} \tag{6}$$

給電電力 P_L が変化する場合も，（6）式の V_L となるようにインバータの出力電圧 V_{IN}（$= aV_{IN}'$）を調整すれば，常に最大効率で給電できる。また，最大効率になる時は一次と二次の銅損がほぼ等しくなる。なお，上記の解析では r_0 による鉄損（フェライトの損失）を無視している。

（5），（6）式を用いれば，定格出力，定格電圧時に効率が最大となるトランスを容易に設計で

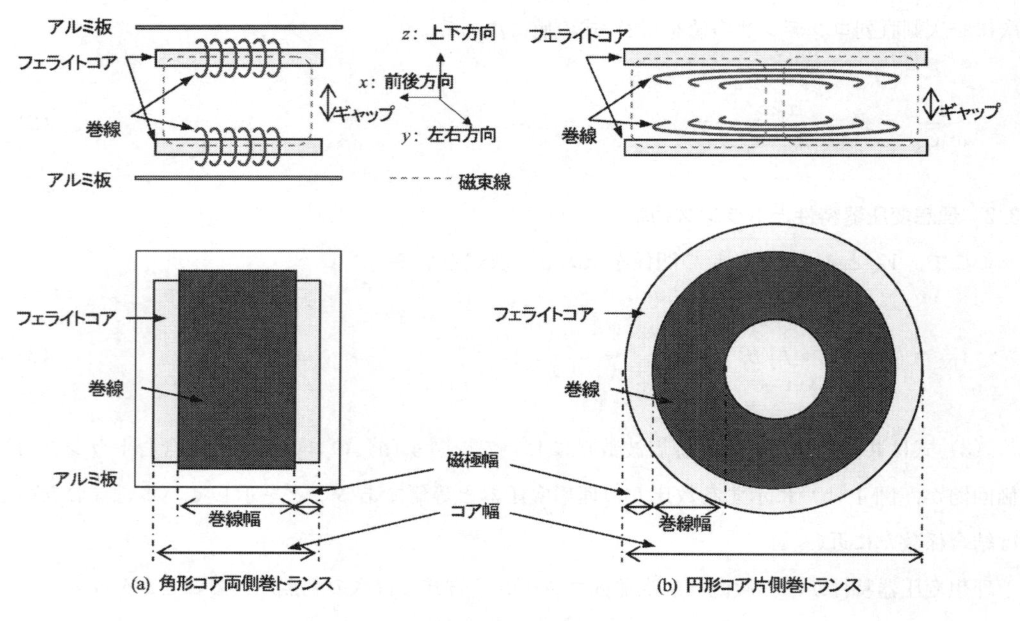

図5　給電トランスの構造

きる。また効率を上げるには，巻線抵抗を下げ，結合係数を上げればよいことも分かる。

4　角形コア両側巻トランスと円形コア片側巻トランス

電気自動車向けのワイヤレス給電では，従来，円形コアの片側にドーナツ形巻線を配した円形コア片側巻トランス（図5(b)）が用いられてきた[2]。著者等はトランスの小型化と左右方向の位置ずれ許容量の拡大のため，アルミ板付き角形コア両側巻トランス（図5(a)）を開発した[6~8]。

電気自動車向けトランスでは，車載可能な（a）小さな外形寸法と重量，駐車容易な（b）大きな位置ずれ許容量と（c）ギャップ長変動許容量，（d）給電効率から高結合係数，（e）漏れ磁束の影響がないことが要求される。

両側巻は（a）（b）（c）で片側巻に優っており，劣る（d）（e）についても電磁遮蔽のアルミ板を設置することで対応可能である。

電気自動車用で必要な結合係数 k を0.2以上にするには，漏れ磁束を抑えるため巻線幅をギャップ長以上にとる必要がある。片側巻ではコア幅は（巻線幅＋磁極幅×2）×2程度必要なのに対し，両側巻はその半分で済むため，両側巻は片側巻に比べ大幅な小型化が可能である。

片側巻は位置ずれが大きくなると結合係数が下がり，コア径の半分程度の位置ずれ時に結合係数が0になる悪い特性が知られている[9]。これは位置ずれが大きくなると鎖交磁束の向きが反転し，その途中で結合が0になるためである。両側巻の左右方向ではこのような現象は起きず，位置ずれ許容量を大きくできる。

ギャップ長が変動したときに二次巻線の自己インダクタンスL_2が変化すると，C_p一定では（1）式の共振条件からはずれる問題が起きる。両側巻は片側巻に比べギャップ変動による二次巻線の自己インダクタンスL_2の変化が小さく，ギャップ長変動にも強い。

5　1.5kW角形コア両側巻トランスの特性

5.1　トランス仕様

製作した1.5kW角形コア両側巻トランスの仕様を表1に，写真を図6に示す。ギャップ長70mmで左右，前後の位置ずれがない状態を標準位置とし，ギャップ長は±20mm，位置ずれは進行方向±45mm，左右方向±125mmの範囲で特性を測定した。

5.2　標準ギャップ長70mmでの給電実験

実験回路を図7に示す。給電トランス二次側に全波整流器と抵抗負荷を接続し，交流入力電圧V_{AC}=100V，インバータ周波数f_0=20kHz一定で実験を行った。

ギャップ長あるいは位置ずれ量が変化したときのトランス定数（インダクタンスと結合係数）の変化を図8に，その時の電圧，電力，効率などの変化を図9と表2に示す。位置ずれの方向は図1と図5に示す。標準位置で抵抗負荷R_Lの値を変えたときの効率の変化を図10に，標準位置で1.5kW給電時の電圧電流波形を図11に示す。

図8を見れば，ギャップ長または位置ずれが大きくなると結合係数kが低下する。しかし二

表1　1.5kW角形コア両側巻トランスの仕様

項目		仕様
定格出力		1.5kW
ギャップ長		70±20mm
リッツ線		0.25mm径×24×16
寸法	コア	240×250×5mm
	巻線幅	150mm
重量	一次	4.4kg
	二次	4.6kg
巻線	一次	1p×18turns
	二次	2p×9turns
アルミ板		400×600×1mm

図6　1.5kW 角形コア両側巻トランス

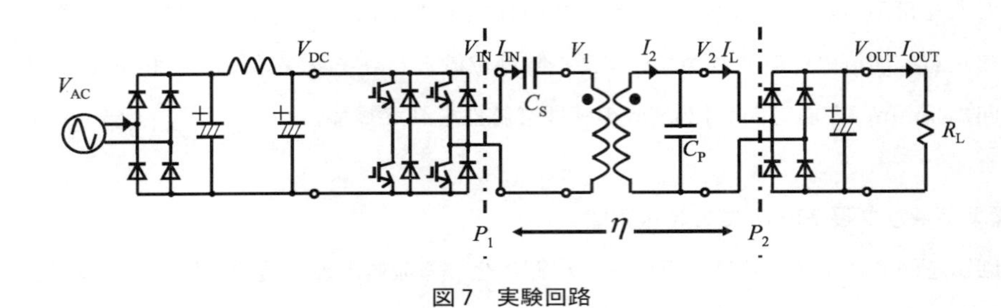

図7　実験回路

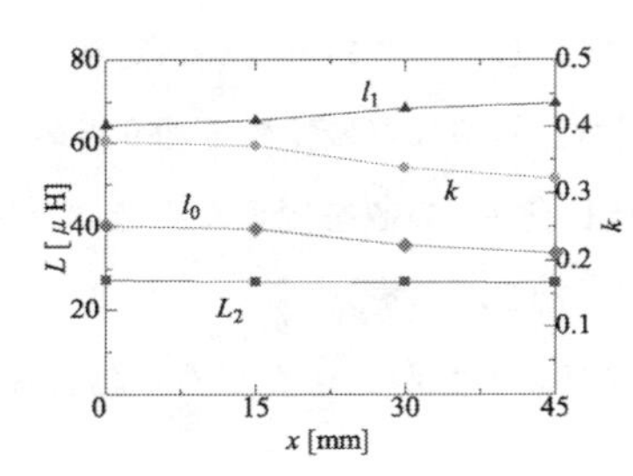

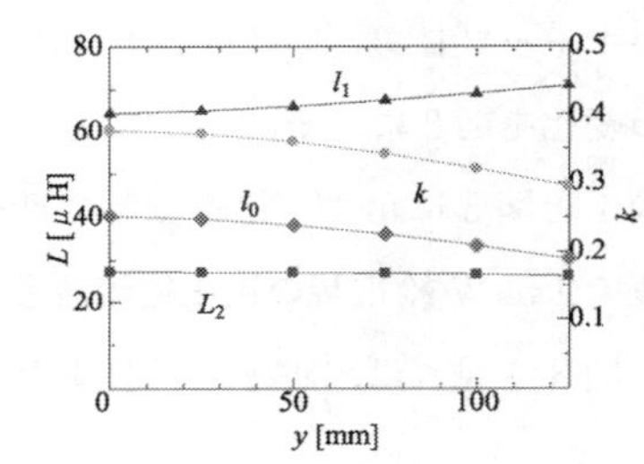

図8　ギャップ長と位置ずれによるトランス定数の変化

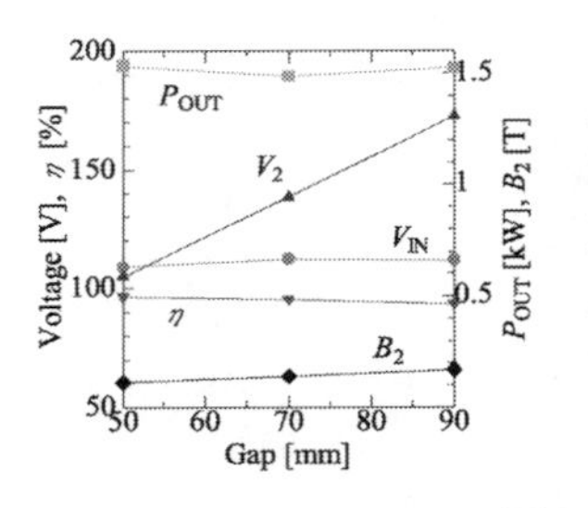

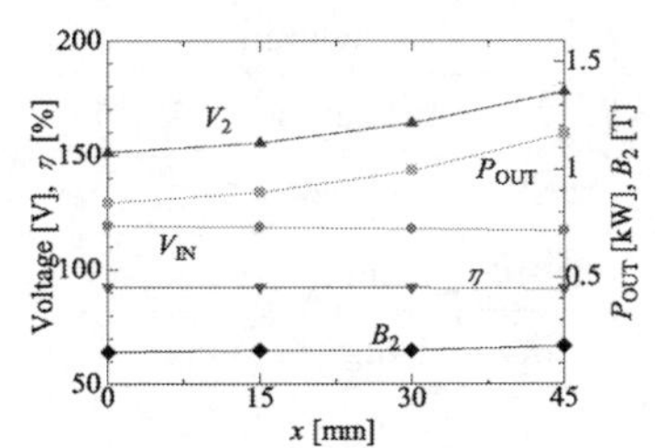

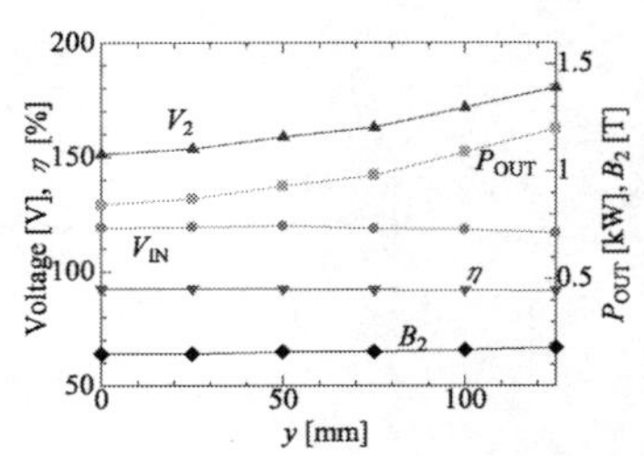

図9　ギャップ長と位置ずれによる給電特性の変化

表2　位置ずれによる給電特性の変化

Frequency [kHz]	20	
Gap length [mm]	70	
x [mm]	0	45
y [mm]	0	125
R_L [Ω]	23.1	50.0
V_{IN} [V]*	112	110
V_2 [V]*	139	200
V_{OUT} [V]	186	281
P_{OUT} [kW]	1.49	1.57
η [%]	95.3	90.2
B_2 [T]	0.14	0.20
C_S [μF]	0.696	
C_P [μF]	2.30	

＊　実効値

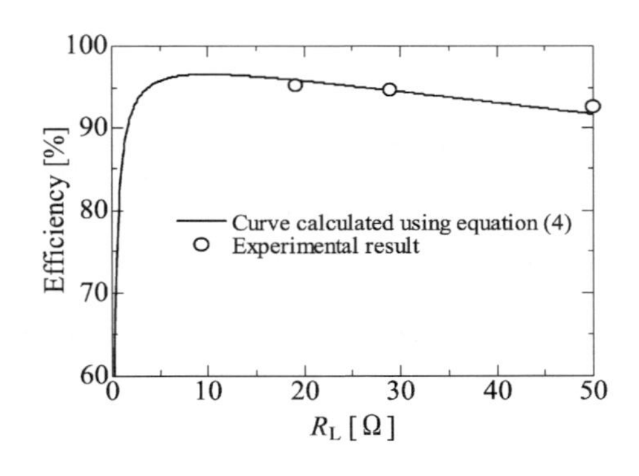

図10　抵抗負荷の値による効率の変化（標準位置）

次巻線の自己インダクタンスL_2はほぼ一定であり，(1) 式より決まるC_Pの値の変動は小さい。従って共振コンデンサC_SとC_Pの値は一定で実験を行った。ギャップ長が大きくなると結合係数kが減少し理想変圧器の巻数比bも低下するため，(3) 式より二次電圧V_2が増大する。ギャップ長変動特性では出力電力P_{OUT}=1.5kWとなるように負荷抵抗R_Lの値を調節した。ギャップ長が変動しても入力電圧V_{IN}と二次電圧V_2は (3) 式を概ね満たした。トランス部の給電効率ηはギャップ長が最大の90mmでも93.4%であった。

位置ずれが生じるとギャップ長変動時と同様に電圧比（V_2/V_{IN}）が変化する。入力電圧V_{IN}と負荷抵抗R_Lが一定の場合は，ずれが大きくなると二次電圧V_2が上がり，給電電力P_{OUT}も大きくなる。位置ずれの実験は，交流入力電圧V_{AC}=100V，負荷抵抗R_L=50.0Ω，ギャップ長=70

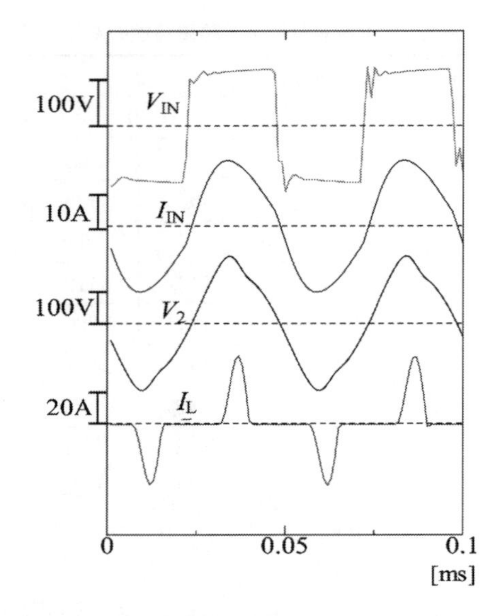

図 11　1.5kW 給電時の電圧電流波形（標準位置）

mm に固定して行った。図 9 より効率 η は位置ずれに依らず 90%以上である。表 2 より位置ずれが最大の x =45mm，y =125mm の状態でも 1.5kW 給電が可能で，効率 η が 90%以上であることが分かる。以上より角形コア両側巻トランスはギャップ長変動や位置ずれに強いことが分かる。

図 10 より実験の効率が理論式（4）式の値と良く一致することも分かる。図 11 を見れば V_{IN}, I_{IN}, V_2 の位相が一致しており，理想変圧器特性が成り立っていることが分かる。

5. 3　標準ギャップ長 140mm での特性

給電トランスの一次側を路面に埋め込む形態での設置を想定すると，乗用車の最低地上高程度のギャップ長での給電特性を調べる必要がある。標準ギャップ長 70mm で設計した表 1 のトランスを用いて，ギャップ長 70mm と 140mm の給電実験を行い，特性を比較した[10]。コンデンサ C_S, C_pの値は，それぞれギャップ長 70mm と 140mm の標準位置で（1），（2）式を用いて決定した。

ギャップ長が変化したときのトランス定数の変化を図 12 に，給電実験での電圧，電力，効率の変化を図 13 に示す。ギャップ長 70mm と 140mm の給電特性を比較したのが表 3 である。なお給電実験では出力電力 P_{OUT}＝1.5kW となるようにインバータ出力電圧 V_{IN} を調整した。

ギャップ長が 140mm になると，結合係数 k と理想変圧器の巻数比 b は半分以下に低下し，効率も 5.8%低下する。しかし 1.5kW 給電は可能であり，一次及び二次のコアの平均磁束密度も飽和磁束密度約 0.5T に対し余裕がある。

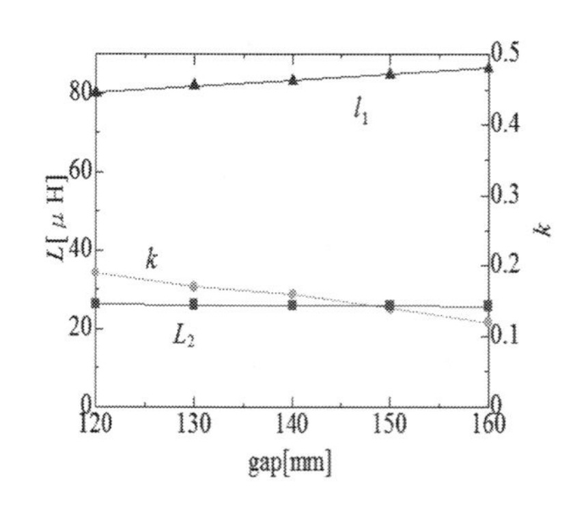

図12　長ギャップでの定数変化

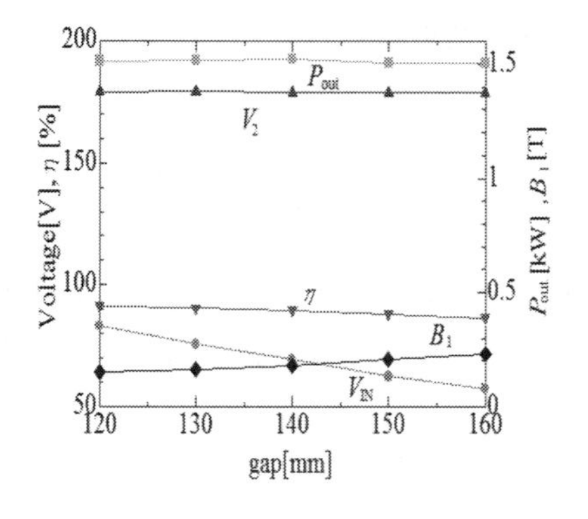

図13　長ギャップでの給電特性の変化

表3　ギャップ長による給電特性の変化

gap [mm]	70	140
結合係数 k	0.376	0.158
b	0.369	0.154
抵抗負荷 R_L [Ω]	19.8	40.3
入力電圧 V_{IN} [V]	107	69.2
二次電圧 V_2 [V]	128	179
二次電力 P_2 [kW]	1.57	1.57
トランス効率 [%]	95.3	89.5
一次コア磁束密度 [T]	0.11	0.18
二次コア磁束密度 [T]	0.13	0.18

以上のように，標準のギャップ長を 70mm にするか 140mm にするかは，効率低下や磁束密度上昇の問題（これらの対策は小型軽量化，低コスト化に反する）とのトレードオフとなる。

6　二次電池充電実験

電気自動車の充電を想定し，このトランスを用いてワイヤレス給電で鉛蓄電池の充電実験を行った。図7の回路で抵抗負荷 R_L の代わりに降圧チョッパと6直列の鉛蓄電池を接続し，定電流定電圧充電方式で充電を行った。トランスは標準位置とし，充電中インバータの出力電圧 V_{IN} は 110V 一定とした。鉛蓄電池を満充電から 20Ah を放電し，端子電圧 72V の状態から充電を開始した。充電制御は降圧チョッパで行った。4A の定電流で充電し，電池電圧が 87V に達すると 87V 定電圧充電に制御を切りかえた。7時間で 18Ah を充電しほぼ満充電となった。

充電実験結果を図 14 に示す。充電中インバータの出力力率は 1 で，充電中は給電電力相当の抵抗負荷 R_L をつけた状態と等価であることが確認できた。図 15 は図 14 中の（i）～（iv）の時点におけるトランス効率を（4）式の理論効率曲線と比較したものである。各時点の抵抗負荷の値 R_L は，チョッパ入力電圧 V_C と充電電力 P_{out} から，$R_L = V_C^2/P_{out}$ として算出した。図 15 より給電電力が下がり，等価な抵抗負荷の値が大きくなるにつれて，トランス効率は低下することが分かる。しかし，給電電力が下がった時に効率が低下しても実用上問題とはならない。

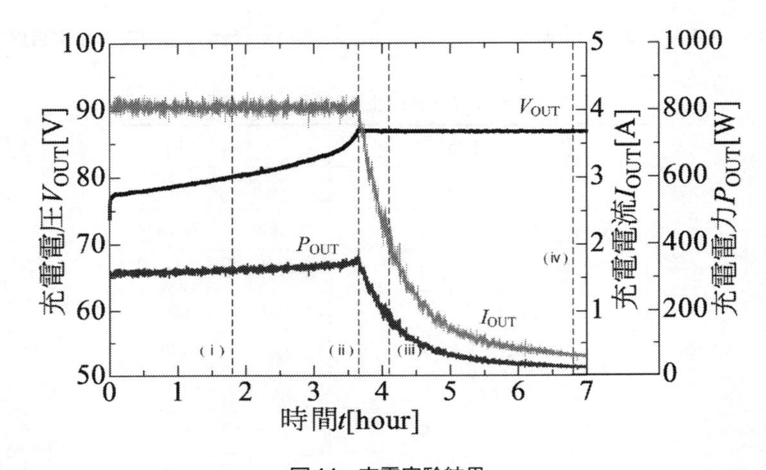

図 14　充電実験結果

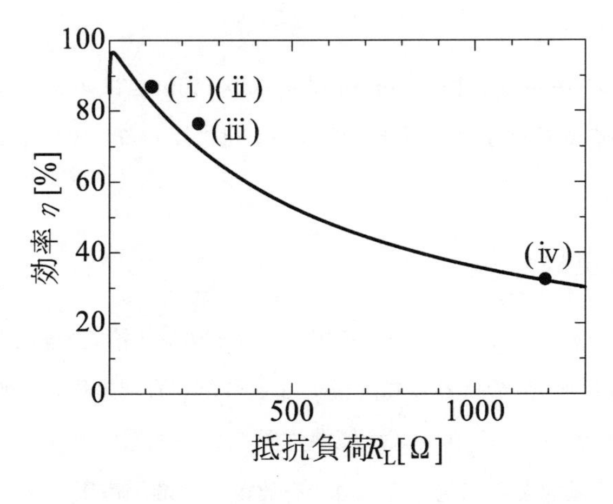

図 15　トランス効率の変化

7　おわりに

電気自動車向けワイヤレス給電について，一次直列二次並列コンデンサと角形コア両側巻トランスを用いる方式について紹介した。本方式は特性が理論と良く一致するので，トランスや給電システムの設計が容易である。給電トランスは，位置ずれに強く，高効率で，小型軽量であり電気自動車に最適である。

本研究は平成21年度からNEDO「省エネルギー革新技術開発事業費」の支援を受けて実施している。

文　　献

1)　A.W.Green *et al., IEE Power electronics and variable speed drives conference, PEVD,* No.399, pp.694–699 (1994)
2)　紙屋雄史ほか，電学誌,Vol.128,No.12,pp.804–807 (2008)
3)　藤田敏博ほか, 電学論 D, Vol.127, No.2, pp.174–180 (2007)
4)　金子裕良ほか, 電学論 D, Vol.128, No.7, pp.919–925 (2008)
5)　阿部茂ほか, 電学誌, Vol.128, No.12, pp.796–799 (2008)
6)　金子裕良ほか, 電学論 D, Vol. 130, No. 6, pp.734–741 (2010)
7)　江原夏樹ほか, 電気学会産業応用部門大会講演論文集, 2-25 (2009)
8)　Y. Nagatsuka *et al, IPEC2010－Sapporo,* p807–813 (2010)
9)　M. Budhia *et al, IEEE Energy Conversion Congress & EXPO,* pp.2081–2088 (2009)
10)　野口真伍ほか，電気学会産業応用部門大会講演論文集, 2-6 (2010)

第6章　マイクロ波ワイヤレス給電

安間健一[*]

1　開発背景，目的について

近年，省エネルギー・環境意識・化石燃料の枯渇認識の高まりとともに，電気自動車の普及が期待されている。電気自動車はガソリン車と比較して，エネルギー使用効率が高く CO_2 排出量が少ない反面，充電1回あたりの走行可能距離が短い傾向があり，こまめな充電が必要とされている。電気自動車に手間いらずに“こまめな充電ができ，次に乗車する時にはいつも満充電状態という安心感を提供できるインフラ”（図1）が実現できれば，電気自動車の普及を大きく加速できる可能性がある。当社調査では，電気自動車購入希望者のうち，こまめな充電をいとわないユーザの割合は60%以下であり，手間いらずに“こまめな充電ができるインフラ”の実現は残りの40%以上のユーザへ，電気自動車を普及させる効果が期待される（図2）。

電気自動車向け無線充電システムの開発目的は，この“こまめな充電ができるインフラ”を実現することにある。電気自動車が駐車スペースに駐車する度に，自動的に電気自動車へ充電する装置の開発である。

2　無線充電システム原理

自動車が駐車する場合，駐車スペースにぴったり駐車することは一般的に難しく，左右方向に10～20cm程度，前後方向に3～5cm程度（輪留めのある場合）の位置ズレがある。充電プラグを充電器に接続する方法（“有線方式”）や，携帯電話等に所定のケースに置くだけでプラグ無しで充電する方法（“非接触方式”）で，自動的に電気自動車へ充電するためには，充電器や所定のケースに位置合わせを行う機構が必要となり，複雑な装置となる傾向がある。

電気自動車向け無線充電システムでは，このような位置合わせを行う必要のない，マイクロ波を利用して充電する方法（“マイクロ波方式”）を採用する（表1）。この方法は，充電器側で電気を一旦マイクロ波に変換して車両側に放射し，放射されたマイクロ波を車両側で受け取り再び

＊　Kenichi Anma　三菱重工業㈱　名古屋航空宇宙システム製作所　宇宙機器技術部　電子装備設計課　主席

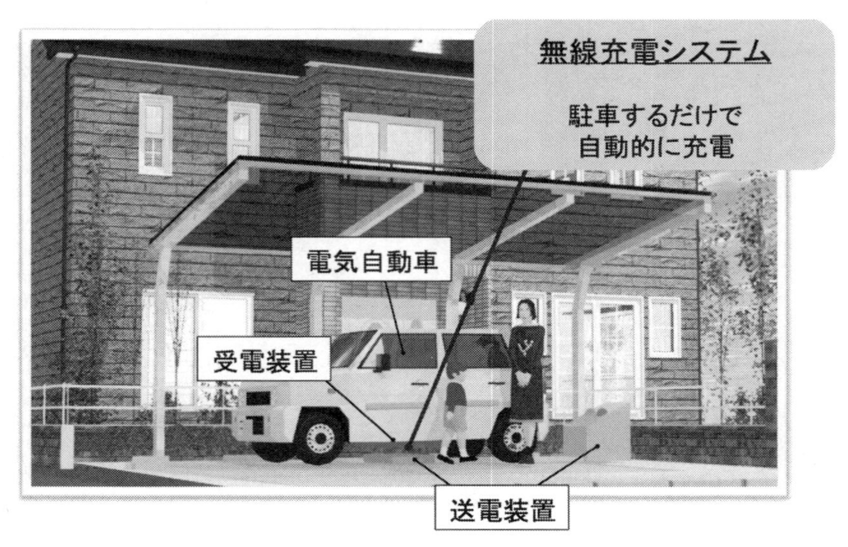

図1　電気自動車向け無線充電システム

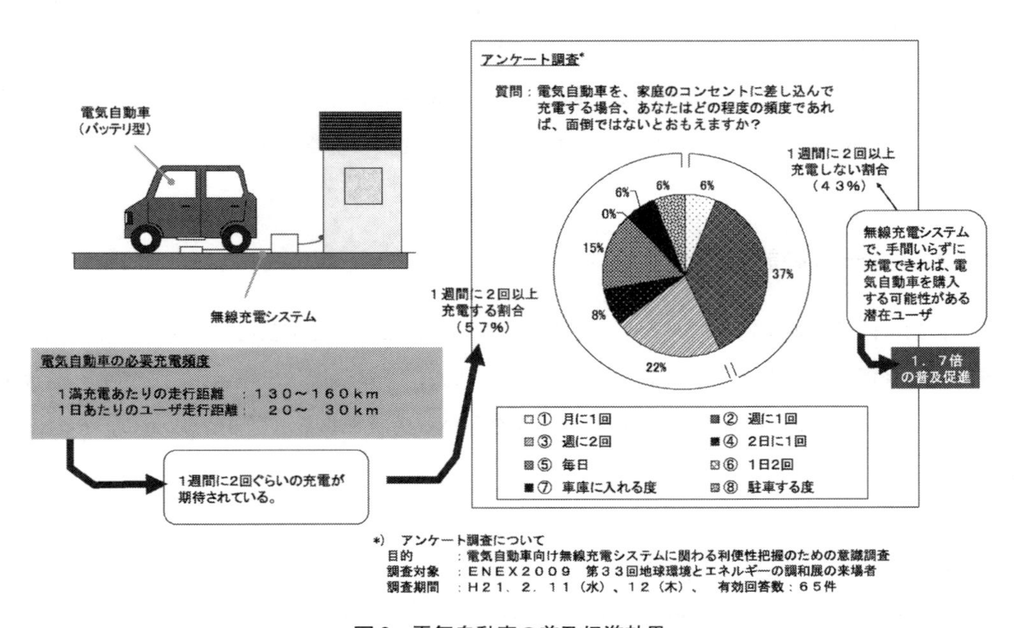

図2　電気自動車の普及促進効果

表1　充電方式の比較

	電磁誘導方式	磁気共鳴方式	マイクロ波方式（当社）
原理	1次コイル 2次コイル 電磁誘導 高周波電源	1次コイル 2次コイル 共鳴周波数 高周波電源	受電アンテナ 送電アンテナ マイクロ波 整流回路 マイクロ波発振器
特長			
送受電効率	○ ・80〜90%	○ ・80〜90%	△ ・38%（H20年度実証） ・74%（H21年度部分実証）
安全性	○ ・大きな問題なし。	○ ・大きな問題なし。	○ ・電子レンジと同等の安全性を実証済み
利便性	△ ・非接触で送電ができる。 ・位置合わせが必要。 （左右10cm以下の駐車位置精度が必要）	○ ・非接触で送電ができる。 ・位置合わせが不要。 （左右30cm程度の駐車位置ズレは問題なし）	○ ・非接触で送電ができる。 ・位置合わせが不要。 （左右30cm程度の駐車位置ズレは問題なし）
質量	△ ・重い	○ ・軽い	○ ・軽い
コスト	△ ・高価	△ ・高価	○ ・安価

電気に戻し充電する方法である。マイクロ波で電力の受け渡しを行うため，位置合わせが不要となる。この“マイクロ波方式”は，宇宙太陽発電システムの研究開発の一環としてこれまで研究開発が進んでおり，本技術をベースに電気自動車向け無線充電システムの製品化に必要な送受電効率の改善，送電器価格の低減，車両への影響遮断，安全性確保等の技術開発を行っている。

3　本システムの設備概要

電気自動車向け無線充電システムは，充電する側の装置として送電装置，充電される車両側の装置として受電装置から構成される（図3，表2）。また，送電装置は，電源系，送電系，給湯系，遮蔽系から構成され，受電装置は，受電系，放熱系から構成される（図4）。以下に，それぞれの概要を示す。

①　電源系

電源系では，一般電源から送電系（マグネトロン）の発振に必要な電源に変換し，送電系に供給する。送電系（マグネトロン）の発振電圧は6.6kV直流電源であり，一般商用電力網（高圧線）の供給電圧は6.6kV交流電源であることから，一般商用電力網から直接引き込み，AC-DC変換を行っている。

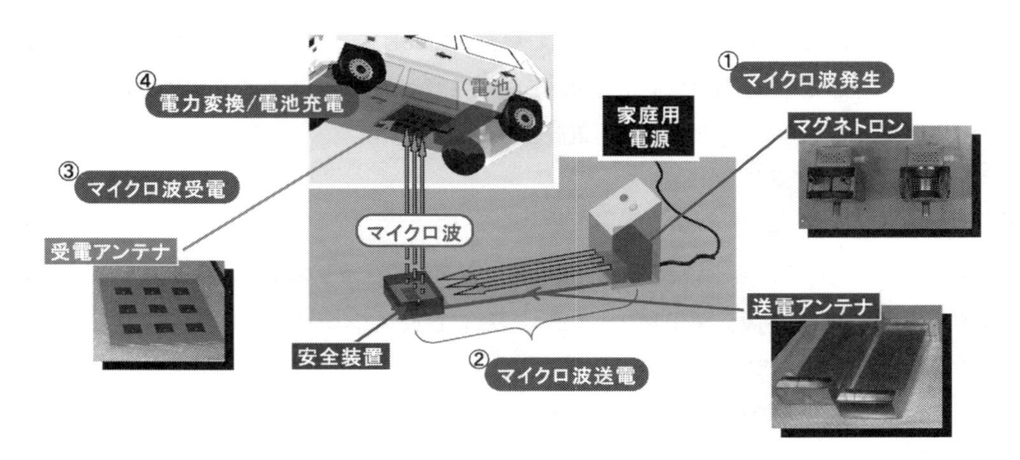

図3　システムの概要

表2　基本性能（開発目標）

項目		性能（開発時の目標値）	
		家庭用	業務用（急速充電）
消費電力	kW	0.9	21
送電電力	kW	0.7	18
送電周波数	GHz	2.45	2.45
受電電力	kW	0.6	16
熱回収エネルギ	kW	—	3
送受電効率	%	73	77
総合効率	%	73	90

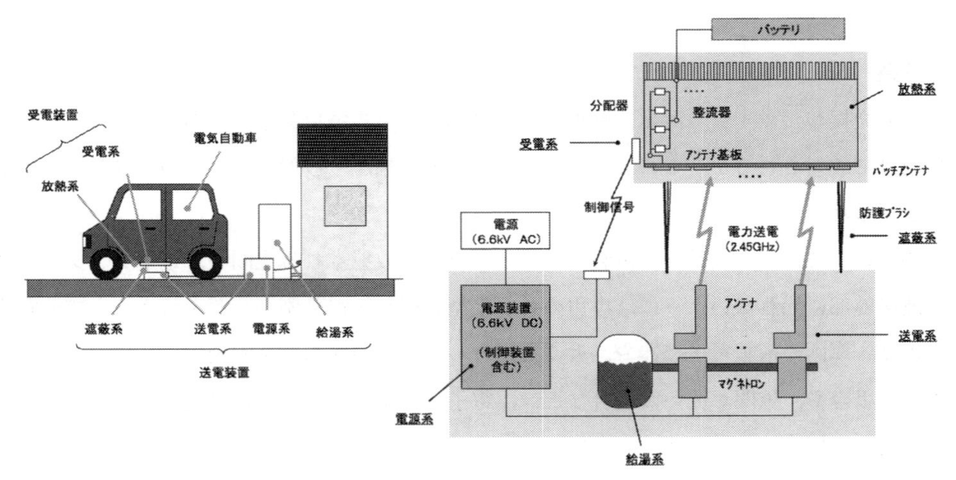

図4　システムの基本構成図

家庭用電源（100V 交流電源）から引き込む場合と比較して，一般商用電力網から家庭用電源に降圧する際の変換損失，及び家庭用電源から送電系（マグネトロン）の発振に必要な電源に昇圧する際の変換損失がなく，効率の高い電源となっている。

② 送電系

送電系では，電源系から供給された 6.6kV 直流電源から，マグネトロンによりマイクロ波を発振する。マグネトロンは，電子レンジで広く一般に普及しているマイクロ波発振装置であり，信頼性が高く低コストである。

発振されたマイクロ波は，金属製の筒（送電アンテナ）を伝わって駐車スペース真下まで伝播され，真下から電気自動車の下面に取り付けられた受電系に向けて放射される。

ここで，マイクロ波の放射領域にゴミや昆虫等の異物が入った場合，マイクロ波で加熱される危険があるため，赤外線検知センサー等により異物がないことを確認する。万が一異物により温度上昇した場合には，赤外線温度センサーにより温度上昇を検知し，自動停止させている。

③ 給湯系

送電系（マグネトロン）で電気をマイクロ波に変換する際に，変換できない電力が熱として発生する。

そこで給湯系では，マグネトロンを水冷ジャケットで覆い，マグネトロンの発熱で温められた水冷ジャケットの水をタンクに貯め，給湯利用することでエネルギーの使用効率を高めている。また，マグネトロンを水冷ジャケットで冷却していることで，マグネトロンの寿命を長くしている。

④ 遮蔽系

送電系で発振したマイクロ波は，駐車スペース真下から電気自動車の下面に取り付けられた受電系に向けて放射されるが，このままではマイクロ波が幅広く放射され，車両の搭載電子機器や近くを通行した人への悪影響が懸念される。

そこで遮蔽系では，送電系と受電装系でマイクロ波が放射される空間を，電子レンジと同じように電波が外部に漏れないように，専用のロの字型の扉が送電系側から蓋を行うことで遮蔽する。これにより，車両の搭載電子機器や，近くを通行した人への悪影響を回避する。また，蓋が閉まらなかった場合や，隙間が開いた場合などは，電子レンジと同じように導通センサーで検知し，マイクロ波が発振されないようにしている。

⑤　受電系

受電系では，送電系から放射されたマイクロ波を受電アンテナで受電し，ショットキーバリアダイオードを用いてマイクロ波からDC電気に変換し，電気自動車のバッテリに充電している。電気自動車のバッテリ電圧に合わせるために，1つのアンテナから入射するマイクロ波を複数に分配し，分配されたマイクロ波を約20VのDC電流に変換し，これを直列配線して昇圧している。

⑥　放熱系

受電系でマイクロ波を電気に変換する際に，変換できない電力が熱として発生する。

そこで放熱系では，受電系で発生した熱がそのまま車両に伝導し，車両側温度を上昇させて悪影響が発生しないように，ヒートシンクにより発熱を吸収する。またヒートシンクで吸収した熱は，さらに放熱フィンから放熱している。これらにより，車両側温度上昇をインタフェース条件以下に抑えている。

4　本システムの特長・利点

電気自動車向け無線充電システムは，主に以下に示す2つの特長を有する。

①　シンプル

受電装置を送電装置に対して左右30cm，前後10cm広くしているため，駐車時の位置ズレが発生しても，マイクロ波の放射位置の位置合わせをすることなく無線で電力伝送が可能である。これにより，位置合わせを行う機構が不要となり，装置全体がシンプルな構成となっている。シンプルな構成であるため，信頼性，品質，及びコストの点で高い潜在的メリットがある。

②　低コスト

送電装置のマイクロ波発生器に，電子レンジで広く一般に普及しているマグネトロンを採用している。電子レンジが大量生産されていることで，本来ならば最もコストがかかるマイクロ波発生器が安価に調達できることから，コストの点で高い潜在的メリットがある。

以上の特長を持つ“電気自動車向け無線充電システム”は以下の大きな利点があり，電気自動車の利便性を高める製品として期待されている。また，いつでも充電できる“電気自動車向け無線充電システム”は，スマート充電を効果的に実現する製品としても期待されている。

・駐車するだけで自動的に充電され手間がいらない
・雨の日，雪の日は，特に便利である
・買い物袋で手がふさがっている時は，特に便利である
・乗るときはいつも満充電で安心感がある
・充電をし忘れて自動車を使えない心配がない
・ケーブルがないのですっきりしている
・ケーブルを外し忘れて走ってしまう心配がない

5 現在の開発状況

電気自動車向け無線充電システムは，製品化に向けて必要な，基本技術及び実用化技術の研究を進めている。

5.1 基本技術の研究

基本技術の研究では，製品化に必要な①送受電効率の改善，②送電器価格の低減，③車両への影響遮断，④安全性確保を主な目標として，㈱新エネルギー・産業技術総合研究開発機構　委託研究「エネルギー使用合理化技術戦略的開発　エネルギー有効利用基盤技術先導研究開発　電気自動車向け無線充電システムの研究」として，平成18～20年度に実施した。以下に，現状の開発状況の概要を示すが，送受電効率の改善を除いては，製品化していく上での課題に，概ね目処がつけられたものと考えられる。

5.1.1 送受電効率の改善

送受電効率の改善では，試作試験による実証で38%の送受電効率*)を確認している。また，解析による評価で70%の送受電効率に改善可能なことを確認している。今後更なる改善を行っていく計画である。

*）送電時に発生した廃熱を，給湯エネルギーとして回収した効果を含む。

5.1.2 送電器価格の低減

送電器価格の低減では，安価な発信器であるマグネトロンを採用することで，20万円～30万円のコスト見通しとなることを確認している。

5.1.3 車両への影響遮断

車両への影響遮断では，マイクロ波の放射空間を専用の扉で遮蔽することで，電子レンジと同レベルの漏れ電波（$1mW/cm^2$）以下となることを確認しており，車両への大きな影響はない見通しを得ている。

(三菱自動車工業)

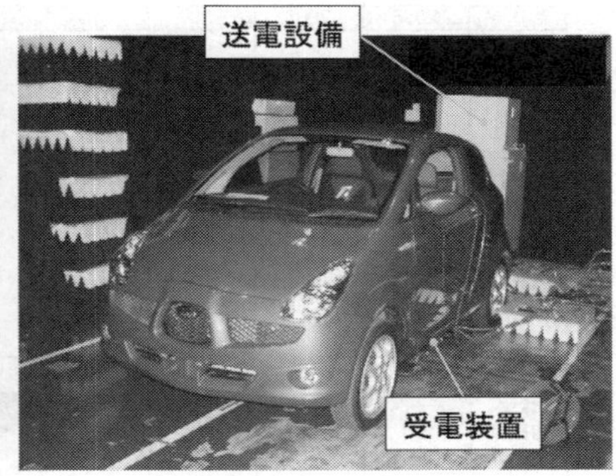

(富士重工業)

図5　電気自動車への無線充電実験

5.1.4　安全性確保

安全確保では，各種センサーにより，遮蔽のための扉が開いたり，隙間ができたりした場合には，無線充電を停止できていることを確認しており，安全性確保をできる見通しを得ている。

5.1.5　電気自動車への充電実験

個々の改善をもとに，プロトタイプモデルの製作を行い，平成20年12月に電気自動車（三菱自動車，スバル製の電気自動車）への充電実験を実施し，約1kWの無線充電ができていることを確認している（図5）。

5.2　実用化技術の研究

実用化技術の研究では，基本技術の研究で課題となった“送受電効率の改善”を，実用レベルまで高性能化するため，①送電用電源の効率改善，②受電用アンテナの入射効率改善，③受電用整流ダイオードの効率改善を行っている。本研究開発は，㈱新エネルギー・産業技術総合研究開発機構　助成事業「イノベーション実用化開発　次世代戦略技術実用化開発助成事業　電気自動車向け無線充電システムの高性能化研究」として，平成21年度から実施している。3つの効率改善を行い，送受電効率全体で，従来の38%から74%に改善できる見通し（部分実証＋解析結果）を得た。引続き，平成22年度に74%の送受電効率を実証予定である。

6　課題と今後の展望

電気自動車向け無線充電システムの実用化に向け，今後下記の2つの課題を解決していく。さらに，本無線充電システムの市販化を早期に実現し，電気自動車の普及促進に貢献していく（図6）。

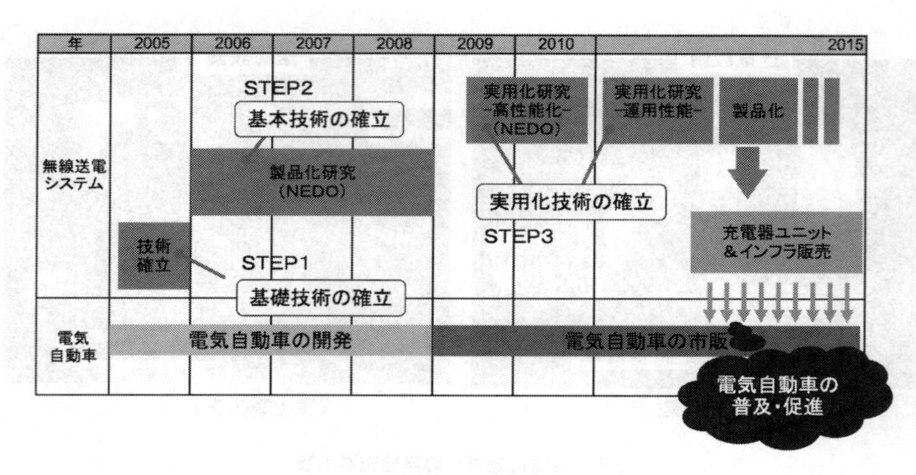

図6　今後の展望

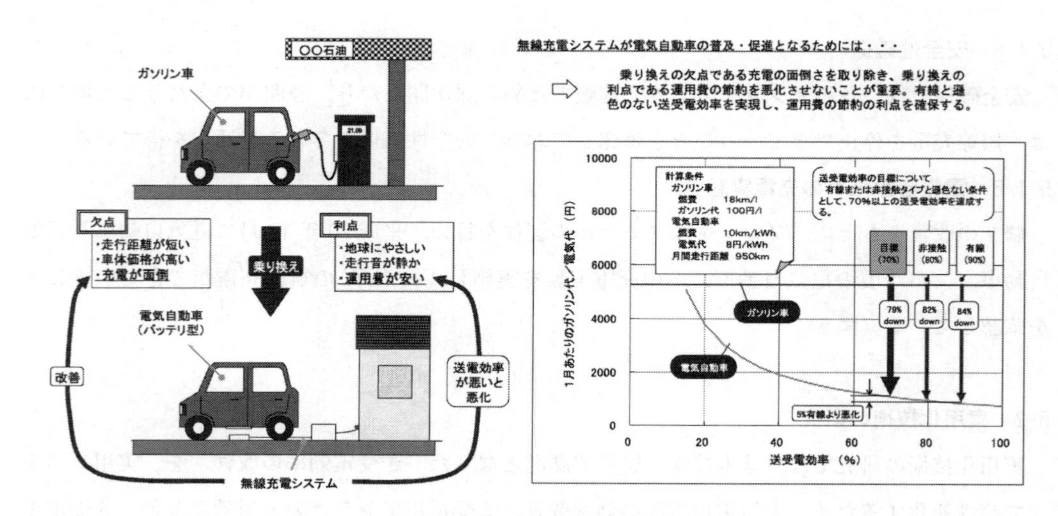

図7　当面の送受電効率の目標

6.1 送受電効率

ガソリン車から電気自動車への乗り替えを対象に，電気自動車に乗り替えた場合のガソリン代節約効果が有線と遜色のない“70%以上の送受電効率”の達成を実証していく。また，将来的に電気自動車の普及段階では，送受電効率が有線方式と遜色のない“70～90%の送受電効率”を目指して改善を図っていく（図7）。

6.2 耐運用環境性能

これまでの開発では，無線充電システムによる電気自動車への無線充電を確認したところまでであり，無線充電システムが電気自動車の走行時の環境等に問題なく耐えられるかの確認は実施していない。今後は，無線充電システム搭載車両での走行運用実証を行い，耐運用環境性能が確保できることを確認していく計画である。

文　　献

1)　NEDO委託業務
・平成18年度～平成20年度成果報告書
・エネルギー使用合理化技術戦略的開発
・エネルギー有効利用基盤技術先導研究開発
・電気自動車向け無線充電システムの研究
・YET09113，2009年3月，三菱重工業

第7章　電気自動車用マイクロ波ワイヤレス給電

篠原真毅*

1　はじめに

21世紀に入り，様々な電気機器を無線で給電/充電する技術が提唱され，実用化に向けた取り組みが始まっている。無線電力伝送の歴史は古くは20世紀初頭のニコラ・テスラの実験（150kHzの電磁波による）の失敗から始まり[1]，1960年代の米ウィリアム・ブラウン博士の一連の2点間マイクロ波送電実験の成功（2.45GHz帯）[2]と同時期に提唱された宇宙太陽発電所SPS[3]によるマイクロ波送電応用の夢，1980年代以降の日本京都大学松本紘教授（当事）らによるフェーズドアレー等を用いた様々なマイクロ波送電応用の提唱と実証（2.45GHz帯と5.8GHz帯）[4] を経て，様々な地上応用の提唱へとつながっている[5~8]。この流れの中に2006年のMIT提唱の共鳴（共振）送電の提唱[9]があり，テスラに始まる無線電力伝送の広がりが始まった。

2　マイクロ波無線送電の効率

テスラに始まりブラウンが育てた電磁波（マイクロ波）無線電力伝送は，アンテナという共振器から放射された電磁波（マイクロ波）が空間を伝播し，アンテナで受電，最終的にダイオード回路で整流されるものである。共鳴（共振）送電や電磁誘導と異なり，送受電器間を電磁的に結合させるのではなく，空間を介してエネルギーを伝送するため，数cmの近距離から数万kmの遠距離まで無線送電が可能である。送電効率は開口アンテナと開口アンテナを正対させた場合，

$$\tau^2 = \frac{A_t A_r}{\lambda^2 D^2} \tag{1}$$

というτパラメータを用いて簡単に計算することができる[10]。式中のA_t，A_rはそれぞれ送電アンテナと受電アンテナの有効開口面積，Dは送受電間距離，λは電磁波の波長である。τ^2はフリスの公式から導かれる効率（＝受電電力/送電電力）そのものである。しかし，フリスの公式は平面波近似が可能な遠方界における点と点の考え方である。効率向上のために送受電間距離を短くすると電磁波を平面波でなく球面波として考えねばならない。平面波近時が可能な遠方界領

＊　Naoki Shinohara　京都大学　生存圏研究所　教授

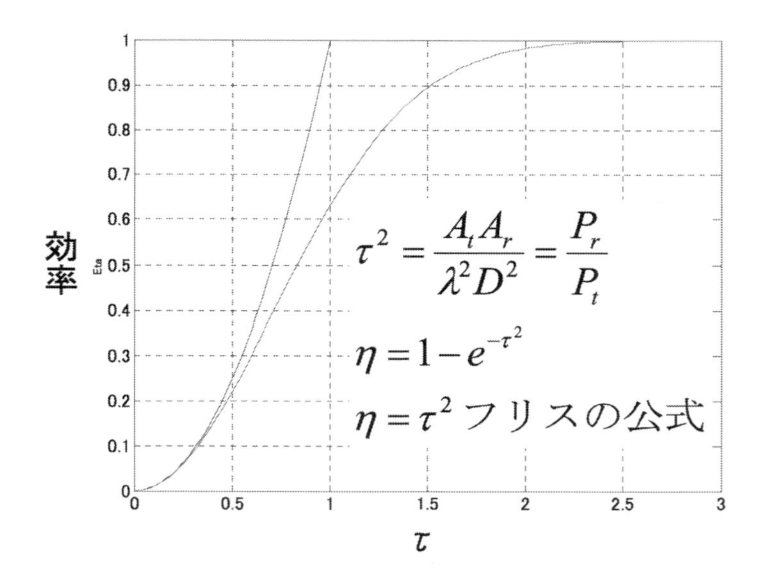

図１　τパラメータとビーム収集効率[11)]

域では受電アンテナ面上で電力密度はどこで一定と考えてもよいが，球面波として取り扱う近傍界の領域では受電アンテナ面上で電力密度分布ができる。そのため，一般的に無線電力伝送の効率を計算するためには次式を用いる[11)]。

$$\eta = 1 - e^{-\tau^2} \quad (2)$$

τ とビーム収集効率の関係を図１に示す。ビーム収集効率を向上させるためには大きな τ であればよいので，距離を短くするか，アンテナ面積を大きくするか，波長を短くするか（＝周波数を高くするか）すればよいことがわかる。電磁波の中でも特にマイクロ波が用いられることが多いのは，周波数を高くすると同じアンテナ面積と伝送距離でも効率を高くすることができるからである。フリスの公式も（2）式で計算できる効率も，送電電力の絶対値とは無関係である。送電システムと受電システムの電磁波（マイクロ波）発生/整流能力が可能であればkW–MW–GWの電力も無線送電することができる。例えば1975年にアメリカGoldstoneで行われたマイクロ波送電実験では450kW，2.388GHzのマイクロ波をクライストロンという真空管１つで発生させ，1.54km先の目標に無線電力伝送を行っている[12)]。近距離であっても大電力が必要な電気自動車無線充電にもマイクロ波無線電力伝送は用いることができるのである。

τ パラメータを用いて距離とビーム収集効率を計算した例を図２に示す。電気自動車無線充電で用いられそうな数mの距離での無線電力伝送においては高いビーム収集効率を示すことがわかる。システムとして無線電力伝送を考えた場合，総合効率は，このビーム収集効率に，電磁波を発生させる効率と，電磁波を整流し直流を発生させる効率を乗じなければならない。これは他

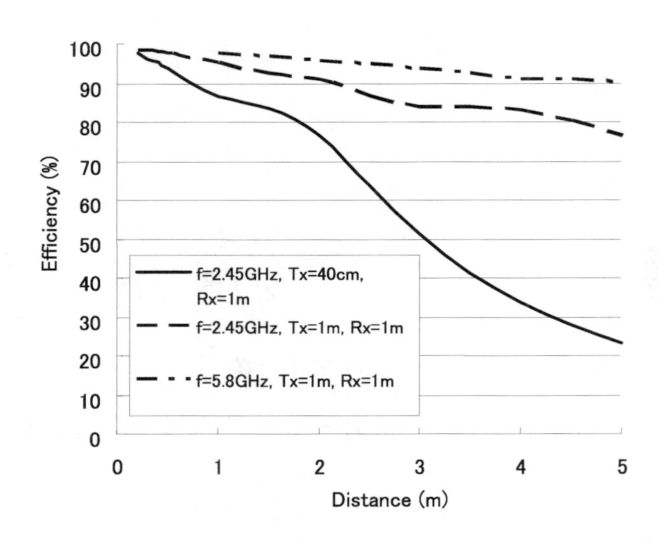

図2　送電距離とビーム収集効率

の無線電力伝送の場合も同様である。

3　マイクロ波を用いた電気自動車無線充電―静止時充電―

京都大学ではマイクロ波による無線電力伝送技術に着目し，長年電気自動車への応用を検討している。電気自動車へのマイクロ波無線電力伝送は，1998–1999年度には京都大学とトヨタ自動車で初めて実証実験が行われた[13,14]。その後2003–2008年度には京都大学と日産自動車で[8,15,16]，2005–2009年度には日産自動車と平行して京都大学と日産ディーゼル（現UDトラックス）で[16,17]共同研究/実証実験が行われた。また三菱重工による電気自動車無線充電システムの研究にも京都大学は協力している[18]。

これらの電気自動車へのマイクロ波無線電力伝送システムは，細かな違いはあるものの，地上（地面）に送電器とアンテナを設置し，車の下面に受電整流アンテナ（レクテナ）を設置し，地面–車下面の10cm前後の送受電間距離（車のタイヤの大きさに依存）で無線電力伝送を行っていることで共通している（図3）。このシステムは，マイクロ波ビームの広がりのためマイクロ波受電にはある程度の面積が必要であること，電磁波の安全性を高めるためにもなるべく人体へマイクロ波が照射されないシステムである方が受け入れられやすい，という条件から選ばれたものである。周波数は2.45GHzのマイクロ波が用いられている。2.45GHzのマイクロ波は，①送受電間距離が非常に近いために2節で説明したようにビーム収集効率を向上させるために周波数を高くする必要があまりないこと，②発振器として非常に安く高効率のマグネトロンという真空

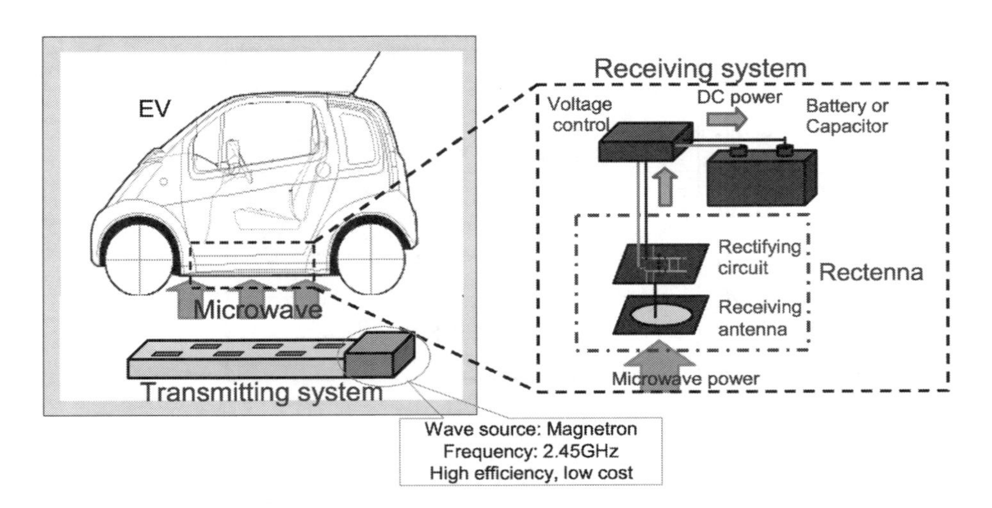

図3　マイクロ波を用いた電気自動車無線充電システムの例

管を用いることが可能であること，③電波法におけるISMバンド（産業科学医療用バンド）であること，等の理由で選ばれたものである。

京都大学とトヨタ自動車との共同研究では電池としてニッケル水素電池を用いていた。この電池は充電中の電圧＝インピーダンスの変化がほとんどなく，インピーダンス変化によって効率が変化するレクテナにとっては最適な電池であった。その結果，この研究では①当時の最高出力を得られるレクテナを用いると充電時間が夜間送電並みの8時間程度で充電が可能である，②DC–RF–伝送–RF–DC変換効率は，実験では約15%であり，近い将来は約39%を実現できる可能性がある，③シールドを何も施していない窓からのもれこみマイクロ波は安全基準の1mW/cm^{2}よりも－10から－20dB低い値に留まり，車内は電磁波的に安全である，という結果を得ている[13)]。

日産自動車，UDトラックスと京都大学との共同研究では電池として電気二重層キャパシタを用いたシステムでの研究を行った。詳細は文献8）に詳しいので割愛する。2009年度には京都大学とUDとラックスとの共同研究において，ビーム収集効率の更なる向上の検討を行っている。(2)式によるとτを大きくするために距離を近づけるとビーム収集効率は100%に近づくが，実際電気自動車無線充電システムの実験を行っても理論どおりの効率が実現できないどころか，アンテナ間距離を小さくしすぎると逆に効率が落ち始めることがわかってきた。これはアンテナ間距離が近づくことによるアンテナ同士の相互結合が起こり，アンテナの共振周波数が変化し，放射／受電効率が下がってしまったことが原因であった。図4は京都大学で行われた電気自動車無線充電に関するFDTDシミュレーションによるビーム収集効率の距離依存性である。図よりわかるように，約$\lambda/2$の周期性によりビーム収集効率が大きく変動している。これはτパラメー

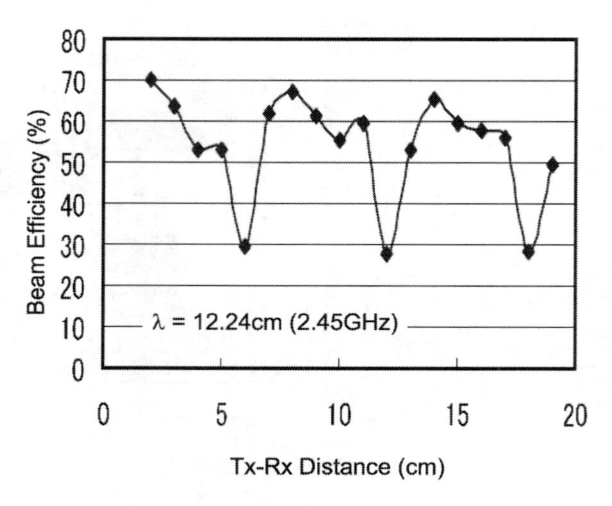

図4　電気自動車無線充電における送受電アンテナ間距離とビーム収集効率との関係（FDTD シミュレーション）

タで表現できていない，送受電アンテナ間の相互結合の発生によるアンテナ共振周波数の変化とその結果のアンテナ放射効率の低下によるものである。

詳細パラメータは図4の場合とは異なるが，図5は同様の電気自動車無線充電の有限要素法によるシミュレーション結果である。送電／受電アンテナが存在しない場合，受電／送電アンテナの共振周波数は2.45GHzとなるように設計されていたのであるが（図5（a–1）（a–2）），地面–自動車下面の無線充電システムのように受電アンテナが送電アンテナの近傍に設置されたために送受電間で相互結合が起こり（図5（b）），送電／受電アンテナの共振周波数が2.45GHzからずれてしまったことを図は示している。しかし，相互間結合を考慮してアンテナの再設計を行えば再び送電／受電アンテナの共振周波数が2.45GHzとすることができる（図5（c））。図5（b）（c）では送電／受電アンテナを複数用いたシミュレーションであるため，複数のSパラメータが図中に示されている。このように，τパラメータを大きくするだけではビーム収集効率を向上させることはできず，ある程度送受電間距離が短くなると（$<\lambda$程度）送受電間の相互結合を考慮してアンテナを設計しなければならない。逆にアンテナ同士のカップリングを考慮してアンテナと回路のインピーダンスマッチングを取ればほぼ（2）式で示されるアンテナの放射効率となり，100％近い効率が実現できる。さらにこの近距離アンテナ間の結合という考え方を発展させ，電磁結合方式によるアンテナ設計についてインピーダンスマッチングに注目し，受電素子の負荷インピーダンスによって変化する伝送効率を最大化する最適負荷条件を検討し，伝送効率を最大とする最適な負荷条件を導く取り組みも行われている[19]。この方法論は共鳴送電の考え方となんら変わることはない。アンテナがカップリングする近距離でも数万kmの遠距離でも，距離により変化するインピーダンスマッチングを最適化すれば同じアンテナ装置を用いることができること

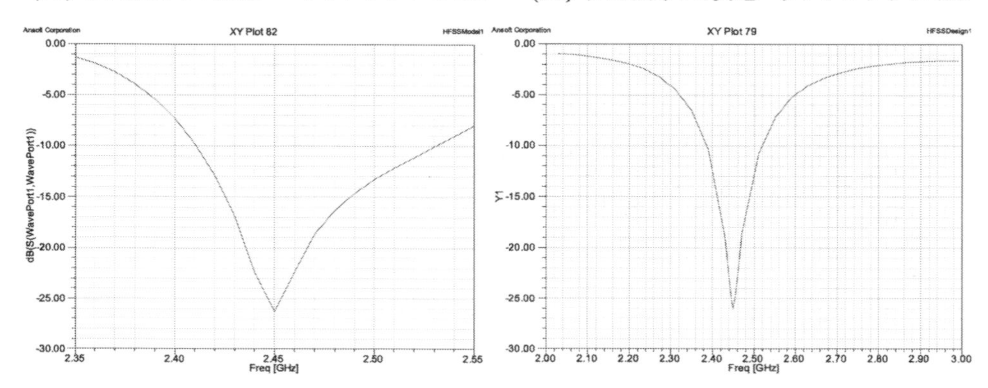

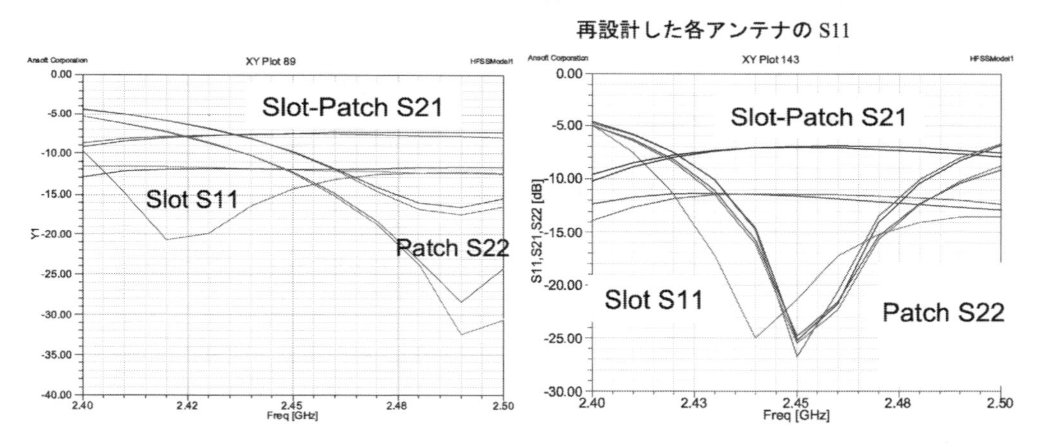

図5　送電/受電アンテナの配置の違いによるアンテナの S_{11}（反射パラメータ）

が電磁波による無線電力伝送の特徴である。

さらにこれまでの正対した平面形状のアンテナでは十分ではなかったビーム収集効率をさらに向上させるために，レクテナを曲げ形状とする試みもなされた。送電アンテナとして直線状スロットアンテナを用い，車体下面に設置した平面状レクテナを十分な面積をとれば，(2) 式によって，放射されるマイクロ波を理論上高効率で受電できるはずであった。しかし実際はスロットアンテナから放射されるマイクロ波のエネルギーベクトルが面端のレクテナ素子には斜め方向から入射していて，レクテナのアンテナの利得が正面方向のそれよりも小さくなり，面端のレクテナに計算どおりのマイクロ波が入射していなかったために効率低下が起こったためであった（図6 (a)(b)）。これは (2) 式は開口アンテナを仮定した理論であり，小さなアンテナを多数用いるようなアンテナ及び各素子アンテナの指向性が考慮されていないために発生した現象である。そこで図7のようにレクテナを曲げ構造とし，図6 (b) で示されるマイクロ波の広がりに対し，すべ

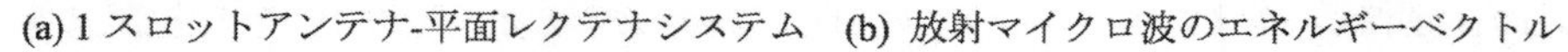

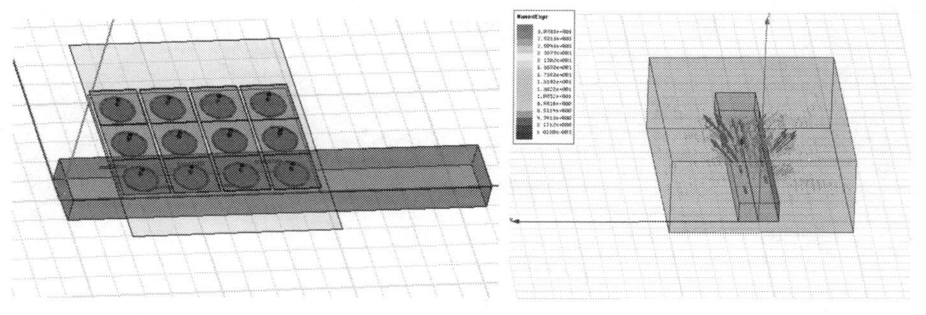

図6　1スロットアンテナ–平面レクテナシステムと放射マイクロ波のエネルギーベクトル

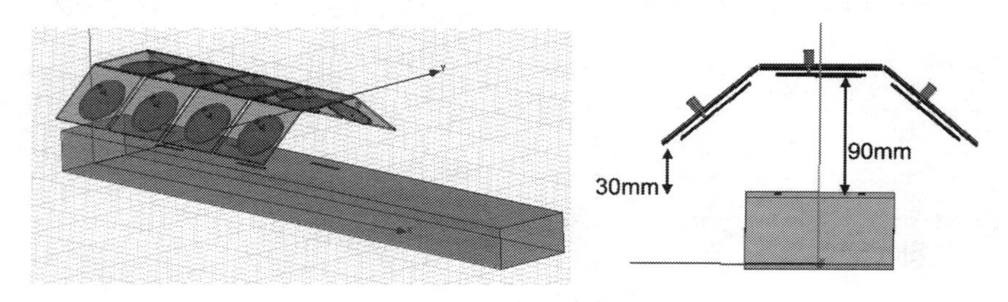

図7　1スロットアンテナ–曲げレクテナシステム

てのレクテナが正面方向からマイクロ波を受けられるように改良した。その結果，1スロットアンテナ–平面レクテナシステムではシミュレーションで58.9%であったビーム収集効率が，1スロットアンテナ–曲げレクテナシステムでは83.7%に向上した。1スロットアンテナ–曲げレクテナシステムを用いた実験ではビーム収集効率76.0%を実現した。レクテナの変換効率を含めた効率も，1スロットアンテナ–平面レクテナシステムの実験では30.6%であったものが1スロットアンテナ–曲げレクテナシステムを用いた実験で44.7%に向上した[17]。さらに充電実験を行った結果，総合効率で33.2%となり，2007年度の実験より12.3ポイント向上した（図8）。

電気自動車無線充電では充電時間の短縮も大きな課題である。充電時間短縮のためには送電電力の大電力化が必須である。マイクロ波無線充電では，送電電力を大きくすることはマグネトロン等の真空管を用いることで容易である。課題は受電用レクテナである。レクテナはダイオードを用いて整流しているため，大電力化には工夫が必要である。これまで京都大学では通信用Siショットキーバリアダイオードを用いた整流回路と電力分配器を組み合わせて大電力化したレクテナを用いてきた[20]。例えば1レクテナに36個の通信用Siショットキーバリアダイオードを用いたレクテナで，2.45GHz 6Wで80%，10Wで72%の変換効率を実現した。しかしこの方法論ではこれ以上大電力化するためにダイオードや電力分配数を増やさざるを得ず，その場合レクテ

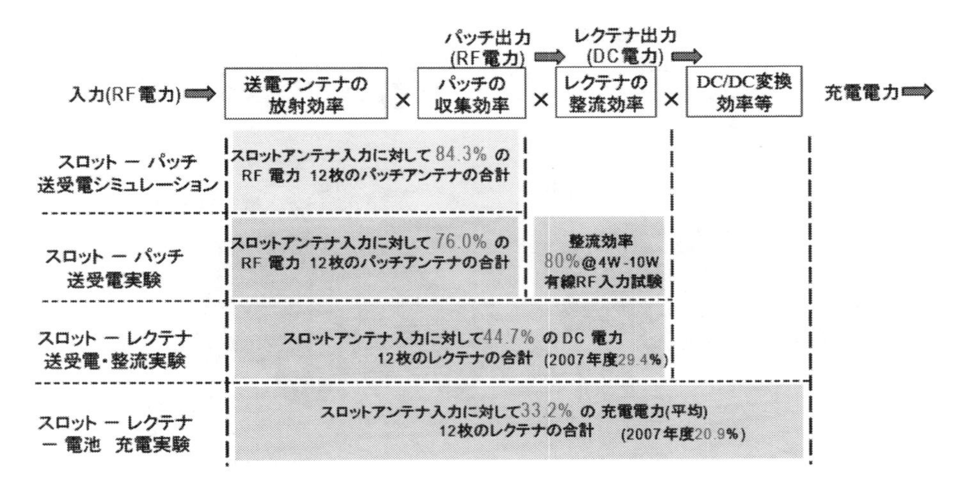

図8　2009年度に実施した1スロットアンテナ–曲げレクテナシステムの効率[17)]

ナの大きさが開発の壁となる。そこで京都大学は徳島大学と協力し，大電力を整流可能なGaNショットキーバリアダイオードを開発し，レクテナを開発した[21~23)]。1つのGaNショットキーバリアダイオードを用いたレクテナで2.45GHz 5Wで74.4%を実現し，現在更なる大電力化，高効率化を目指した開発を行っている。

4　マイクロ波を用いた電気自動車無線充電―移動中充電―

移動時充電システムに関しては，京都大学とトヨタ自動車の共同研究で検討されている。基本コンセプトは図9のようなもので，自動車側は静止時充電と同じシステムを用いることができるのが特徴である。当時の電気自動車パラメータで（1）定速走行では約50km/h以下であればマイクロ波無線電力伝送だけでまかなうことが可能，（2）マグネトロンのスイッチングの反応速度の実測は約60msの遅延であり，フィラメント電力30W程度を待機電力として与えておけば例えば72km/hで走行の電気自動車に対し1.2m手前での位置検出で対応可能，という結果を得た[13)]。模型を用いたスイッチングシステムでの移動中マイクロ波無線電力伝送実験にも成功している（図10）。この実験では2.45GHz，3W程度のマイクロ波を用い，約3mのマイクロ波道路で光学センサを用いた自動車位置検出を行っていた。実際の利用を考えた場合は，充電時間の短縮や効率向上，スイッチングシステムの改良等の検討課題は残るが，マイクロ波無線電力伝送技術を用いた電気自動車無線充電システムは，システムとして成立するという結果が示されている。

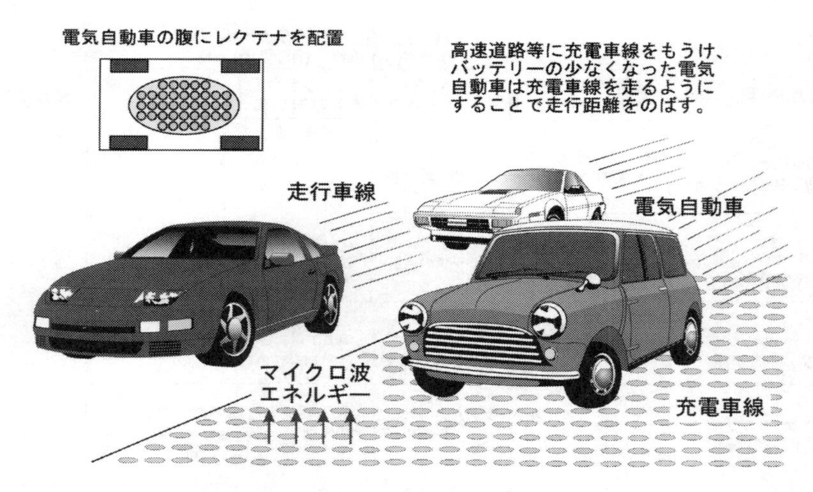

図9　電気自動車の移動時無線充電のイメージ図

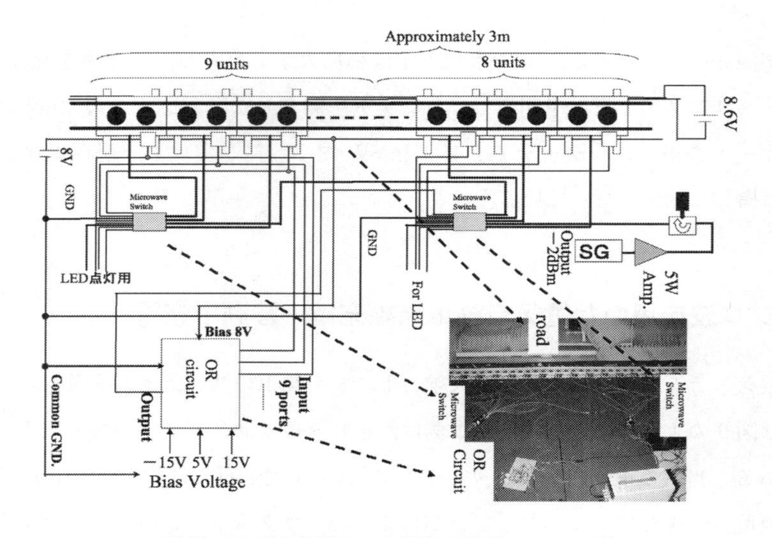

図10　モデル自動車への移動中実験システム[13)]

5　おわりに

マイクロ波を用いた無線電力伝送効率は電気自動車無線充電システムのような10cm程度の近距離でも，数万kmの遠距離でも100%近くを実現することは理論上示されている。しかし，アンテナがカップリングする近距離で高効率を実現するためには，共鳴送電のようにアンテナ同士のカップリングを考慮する必要があり，また複数アンテナを用いるシステムでは放射マイクロ波のエネルギーベクトルの方向も考慮する必要がある。しかし，静止時充電も移動中充電も同じシステムを用いることが可能で，自由度の高いシステムを実現することが可能である。今後は他の無線送電方式とのハイブリッド化や，情報通信との併用，センサー系への弱電無線給電との融合等，複合システムの検討が期待される。

文　　献

1) Tesla, N., “The transmission of electric energy without wires, The thirteenth Anniversary Number of the Electrical World and Engineer”, March 5, 1904.
2) Brown, W.C.; “The history of power transmission by radio waves”, IEEE Trans. MTT, Vol.32, No.9, pp.1230–1242, 1984
3) Glaser, P. E.; “Power from the Sun ; Its Future”, Science, No.162, pp.857 - 886, 1968
4) Matsumoto, H., “Research on Solar Power Station and Microwave Power Transmission in Japan : Review and Perspectives”, IEEE Microwave Magazine, No.12, pp.36–45, 2002
5) 篠原真毅，松本紘，三谷友彦，芝田裕紀，安達龍彦，岡田寛，冨田和宏，篠田健司，“無線電力空間の基礎研究”，信学技報 SPS2003-18（2004-03），pp.47–53, 2004
6) 篠原真毅，“エネルギー・ハーベスティングの最新動向（監修: 桑原博喜），3 編 エネルギーハーベスティング技術 1 章 電磁エネルギー利用 5 電波エネルギーハーベスティング”，シーエムシー出版，2010
7) 丹羽直幹，高木賢二，浜本研一，“建築構造物”，特許公開 2006–166662 号
8) 橋本隆志，岸則政，篠原真毅，“非接触電力伝送技術の最前線（監修: 松木英敏），2.3 EV用無線給電システム（マイクロ波）”，シーエムシー出版，2009, pp.105–120
9) Karalis, A., J.D. Joannopoulos, and Marin Soljačić, “Efficient wireless non-radiative mid-range energy transfer”, Annals of Physics, vol. 323, no. 1, pp.34–48, 2008
10) Brown, W. C., “Beamed microwave power transmission and its application to space”, *IEEE Trans. MTT,* Vol. 40, No. 6, pp.1239–1250, 1992
11) ITU SG1 Delayed contribution Document 1A/18-E, “UPDATE OF INFORMATION IN RESPONSE TO QUESTION ITU-R 210/1 ON WIRELESS POWER TRANSMISSION”, 9 Oct. 2000
12) Brown, W.C.; “The history of power transmission by radio waves”, IEEE Trans. Microwave Theory and Techniques, MTT–32, No.9, pp.1230–1242, 1984
13) 篠原真毅，松本紘，“マイクロ波を用いた電気自動車無線充電に関する研究”，電子情報通信学会論文誌 C，Vol. J87-C, No.5, pp.433–443, 2004
14) 内木博，松本紘，篠原真毅，“電力受給システム”，特開 2002–152996 号，2002.5.24，出願中
15) 篠田健司，篠原真毅，三谷友彦，松本紘，橋本隆志，岸則政，“マイクロ波送電を用いた電気自動車充電システムの評価研究”，信学技報 SPS2005–11（2006–02）pp.1–4, 2006
16) 兒島淳一郎，篠原真毅，三谷友彦，橋本隆志，岸則政，外村博史，岡崎昭仁，“マイクロ波

を用いた電気自動車無線充電システムの高効率化", 信学技報 SPS2007-16 (2008-03) pp.1-4, 2008

17) 小泉昌之, 篠原真毅, 三谷友彦, 外村博史, "電気自動車のマイクロ波無線充電における送受電システムの研究", 電子情報通信学会総合大会 DVD-ROM bs_09_010.pdf, 2010

18) 安間健一, 福田信彦, 二村幸基, "非接触電力伝送技術の最前線 (監修: 松木英敏), 2.4 電気自動車用無線充電システム", シーエムシー出版, 2009, pp.121-130

19) 陳強, 小澤和紘, 袁巧微, 澤谷邦男, "近傍無線電力伝送のアンテナ設計法についての検討", 信学技報 WPT2010-05, pp.5-9, 2010

20) 松本紘, 篠原真毅, "レクテナとレクテナ大電力化方法", 特許 3385472 号, 2003.1.10

21) Takahashi, K., J.-P. Ao, Y. Ikawa, C.-Y. Hu, H. Kawai, N. Shinohara, N. Niwa, and Y. Ohno, "GaN Schottky Diodes for Microwave Power Rectification", Japanese Journal of Applied Physics (JJAP), Vol.48, No.4, 2009, pp.04C095-1 - 04C095-4

22) 宮田侑是, 篠原真毅, 三谷友彦, 丹羽直幹, 高木賢二, 浜本研一, 宇治川智, 敖金平, 大野泰夫, "GaN ショットキーダイオードを用いた大電力レクテナの研究開発", 電子情報通信学会総合大会 DVD-ROM C-2-19.pdf, 2009.3.17-20

23) 篠原真毅, 丹羽直幹, "非接触電力伝送技術の最前線 (監修: 松木英敏), 2.2 建物内のマイクロ波電力伝送システム", シーエムシー出版, pp.93-104, 2009

〈拡がるワイヤレス応用〉

第8章　医療・民生家電機器とワイヤレス給電

居村岳広*

1　医療・民生家電機器へのワイヤレス給電の需要

現在，電気は電気コードを用いて送るのが当たり前であり，電気コードのプラグをコンセントに挿して家電製品を使用している。しかしながら，電気コードは，本来は不要なものであり，現在のところ電気コードを使う他に方法がないので使用しているだけである。電気コードを使わなくて良いという発想から，再度電気コードの存在をふり返ってみると，電気コードを使用することによるマイナス面は意外な程大きい。

例えば，家庭における電気コードは，室内景観の悪化を招く。室内のお洒落なスタンド式照明や新型の薄型TVも，そこにつながっている大量の電気コードのおかげで，台無しになってしまう。また，家庭やオフィスにおけるパソコン周りの大量の電気コードや蛸足配線は作業の妨げになり，多くの人の悩みの種である。更には，地面に配置された電気コードは転倒の原因になったり，電気的接触部に埃が溜まり出火の原因になったりなど，安全上良いとは言えない。データセンターなどサーバーが密集する箇所などでは，床下の電気ケーブルのジャングルが機器配置の大きな制約となる。このような問題は，オフィスビル，工場内などにおける電気配線に関しても同様で，電気コードの制約がなくなるだけで，人や物の配置や作業工程の自由度が大幅に上がる。この様に，2011年現在においては，電気コードは至る所にあり，様々な面において“邪魔な”存在であり，この電気コードの全撤廃は大きな夢と言える。

特に，モバイル機器に対する電気コードの撤廃は，直近の課題として大きな注目を浴びている。モバイル機器は電池を搭載しており，毎日充電作業を行う必要がある。慣れてしまうと意外と平気なものであるが，モバイル機器の増加と共に，毎日の充電作業による負担は徐々に大きくなってきている。携帯電話，ノートパソコン，音楽プレーヤー，携帯ゲーム機に加えて，デジタルカメラ，電子書籍リーダ，電動自転車，自動掃除機，携帯電気カイロなど，多くの製品がモバイル機器として，自由に持ち運びができて便利になる一方，充電作業の増加が使用者の負担となる。

---

* Takehiro Imura　東京大学大学院　新領域創成科学研究科　先端エネルギー工学専攻
助教

今後もモバイル機器は増加の一途をたどり，いずれは使用者自身が意識して充電作業をする事は困難になっていくはずである。その中でも，象徴的なのがノートパソコンである。情報のやり取りは有線LANから無線LANに代わり，ノートパソコンはモバイル機器として非常に便利になった。しかしながら，バッテリー駆動時間の限界から，近くにコンセントがあれば，常に電気コードをつないで充電している姿を良く見かける。カフェや会議室では，コンセントの取り合いが未だに続いている。結局の所，電気コードもワイヤレス化しない限りにおいて，ノートパソコンも真のモバイル機器としては真価を発揮できない。

ワイヤレス給電は電気コードを撤廃するという働きの他に，ワイヤレス給電でしかできない，ワイヤレス給電ならではの用途も存在する。水中や体内などに電気コードを配線したり，埋め込むことは，感電の危険性から一般的に行なわれないが，ワイヤレス給電を用いれば水中の機器や体内への給電が可能になる。漁港や，魚市場，料理場，水族館，遊園地など，また，家庭では風呂場やキッチンなどの水が多い場面においては，ワイヤレス給電を導入するとコンセント部分での水との感電が一切なくなるため，安全に電気を使用する事ができる。また，体内に埋め込まれた電子機器，例えば，ペースメーカーへのワイヤレス給電が可能である。将来，体内での活動が必要な小型ロボットの様な物が出現した時には，エネルギー源を外から供給する事により，バッテリーレスの軽量なものが作れる。また，メスで切る箇所を極限まで減らすために，体内に入れた手術用ロボットを動かし，遠隔操作で手術を行なうことも考えられ，可能性は未知数である。いずれは，人工網膜，人工眼球，脳内PCへのワイヤレス給電を行なう時代が来るかもしれない。

2　医療・民生家電機器へのワイヤレス給電の発展

この様に，医療や民生家電機器においてもワイヤレス給電は非常に注目されている。医療・民生家電におけるワイヤレス給電は，今後様々なところに利用される可能性がある。MEMSなどの超小型電子機器への給電やセンサー類の給電など，様々なシーンで使われる技術になるが，電気自動車と違うのは，製品の種類が多い事である。そのため，製品の多様性を考慮した上での規格の統一が重要になってくる。現在，海外ではWPC（Wireless Power Consortium）が規格統一に向け動いており，早くも製品化が始まっている。また，国内においてもブロードバンドワイヤレスフォーラムにおいては，多数の企業が参加して，法整備課題や人体防護，電波干渉，規格化などについて，統一的な枠組みを模索している。

家電向けワイヤレス給電の普及の初期の段階では，携帯電話専用の充電パッドなど，個別の電気製品単位でのワイヤレス給電機器が展開される事が予想される。また，ある程度電力が近いものに関してのみ共通して使用できる，携帯用やデジカメ用などの給電パッドが考えられる。そして，次の段階として携帯電話とノートPCなど，要求される電力が異なる場合においても，同じ送信パッドで電力を送る事ができるワイヤレス給電機器の出現が想定される。この段階まで到達できれば，一定のゾーンにおいておけば，モバイル機器は自動的に充電されるという，非常に自由な給電スタイルが提供できるようになる。こうなると，毎日の充電作業もそれ程苦にならず，ワイヤレス給電は非常に魅力的かつ一般的な商品になる。最終的には，カバンの中に入れておいても知らぬ間に勝手にワイヤレス充電されるような時代が訪れるはずであり，オール電化住宅ならぬワイヤレス給電ハウス，エコタウンならぬワイヤレス給電タウンなどが誕生するかもしれない。

日本に電気が入ってきてから百数十年程度の間に，電気のインフラは完璧と言えるまでに普及し，全ての家庭に電気がくまなく届くまでに至っている。数十年という長い時間単位で見ると，大きな変化は当然の様に人々に享受される。ワイヤレス給電に関しても，大部分の電気コードのワイヤレス化という夢物語も，あながち非現実的でもないだろう。そのための，第一歩として，モバイル機器や家電製品，医療分野から始まるワイヤレス給電の始まりとその発展に期待したい。

3　医療・民生家電機器へのワイヤレス給電の技術的課題

ワイヤレス電力伝送の技術としては，第2章で述べた電気自動車へのワイヤレス給電と同じである。大別すると，電磁誘導方式，電磁共鳴方式，マイクロ波方式があり，原理原則は電気自動車の場合と同じである。しかしながら，医療・民生家電機器となると，大部分においては使われる電力が一桁以上小さく，数W〜100W程度である。また，使用されるコイルやアンテナなどは，電気機器に内蔵される程度の大きさまで小さくする必要があり，使用される周波数はMHz〜GHzが適している。もちろんkHzでも可能であるが，エアギャップや位置ずれには原理的に弱くなり，固定式のワイヤレス給電商品になりやすい。

電気自動車の様に数kWを扱うわけではないので，電気代や廃熱処理を意識して電気自動車ほどの高効率にする必要がなく，そのため，効率をある程度犠牲にしても更なるエアギャップや位置ずれを可能として，利便性を追求するという発想もでてきてもおかしくないが，各社効率の向上に余念がない事は非常に好ましい事である。周波数が高いので電源や整流における損失をいかに減らすかが重要な事であり，デバイス自体の進化も必要である。

医療用となると，体内での電力伝送技術なので，人体へのエネルギー吸収が生じないように磁界型のワイヤレス給電が使われる。また，体内給電の場合，効率が低いと熱を帯びてしまうため，廃熱問題の観点から高効率にする必要性がある。

医療用に限らず，家庭内でのワイヤレス給電に関しては，より人体への影響に関して注意する必要があり，数十 kHz で行なわれているような，生体実験を含めた検証が MHz 帯においても必要不可欠である。また，使用できる周波数によってコイルやアンテナの大きさ，そして，エアギャップが変わり，搭載できる電気製品もそれによって決定される。そのため，どの周波数がワイヤレス給電に適しているかという問題に関しては検討の余地がある。同時に，使用できる周波数に関する法整備も重要な事柄であり，実用化に向けてはまだ多くの課題が残されている。

第9章　モバイル機器におけるワイヤレス給電の適用手法

竹野和彦*

1　概要

携帯電話，スマートフォンやノートPCなどのモバイル機器の高機能化に伴い，使用頻度の増大や動作電力の増加によって電池の容量不足が問題化している。現状，モバイル機器用の電池としてはリチウムイオン電池が使われている。この電池は開発当初から約17年程度で2倍以上のエネルギー密度を達成しているが，今後劇的な容量アップは見込めない。さらに，リチウムイオン電池に変わる新しい電池としてマイクロ燃料電池を携帯電話やノートPCなどのモバイル機器に適用する検討も開始している。しかし，商用レベルまでに達するには相当時間がかかる見込みである。したがって，当面携帯電話用の電池に関しては，現状レベルのLiイオン電池の電池容量を用いて運用する必要がある[1,2]。

一方，携帯電話用電池などの充電器に関しては，導入当初から商用AC100Vを受電し，ACアダプタ（AC/DCコンバータ）などの充電器を経由して，コネクタを接続して携帯電話の充電を行っている。この構成は，導入当初から携帯電話などに適用しており，現在も同じ充電システム構成となっている。携帯電話にコネクタ端子があることの欠点としては，充電端子（コネクタ）の形状が異なるACアダプタが使えない，コネクタがあるために携帯電話の防水機能に制限が発生する，コネクタ自体が携帯電話のデザインに関して阻害要因になることが上げられる。これらの欠点がある充電コネクタをなくす技術として注目されるのがワイヤレス送電の技術であり，この技術を用いた充電器をワイヤレス充電器という。

ワイヤレス送電技術とは，電気的な接触で電力を送電するのではなく，電磁誘導[3~6]，電界・磁界共鳴[7~9]，マイクロ波や可視光など[10]のエネルギー媒体を用いて電力を送電する技術である。本技術は別名，非接点送電やワイヤレス送電とも呼ばれており，充電コネクタなどの電気的接点を介さずに電力を送電する技術である。なお，本技術は一般家電品のワイヤレス充電器としてすでに実用化されている例もあり，防水機能を必要としかつ電力的にそんなに大きな送電を必要と

＊　Kazuhiko Takeno　㈱NTTドコモ　先進技術研究所　環境技術研究グループ　主幹研究員（工学博士）

しないシャーバー・電動歯磨き器などで実用化している。また，通信機器などでも家庭用電話機の子機の充電器やPHS型携帯電話などにも適用済みの技術である。ただし，実用化した製品は送電電力が数100mWであり，かつあまり大きさの制限が無い機器が一般的であるが，同技術と魅力的な技術であり，現在の携帯電話に適用できればコネクタレスが可能になり，防水や小型化に貢献できると考えている。

本文では，上記の状況の内，携帯電話に電磁誘導方式のワイヤレス充電回路を組み込んだ試作を実施し，実際の動作上の各種課題の明確化を行ったことについて述べる。

2　ワイヤレス伝送の適用事例

図1はワイヤレス伝送をモバイル機器に適用した電磁誘導型のワイヤレス充電器の概要を示す。本方式は表1中での電磁誘導型であり，一次，二次のコイルの間で，約243kHz程度の交流磁界

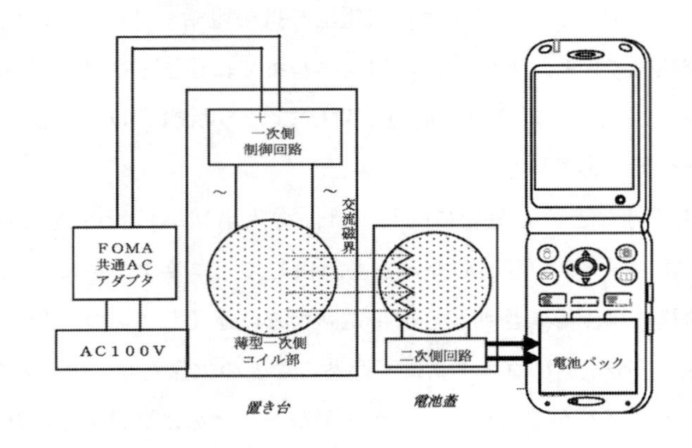

図1　携帯電話用ワイヤレス充電器の概要

表1　ワイヤレス充電器の主要仕様

項目		仕様
一次側	入力電圧，電流	5.4V，700mA (携帯電話の充電器を使用想定)
	スイッチング周波数	243kHz
	平面コイル	外形φ40mm，内空径φ10mm ターン数：20巻，線径0.4mm
二次側	オープン電圧	5.5V
	定格電圧（400mA時）	5.0V
	平面コイル	外形φ30mm，内空径φ10mm ターン数：17巻，線径0.4mm

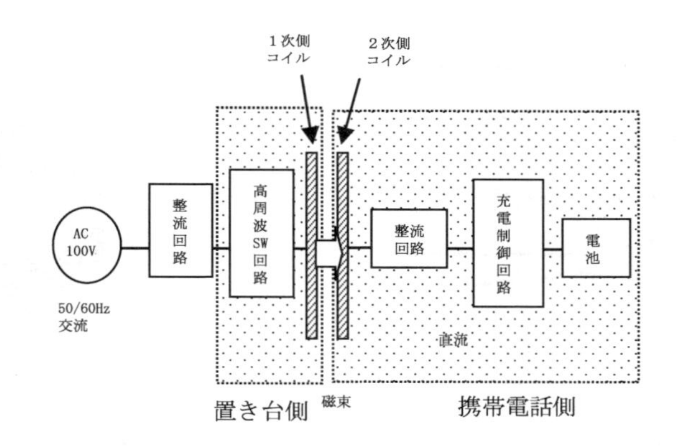

図２　ワイヤレス充電器のブロック図

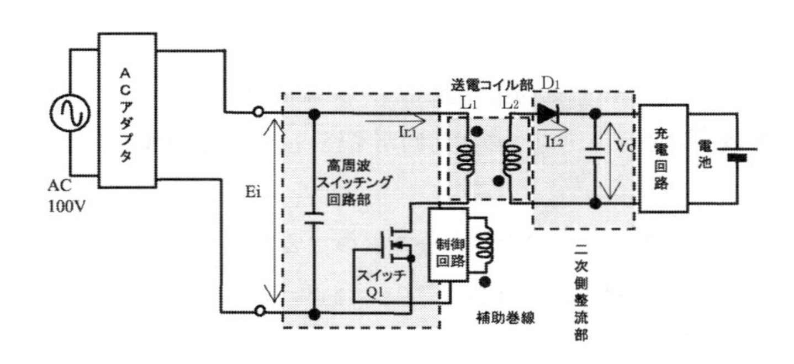

図３　ワイヤレス充電回路の概要

を介して，電力を送る技術である。本技術は基本的にスイッチング電源などに使われている高周波電源トランスの動作を応用しており，同高周波トランスの一次側と二次側を分離して動作させるものである。この方式は現在広く普及しているスイッチング電源技術を用いており，簡易な回路構成で実現できる[11)]。課題としては，本方式は同トランスの一次側と二次側間の距離に制約があり，コイル間を近接させる必要がある。

図２，３はそれぞれ今回用いた回路ブロック図，スイッチング回路部の回路概要を示している。図３の本回路中では，一次側で高周波スイッチング用のスイッチ（Q_1）に接続された空心トランス（インダクタ）を配置している。二次側のトランス（インダクタ）は整流回路や平滑用インダクタおよびコンデンサを介して負荷へ電力を供給する構成になっている。また負荷に関しては純抵抗Ｒと表記しているが，実際の回路では電池用の充電回路（リニアレギュレータなど）や電池に接続されている。図４は同回路の動作波形の概要を示している。各波形の記号は図１の回路中の電流・電圧状態を示しており，直流電圧 E_i は時間 T（動作周波数 f とした場合：スイッチング周波数周期 $T=1/f$）の間でスイッチ（Q_1）をON/OFFすることによりコイル L_1 に交

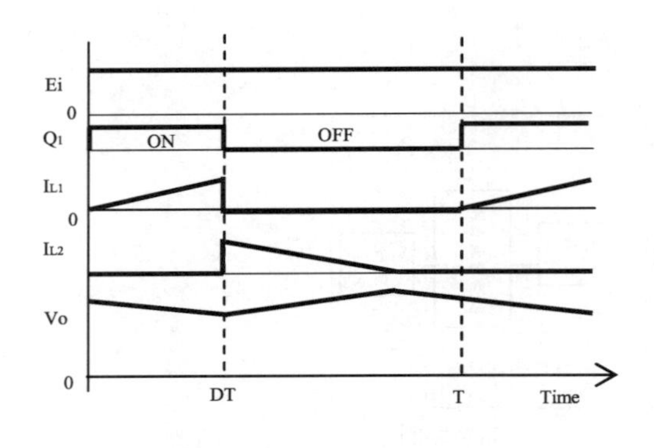

図4　回路の動作波形（概要）

図5　平面インダクタ型トランスの概要

流電力（I_{L_1}）が印加され，一次側コイルから交流磁界が発生する。その交流磁界が二次側コイル（L_2）に伝達され，コイル L_2 に起電力が発生し，交流電流が流れることになる。この電力は，ダイオード D_1 の整流回路やコンデンサの平滑回路を経て，直流電圧 V_d に変換され，充電回路に給電される。

表1は今回試作評価を実施したワイヤレス充電器の主要な仕様を示している ISM（Industrial Science Medical）規格に準拠した周波数やパワー（243kHzk，約 3W 送電）を規定し，規制の範囲内で試作器を製作した。

図5は，本技術の重要デバイスである交流磁界を発生させて電力を送受信おこなう平面コイル（トランス）の一例（写真）を示す。今回使用したコイルは薄型の携帯電話に唯一適用可能な平面インダクタ技術を用いたコイルを用いた。このコイルは同心円状にコイルを巻いて平面にした構造をしており，一次側コイル（φ40mm）と二次側コイル（φ30mm）の直径を両端で 5mm ほどマージを持たせた構造をしている。このコイルを用いて，一次側のコイルに交流電力を流すことにより交流磁界を発生させ，交流磁界は直接空間を経由して二次側コイルに伝わり，二次側コイルにて再び交流電力に変換される。なお，基本的に本方式は磁性体であるコアを省いた空芯トランス方式の一種であるが，実際にはコイルの上下に防磁シートなどの磁性材料を配置して交流磁界が漏れないようにして，送受信効率を上げる工夫を行っている。図6は実際に試作を行った一次側および二次側コイルの写真である。平面インダクタの製造方法に関しては，実際の線材から作る技法，プリント基板の配線技術の応用で作る技法，LSI の製造方法の応用で磁性体等と共にコイルを作る技法などいろいろな手段があるが，今回，実際のリッツ線を用いて平面インダクタを構成している。このコア・トランス方式と比較して薄型化・平面化に有利であり，いろいろな場所に一次側の回路およびコイルを組み込むことが可能である。さらに，二次側の携帯電話などの薄型が求められる機器に適用できる唯一のワイヤレス送電用のコイルであるといえる。ま

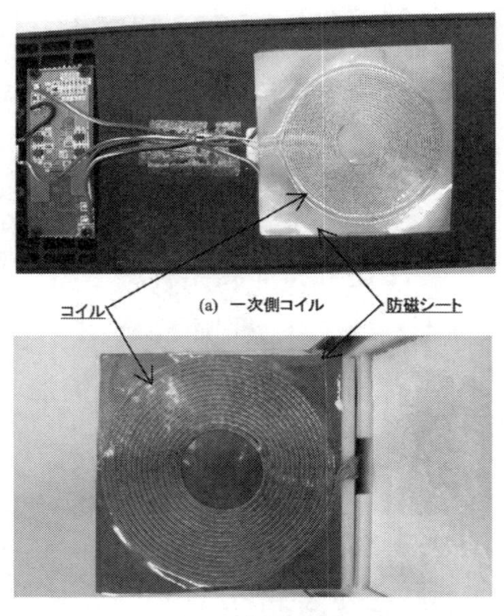

(a) 一次側コイル

(b) 二次側コイル

図6　平面インダクタ型トランスの写真

た，コイルを平面化して，一次側と二次側を近接させることにより，電力の送電効率を高めることも可能である。

以上で述べた回路，インダクタを用いて携帯電話に適用した。図7は試作した携帯電話本体およびワイヤレス充電器（置き台）を示している。本ワイヤレス充電器のコンセプトは携帯電話の電池蓋に平面インダクタ（および整流回路）を内蔵するところにある。電池蓋に二次側コイルと交流電力を整流する整流回路を内蔵化することにより，電池蓋以外の携帯電話本体を極力変更しない構成を実現している。

本試作品の今後の課題としては，高効率化やコイル部分の薄型化などが課題とともに，位置や使用環境での影響などの課題がある。以下で各種評価を行った結果を述べる。

3　適用の課題

3.1　位置と効率の関係

ワイヤレス充電における大きな課題の1つとして位置あわせの課題がある。設置の自由度が高い反面，位置ずれなどにより送電効率やパワーが低下する。本節では試作を行った評価機での位置に関する特性を評価した。

(a)　置き台と携帯電話

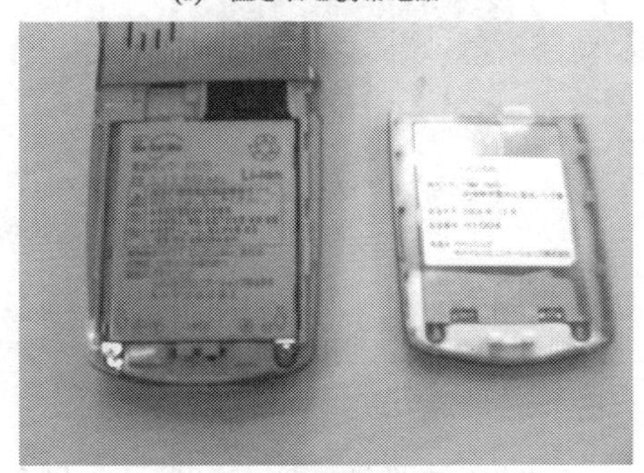

(b)　携帯電話の電池蓋

図7　ワイヤレス充電器の試作機

図8，9はそれぞれ試作機の一次側と二次側のコイルの配置（図8は一次側のコイルの平面図，図9は一次側コイルと二次側コイルの断面図）をしている。水平方向の移動をX，Y方向，垂直方向をZ方向として測定を行った。なお，図9より一次，二次コイルの両側には磁束が漏れないように防磁シートを配置している。特に，電池蓋の内部にはアルミケースに入ったリチウムイオン電池があるので，漏れ磁束によるアルミ表面の渦電流発生による温度上昇の防止もかねている。

図10，11はそれぞれX方向，Y方向に位置を変化させた場合（Z方向は原点）の送入力電力，出力電力および送電効率の測定結果である。図10と図11はほぼ相似形であり，同様な特性を示している。同図より，位置が4〜5mmほど外れると送電効率が低下することが分かる。これは一次側コイルと二次側コイルの半径の差が5mmであることが影響していると考えられ，5mmを超える差が発生した場合，磁束の漏れが大きくなることを示している。また，出力電力として

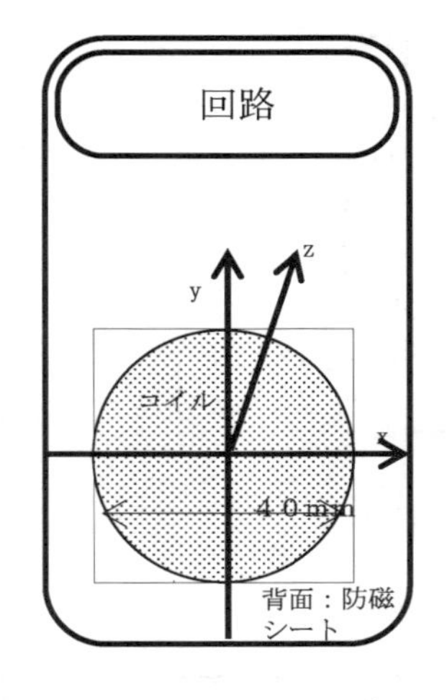

図8　置き台側のコイルの位置関係

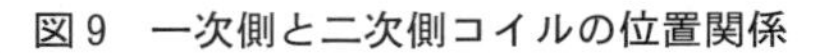

図9　一次側と二次側コイルの位置関係

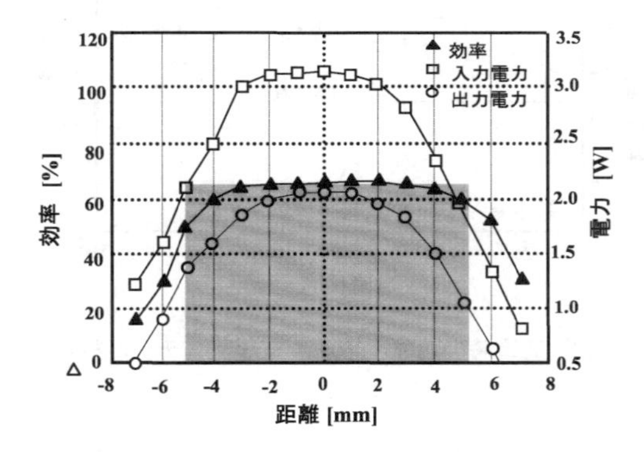

図10　位置による特性変化（X 方向）

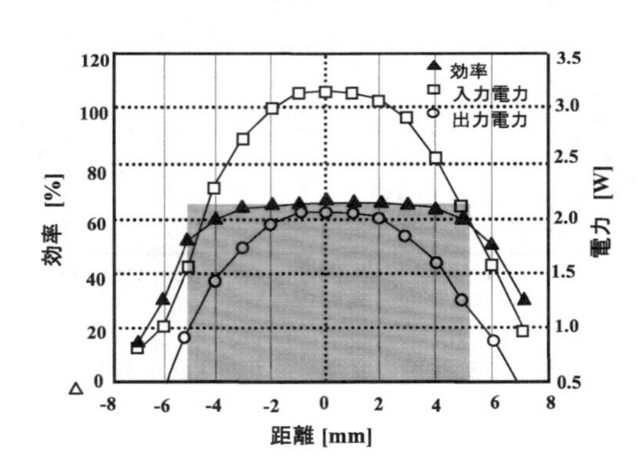

図11　位置による特性変化（Y 方向）

は，携帯電話の場合は最小でも 1W 程度は必要であるので，5mm 以上に位置がずれた場合は充電停止することになる。したがって，本提案のコイル径での組み合わせでは 5mm 前後の自由度しかない状況が確認できた。

図 12 は Z 方向（原点は置き台に携帯電話を置いた場合に相当）を変化した場合の送入力電力，出力電力および送電効率の測定結果である。同図より，位置が 2mm 以上外れると送電効率が急激に低下することが分かる。これは一次側コイルと二次側コイルの半径と Z 軸の距離の比を比較して約 1/20 以下の比であり，すこしでもコイルが離れると漏れ磁束が多くなり，伝送効率が大きくなることが分かる。特に，3mm 以上はなれると携帯電話の充電に必要な 1W を下回るので，充電動作が停止する。この結果，Z 方向に自由度は 3mm 前後しかないことがわかる。

以上の結果より，平面コイルを用いた携帯電話用の本試作結果では横方向のずれの許容は 5mm 程度，高さ方向の許容としては 3mm 程度となっており，置き台の作り方の制約や自由度

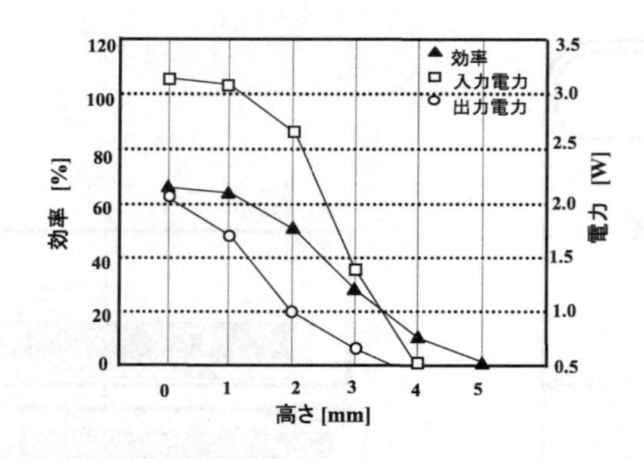

図 12　位置による特性変化（Z 方向）

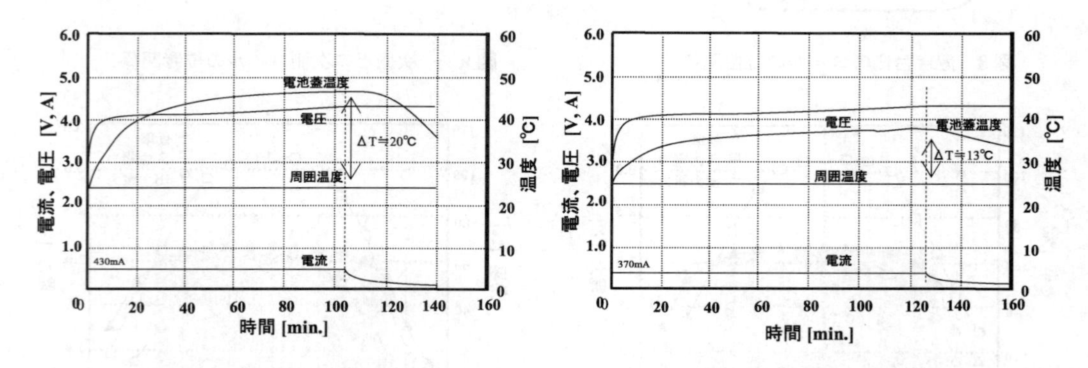

図 13　充電時の温度，電流，電圧（木机）

図 14　充電時の温度，電流，電圧（スチール机）

が狭い結果となっている。この対策としては一次コイル径の拡大により横方向への対処は可能と考えるが，漏れ磁束などの増加も発生するために最適化が必要である。

3.2　充電場所と効率の関係

位置の変化の他に各種環境条件によってワイヤレス充電の充電特性に影響を与えるケースがある。本節ではワイヤレス充電用の置き台を木製の机に置いた場合とスチール（鉄製）の机に置いた場合での特性の比較を実施した。これは通常の木製の机のほかに鉄製などの磁性体からなる材料をもちいたものの上に置かれる場合も想定した試験である。

図 13，14 はそれぞれ木製およびスチール製の机の上にワイヤレス充電器の置き台を配置し，通常の充電を実施した場合の充電電流，充電電圧，温度上昇（電池蓋の内側）を測定した結果であり，表 2 に代表値の比較を示す。通常の使用条件である図 13 では充電時間が約 140 分（CC 充電終了は約 105 分），充電電流が 430mA および温度上昇が約 20℃であった。一方，図 14 のスチール製机で充電を行った場合，充電時間が約 160 分（CC 充電終了は約 127 分），充電電流は

表2　ワイヤレス充電の測定結果比較

評価項目	木製机	スチール机
充電時間 （50mA カット）	約 140 分	約 160 分
充電電流 （CC 領域）	約 430mA	約 370mA
温度上昇 （電池蓋内）	約 20deg.	約 13deg.

370mA および温度上昇が約 13 度の上昇に収まっている。

上記の結果より，スチール製の机の場合，木製の机と比較して，充電電流が 14%程度少なくなっていることより，漏れ磁束がスチール製の机に吸収されて熱などでロスしたと考えられる。電池蓋の温度上昇の主因は二次側の整流部分のロスであるので，充電電流の低下により温度が低下したことと，スチール製机の放熱効果も関係があると予想される。

上記の結果より置き台を設置した机の材質により影響を受けることを確認した。今回は充電時間が長くなる等大きな影響は無かったが，その他の材質への影響評価や影響を出さないための漏れ磁束の防止などの対策が必要である。

3.3　充電時の放射雑音

さらにワイヤレス充電の実使用上課題となる放射雑音特性（不要輻射）の評価も実施した。試験基準としては VCCI クラス B（家庭機器）の 10m 法にて測定（30～1000MHz）を行った[12)]。

図 15 は携帯電話を充電させているときの不要輻射雑音の測定結果（水平，垂直）である。垂直方向においては 125MHz，225MHz 付近で高調波と考えられる輻射があり規格を満足できていない。水平方向に関しては，特に 40 から 50MHz 帯域で VCCI スペックを満足できていない結果が得られている。

40 から 50MHz については平面インダクタからの交流電力（243kHz）の高調波成分と推測される。また 125MHz，225MHz 付近は制御 IC の動作周波数による影響と考えられる。いずれにおいても商品化の場合には EMC 対策が必要であり，コイルや高周波回路のシールド強化が必要である。

3.4　電池への影響について

ワイヤレス充電によって頻繁に充電が行われることによって電池への影響が心配される。特に頻繁な充電で発生する高充電状態の特性評価方法を説明する[13)]。図 16 にそのサイクル試験の概

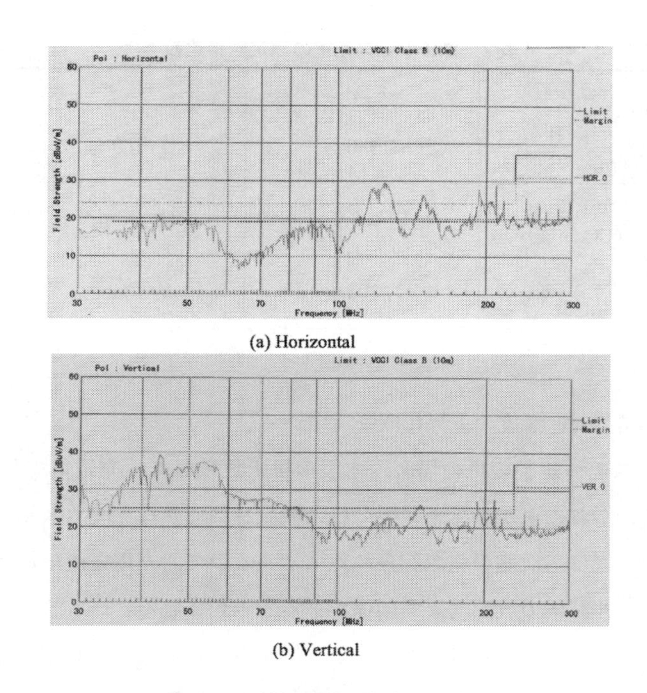

(a) Horizontal

(b) Vertical

図 15　放射雑音特性（水平，垂直）

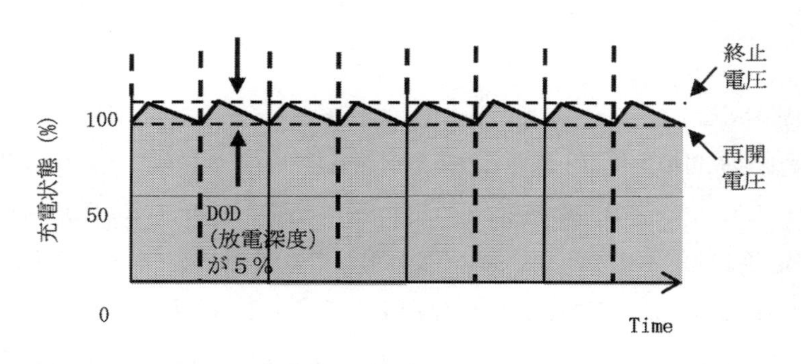

図 16　DOD5%試験の概要図

要を示す。携帯電話がワイヤレス充電などに継続的に充電された状態で通話等の動作を連続して行った場合において，携帯電話に内蔵されている充電回路（充電終止条件（100%），再充電開始条件（95%放電後など））の充放電条件から DOD（放電深度）が約 5%の充放電を繰り返すケースが考えられる。今回この DOD5%の充放電を繰り返すサイクル試験の電池への影響について評価した。

試験用リチウムイオン電池としては，2 種類の商用電池（充電電圧が 4.2V 系電池，4.38V 系電池）パックで DOD5%サイクル試験を実施した。なお，両電池の DOD100%時のサイクル特性は，両方とも 500 サイクルで容量劣化がほぼ約 60%程度（室温 25℃）の同じ特性を持ってい

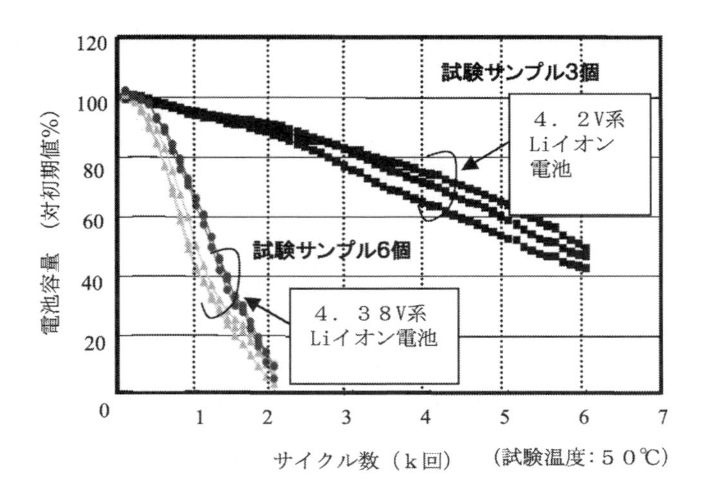

図17　DOD5%試験例（4.2V 系電池，4.38V 系電池）

た。また試験温度としては，携帯電話の充電待機温度である50℃で試験を行った。

図17は4.2V系電池，4.38V系電池のDOD5%充放電の測定結果であり，両者の電池に容量劣化の違いが顕著に発生している。4.2V系電池では5000サイクル付近で容量が50%を切るが，4.38V系電池では1000サイクルで50%を切っており，明らかな容量劣化の違いが発生している。

この違いの発生は，両電池の充電電圧の違いや，使用している正極材料の活物質表面と電解液自身の過度な酸化反応の発生の違いであると考えられ，通常の電池のDOD100%での充放電サイクル試験では発生しなかった差異であり，4.38V系電池を採用しないような製品設計が必要である。

これ以外の安全性にも，ワイヤレス充電を実現するためには正常時の動作時の温度基準（低温やけど対策），異常時の温度基準（火傷，事故対策）などの安全基準に関して議論を続けている。

4　まとめ

本文では，電磁誘導方式のワイヤレス充電回路を携帯電話に適用して位置ずれの課題や各種使用環境の影響に関して測定を行った。その結果，位置ずれの余裕度は横方向で5mm，高さ方向で3mm程度であり，設計の自由度が少ない結果となった。さらに，置き台を置く下の材質の違いによって充電特性が変化することも示した。また，不要輻射の課題も明らかにして干放射ノイズ対策の必要性を示した。

さらに電池への影響や安全性に関する検討も紹介して，導入に対する考え方を示した。

今後，特に位置ずれの問題は大きな課題であり，電磁誘導型の欠点であり，位置ずれの改善として二次側の負荷整合の最適化やコンデンサなどの適用の検討，さらには電界・磁界共鳴型の方式も検討していく必要がある。

文　　献

1) K. Takeno, J. Yamaki, "Methods of energy conversion and management for commercial Li-ion battery packs of mobile phones", Proceeding of Intelec03, pp.310–316, 2003.
2) K. Takeno, J. Yamaki, "Quick battery checker for lithium-ion battery packs with impedance measuring method", IEICE TRANS. COMMUN.,Vol.E87-B, No.11, pp 3322–3330, 2004.
3) 安田，田村，北村，井上，坂本，原田，"携帯機器用ワイヤレス充電システム"，信学技報，EE98–64，1998
4) 安部，坂本，原田，"チョークインプット整流を有するワイヤレス充電回路の負荷特性，" 電学マグネティクス研資，MAG–98–228,1998.
5) 安部，坂本，原田，"ワイヤレス充電システムにおける負荷特性"，電学論 D，vol.119, NO.4. April 1999.
6) 安部，坂本，原田，"磁気結合コイルの正確な位置合わせを不要にしたワイヤレス充電"，電子情報通信学会論文誌 B, Vol.J86-B No.6 pp987–996 2003.
7) Andre Kurs,et,al.:Wireless Power Transfer via Strongly Coupled Magnetic Resonances, *Science Express,* Vol. 317, No.5834, pp.83–86, 2007.
8) 小紫，居村，堀，「ワイヤレス・エネルギー伝送技術」，電子情報通信学会技術報告書，SAT95–77，pp31–36, 1995.
9) 篠原，松本，三谷，芝田，安達，岡田，富田，篠田，"無線電力空間の基礎研究"，電子情報通信学会技術報告書，SPS–18, 2003.
10) マイクロエネルギー技術調査研究報告書，社団法人電子情報技術産業協会発行（電子材料・デバイス技術委員会），2007.
11) 竹野和彦,「携帯電話用のワイヤレス充電技術」，携帯電話キーデバイスの開発と最新動向，千葉耕司（監修），シーエムシー出版, 2007.
12) 竹野，上村，"携帯電話用ワイヤレス充電回路の実使用環境での影響"，電子情報通信学会研究会，EE，2010 年 5 月
13) 竹野，山木，"携帯電話用リチウムイオン電池の高充電状態の特性"，電子情報通信学会全国大会, B–9–1，2010 年 3 月

第10章　携帯用電子機器のワイヤレス給電技術

安倍秀明*

1　はじめに

電磁誘導のしくみを利用することにより無接点や非接触での給電が可能になる。家電用途では1990年代の初めに電動歯ブラシへの実用化が最初に始まったと考えられ，以降水回りで使う機器や充電を頻繁に行う機器への実用化が進んだ。近年では携帯電話やモバイル機器の充電を対象に，普及期へ向けて国内外から実用化に向けた提案や標準化の動きが活発になってきた。電磁誘導のしくみを非接触給電に適用することは容易に発想できるが，量産ベースでの実用化開発には多くのブレークスルーが必要であった。本章では電磁誘導方式から訴求できる特徴と，家電用で実用化してきた商品例を示す。次に非接触給電に特徴的な分離着脱式トランスのしくみを考察し，これを使う給電システムの等価回路を導き問題点や課題，対策方針を述べる。そして実用化のための基本技術と実用技術を述べた後，今後の展開方向と課題を述べる。

2　電磁誘導給電の訴求ポイントと実用化商品

図1に電磁誘導給電のメリットと訴求ポイントの連関図を示す。金属接点の圧接結合が不要であり，無接点化と置くだけ給電ができ，空間的に非接触でも可能なことから様々な用途が考えられる。図2は家電用途で実用化してきた主な商品の歴史である。各アイテムにおける必要出力とデバイス開発の狙いを併記しているが出力が大きくなるほど開発課題も増えてくる。一般家庭用として最も早く実用化された商品は電動歯ブラシであると考えられ歯磨剤や水気にさらされる環境下での充電信頼性低下の根本対策手段として1990年前後に有接点から無接点への切り替えが進んだようである。これに引き続いて水洗い可能な電気シェーバ[1,7,8]やエステ機器に適用が行われた。これらの商品は充電器が機器の置き場も兼ねており，簡単置くだけ充電という訴求も気に入られた。同様の理由で，コードレス電話のように充電を頻繁に行う必要があるとともに充電器が商品の置き場所を兼ねるような商品への適用も1990年代の中頃に始まった。無接点化の置くだけ充電により，従来起こっていた接点接触不良による未充電を回避できるようになった。この

*　Hideaki Abe　パナソニック電工㈱　先行技術開発研究所　参事

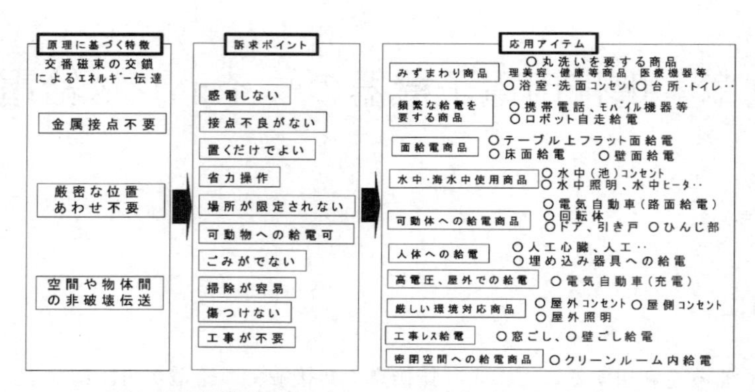

図1　電磁誘導原理のメリットと訴求ポイントの連関図

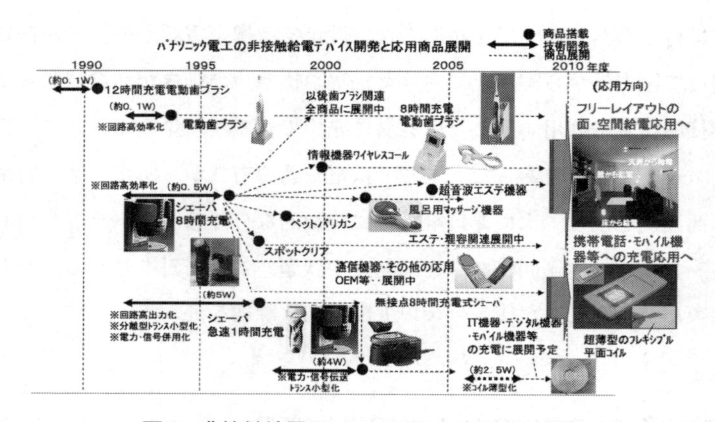

図2　非接触給電デバイス開発と応用商品展開

適当な範囲内に置くだけで信頼ある充電ができることから近年では，携帯電話，モバイル機器，デジタル機器等への幅広い分野で非接触充電の実用化が加速し始めている。さらに，共鳴型と呼ばれる数 cm から数十 cm を超える距離での空間給電が注目され，様々な分野で応用研究が始まっている。まだ研究段階の技術であり課題は多いもののこれら新旧のワイヤレス給電技術を住空間に応用研究し，フリーレイアウト可能なコードレス機器による新しい快適生活空間の提供をめざしたい。

3　分離着脱式トランスと非接触給電システムの等価回路

図3に非接触給電システムの構成概要図を示す。1次側と2次側とを機械的に分離し大きなギャップを設けて磁気結合する分離着脱式トランスを使うこと以外は，一般のスイッチング電源と同じ構成となる。図4（a）は2つのコイルによる相互誘導時の電流と磁束分布の概要を示している。低い磁気結合度のため各コイルで無視できない漏れ磁束が生じる。2次側が開放の場合の1次電

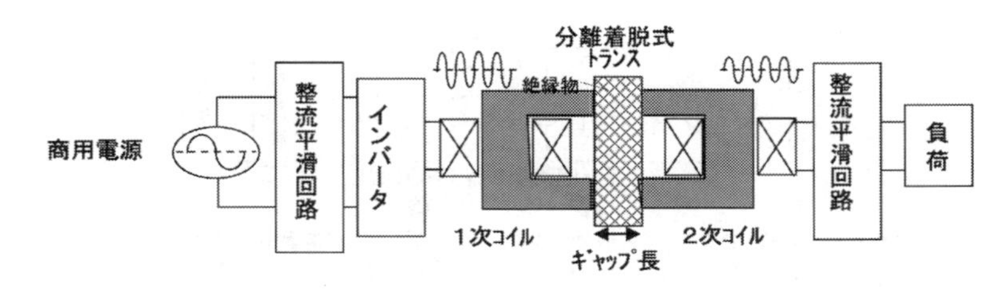

図3　非接触給電システムの構成

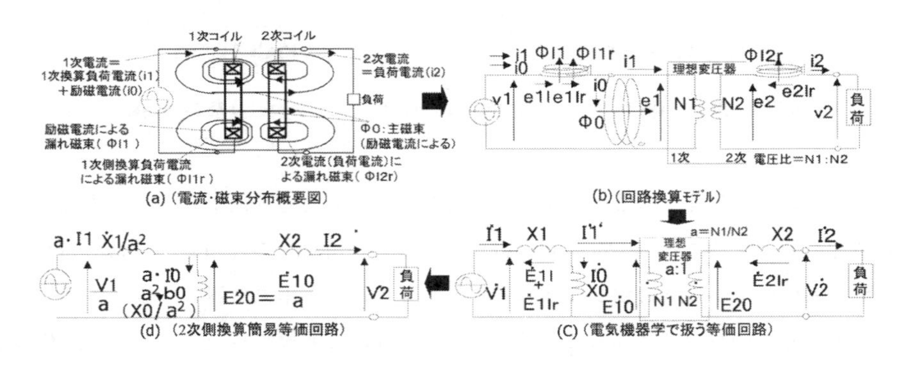

図4　分離着脱式トランスの磁束分布と電気機器学で使う等価回路

流が励磁電流となり，1次コイルと2次コイルの両方に交わる主磁束と1次コイル単独に生じる漏れ磁束を生じさせる。これらの磁束は起電力を誘導し1次側の入力電圧とつりあう。負荷が接続されると閉回路となり2次側に負荷電流が流れる。負荷電流が流れることにより2次コイルに新たな磁束が生じる。この磁束は2次コイルのみに交鎖する磁束と，1次コイルにも交鎖する磁束である。励磁電流により生じている主磁束とは逆方向のこの磁束により，1次コイルの起電力が低下しようとして入力電圧とのバランスを壊す方向になる。入力側ではこの不釣合いを解消するように1次電流が流れ込み，この増加した電流による主磁束の増加で負荷電流による逆方向の磁束を打ち消して釣り合いが保たれる。従って主磁束は励磁電流のみで生じる磁束量となる。一方1次コイル単独に交鎖する漏れ磁束，および2次コイル単独に交鎖する漏れ磁束は負荷電流に比例する量となる。なお，磁束，電流，電圧の各位相は異なるので注意されたい。各電流と磁束の関係を回路換算モデルとして図4（b）で示し，これが電気機器で用いる等価回路（C）（d）となる[3)]。1次，2次両コイルに漏れ磁束を生じさせる誘導リアクタンス成分は，電圧降下をもたらすと共に力率を低下させる。また漏れ磁束はノイズ源になるだけでなく近傍の金属を誘導加熱することになる。さらに1次側コイル単独の場合および2次側コイル端子が開放の場合に流れる励磁電流は待機電力の増大をもたらす。従って分離着脱式トランスを伴う非接触給電システム構築では，サイズや使用環境の制約の中で1次コイルで発生させる磁束のうちで2次コイルに交

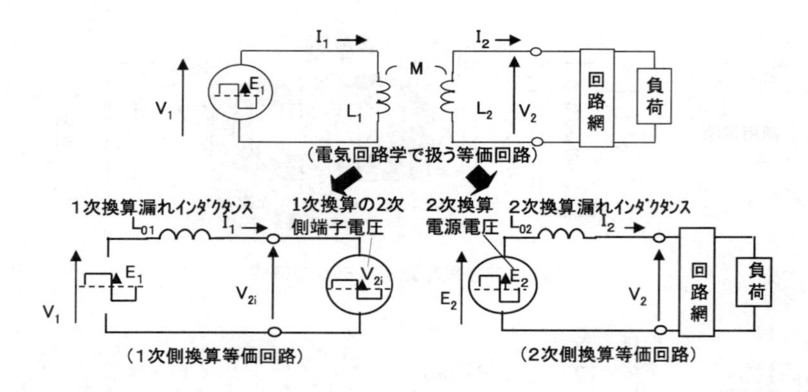

図5　電気回路学で使う等価回路から導いた1次，2次側換算等価回路

鎖する割合をどれだけ多くできるかがまず重要となる。そして力率低下に伴う効率低下やノイズ発生源の増加に対応するスイッチング回路方式や共振を利用する整合回路の開発が必要になる。さらに待機電力の削減が必要となる。ところで，図4に示した電気機器学で扱う等価回路は，線形回路で扱える回路においては非常に有用であるが，実際に非接触給電で適用する回路構成は，整流回路や平滑回路等が入ると共に負荷も定電圧負荷となるなど非線形回路となるため全体としての入出力関係の考察が難しくなる。漏れ磁束に起因する給電回路全体への影響を定量的定性的に把握することはシステム開発や設計の方針決定において重要である。

そこで，このシステム挙動を把握できる実用等価モデルの導出を狙い，電気回路学で用いる簡易等価回路に着目した。図5（a）の等価回路は通常，式（1）（2）のように表されるが，これを式（3）（4）のように変形を行った。これは2つの独立した式となり，等価回路で表すと1次側換算等価回路と2次側換算等価回路となる。特に2次側換算等価回路は，2次換算等価電圧源E_2と2次換算等価漏れインダクタンスL_{02}の直列接続構成の非常に簡単なモデルとなる[3)]。このE_2とL_{02}は結合係数kを使って式（5）～（7）で表せる。ここでE_1は1次コイル端子の電圧振幅，L_1，L_2，Mはトランスの1次，2次の自己インダクタンス，相互インダクタンスである。いずれの定数も測定や計算で容易に求められる。ギャップ長の変化に対してトランスの各指標は図6（a）のように変化する。結合係数は，1次コイルと2次コイル間の磁気結合度を表す指標であり0から1の値を取り，疎結合になるほど0に近づく。図6（b）にE_2とL_{02}の特性を示している。E_2はギャップ長の増大に対して漸次減少するが，L_{02}は少し離れれば一定値に近づく。図6（C）にギャップ長に対する出力の一般的特性を示している。2次側換算等価回路に整流回路等の出力回路と各種の負荷が接続された回路をつないで解析的に解くことを試みた結果，多くのアプリケーションにおいて入出力関係を明らかにできた[4, 6, 13)]。図7に2次コイル端子にブリッジ整流回路を設け負荷を定電圧負荷とした場合の等価回路と各部の波形を示す。この出力平均電流は式（8）とし

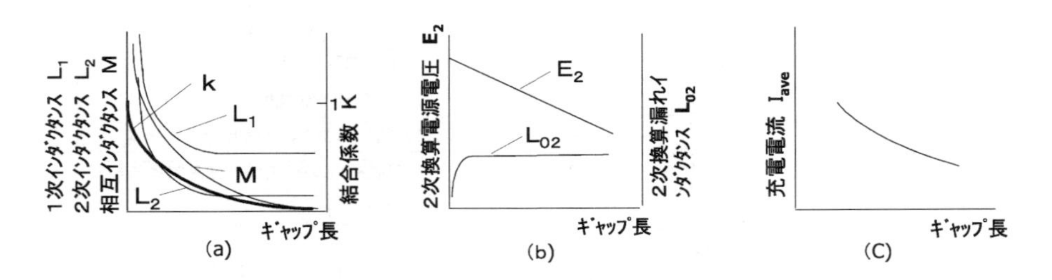

図6　ギャップ長に対するトランスの各特性と出力特性

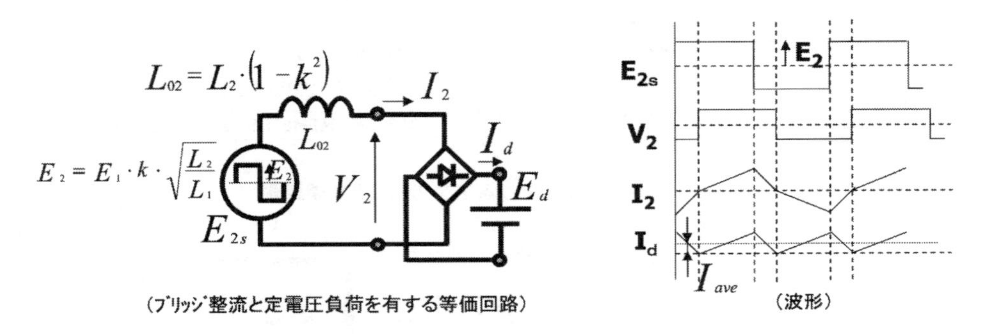

図7　ブリッジ整流と定電圧負荷を有する等価回路と各部の波形

て求められる。

$$V_1 = L_1 \cdot \frac{dI_1}{dt} - M \cdot \frac{dI_2}{dt} \tag{1}$$

$$V_2 = -L_2 \cdot \frac{dI_2}{dt} + M \cdot \frac{dI_1}{dt} \tag{2}$$

$$V_1 = V_2 \cdot k \cdot \sqrt{\frac{L_1}{L_2}} + L_1 \cdot (1-k^2)\frac{dI_1}{d_t} = V_{2i} + L_{01}\frac{dI_1}{d_t} \tag{3}$$

$$V_2 = V_1 \cdot k \cdot \sqrt{\frac{L_2}{L_1}} - L_2 \cdot (1-k^2)\frac{dI_2}{d_t} = E_2 - L_{02}\frac{dI_2}{d_t} \tag{4}$$

$$K = \frac{M}{\sqrt{L_1 \cdot L_2}} \quad (5),\qquad E_2 = V_1 \cdot k \cdot \sqrt{\frac{L_2}{L_1}} \quad (6),\qquad L_{02} = L_2 \cdot (1-k^2) \quad (7)$$

$$I_{ave} = \frac{E_2^2 - E_d^2}{8 \cdot E_2 \cdot L \cdot f} \tag{8}$$

4　実用化のための問題点と課題

図8に，電磁誘導による非接触給電の実用化で想定される主な問題点と技術課題を示す。基本性能においては，高効率，小型，低ノイズのための技術が必要になり，回路方式の選択と省部品

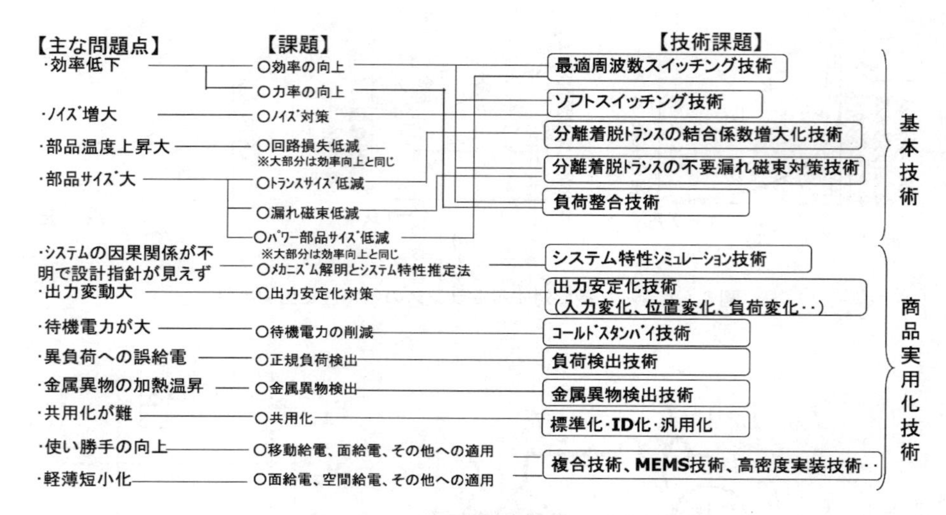

図 8　非接触給電における主な問題点と技術課題

コイル配置別の結合係数

	(1)		(2)		(3)	
構造	30 / 11 / 13 / 2 / 5 / 100 wind					
	計算値	実験値	計算値	実験値	計算値	実験値
k	0.43	0.33	0.51	0.41	0.69	0.56
L_1	0.81mH	0.95mH	0.35mH	0.43mH	0.35mH	0.41mH
L_2	0.81mH	0.90mH	0.83mH	0.90mH	0.35mH	0.42mH
M	0.35mH	0.31mH	0.27mH	0.26mH	0.24mH	0.24mH

図 9　コの字型コアのコイル配置の違いによる特性の比較

低コスト回路の開発，高結合係数の分離着脱式トランスの開発，負荷整合方式の選択と最適化が重要課題となる。一方，一般ユーザを対象とする商品では，磁束を介しての電力伝送に伴うトラブル対策を行わねばならない。トランスを１次側と２次側とで分離着脱して使うことで想定される主な課題は，２次側が正しい機器であるかどうかの判別と，１次コイルの磁束により金属異物が誘導加熱されることの対策となる。またこれに加えて待機電力の削減等が課題となる。

5　基本技術

5.1　分離着脱式トランスの結合係数増大技術

制約条件下において結合係数 k を最大にすることが第一に必要になる。各コイル構成は空芯のものや様々な形の磁性体コアを設けたものがある。また結合形態にも，平面対向から挿入式まで様々な形態がある。結合係数は工夫しだいで増大は可能である。図９にコイル配置の違いによる各特性を示す。コの字型の磁性体コアの場合，胴部よりもコアの端部にコイルを分離して設け

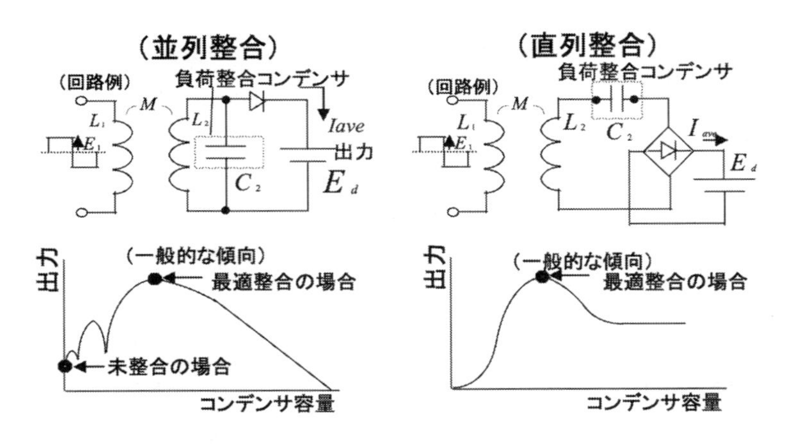

図10　負荷整合コンデンサの位置と出力特性

ることで結合係数が上がる[4)]。

5.2　負荷整合技術

漏れインダクタンスが直列に入るために回路の力率が低下し，負荷電流に比例して出力電圧が低下する。力率の低下は効率の低下と回路やトランスのサイズ増大につながるため，これを改善する必要がある。漏れインダクタンスによる誘導リアクタンスをキャパシタンスによる容量リアクタンスで，できるだけ打ち消して力率を改善する。図10のように，コンデンサを並列または直列に入れて整合を図りキャパシタンスの値を最適値に設定する。適当な容量値により力率が改善されインピーダンスが小さくなり出力電流が増える。最大出力が取れる数値に設定すれば，結果として効率の向上と回路部品の小型化ができる。最適値は負荷の種類と整流方式等で変わる[2, 5～7)]。

5.3　ソフトスイッチング回路

漏れ磁束を伴い力率と効率が低い非接触給電を実用化するには，低ノイズで高効率の回路が必要となる。これを実現する回路がソフトスイッチング（あるいは共振型）回路と呼ばれインダクタンスとキャパシタンスによる共振を利用している。波形の全部または一部が正弦波状になることで高調波成分の低ノイズ化を実現し，また電圧や電流がゼロになった時点でスイッチングすることでロスレススイッチングを実現し回路効率が向上する。非接触給電においては既に漏れインダクタンスを持っており追加部品はコンデンサのみでこれができる。図11に実用化したソフトスイッチングの基本回路と動作波形を示す[1, 14)]。1石の自励式電圧共振型インバータと呼ばれる方式であり，コイルにかかる電圧が正弦波状になり，スイッチング損がほぼゼロにできる。またシンプルな省部品の回路でありコスト低減にも寄与している。

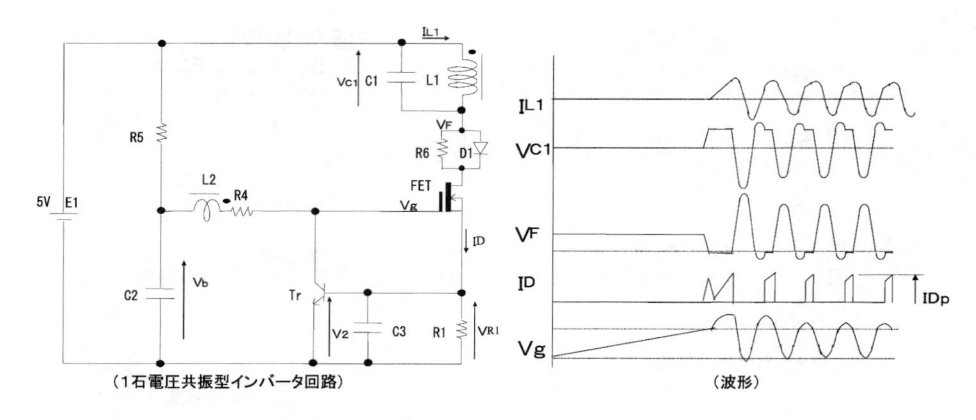

図 11　自励式 1 石電圧共振型インバータ回路と各部の波形

以上の基本技術を駆使することにより，従来の接点結合式に対し効率やサイズを同等レベルに近づけることができるようになった。

6　実用技術

次に，非接触給電システム特有の問題点を解決する実用技術に関して述べる。

6.1　コールドスタンバイと本体検知

2 次コイルがない状態では 1 次コイルのみの励磁電流による交番磁束が生じている。この状態では，待機時での不要な電力消費が発生しており削減対策が必要となる。本来は，正規の機器が置かれた場合のみ電力伝達を行うことが望ましい。この判別には正規の機器しか持っていない何らかの特別な信号を検出する必要がある。機械的な手段や電気的な手段があるが電気的な手段の一つの例を述べる。まず給電側はインバータを間欠的に発振させて 1 次コイルの励磁期間を少なくして待機しておく。機器側は給電側からの短時間の受電で動作できる信号発生手段を持っており機器の 2 次コイルが給電側の 1 次コイルに適切に配置されると，機器はわずかな電力を受電して信号を発生させ 1 次コイル側に送信する。これを受けて 1 次側は連続の電力伝送を開始する。なお急速充電では充電電流が大きいため電池の状態を観測しながら充電停止等の制御が必要になるが，この信号は 2 次側から 1 次側インバータの制御信号としての機能を兼ねることができる。

6.2　金属異物の加熱対策

交番磁束が鉄片などの金属に交鎖すると誘導加熱により温度上昇を起こす。機器検知機能により金属異物のみが置かれることによるトラブルは防げる。しかし薄い小さな金属片が 1 次側と正

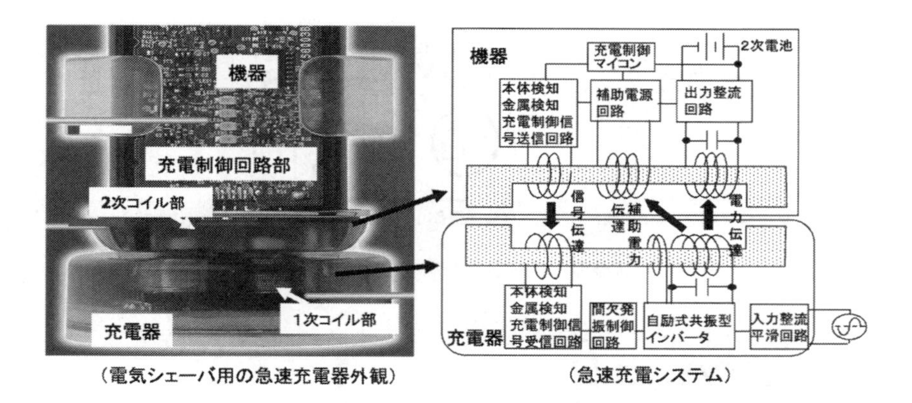

（電気シェーバ用の急速充電器外観）　（急速充電システム）

図12　急速非接触充電システム

規の機器との間に挟まれる場合の検出は難しくなる。1次コイルから見たインピーダンスの変化が小さいからである。この対策として前記した信号を使うことができる。この信号は2次側の送信アンテナから1次側の受信アンテナにやっと届く程度の微小信号であるため，金属片が途中にあるとこれによって信号振幅が減衰し，1次側に届かない。これによって金属片の存在が分かる。

6.3　電力伝送と信号送受信機能を持つ非接触充電システム

図12に，課題を解決し電力伝送と信号送受信機能を共有化した小型分離着脱式トランスを使った非接触充電システムを示す。出力5Wの電気シェーバ急速充電器として実用化した[1, 8]。

7　出力安定化技術

分離着脱式トランスを使う非接触給電では，負荷電圧や負荷電流が大きく変化する。2次側出力部に独立した安定化回路を付加すれば解決できるが，簡単な工夫で，ある程度の安定化は可能である。図13に半波整流と抵抗負荷を有する場合の簡易定電圧化の例を示す。負荷整合コンデンサがない場合には2次側換算等価回路を用いた解析から出力は式（9）で表される。2次コイル端子に整合コンデンサを並列接続し，これを式（10）を満たすように選ぶと（C）図のように垂下特性が大きく改善できる[9, 12]。図14はブリッジ整流と定電圧負荷を有する場合の定電流化の例である。2次コイル端子に整合コンデンサを並列接続すると負荷電流－整合容量特性は負荷電圧に対し図示の傾向になる。すなわち整合コンデンサ容量値を，式（11）を満たすように選べば式（12）で計算される値に近い一定の負荷電流を負荷電圧に無関係に流すことができる[10]。この他，1次コイルと2次コイルとのギャップ長の変化や位置関係の変化に対して安定化ができる方法もある[11]。

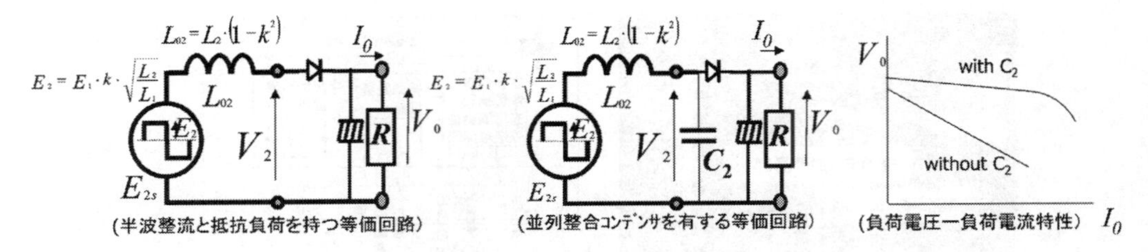

図 13　半波整流と抵抗負荷を有する場合の簡易定電圧化

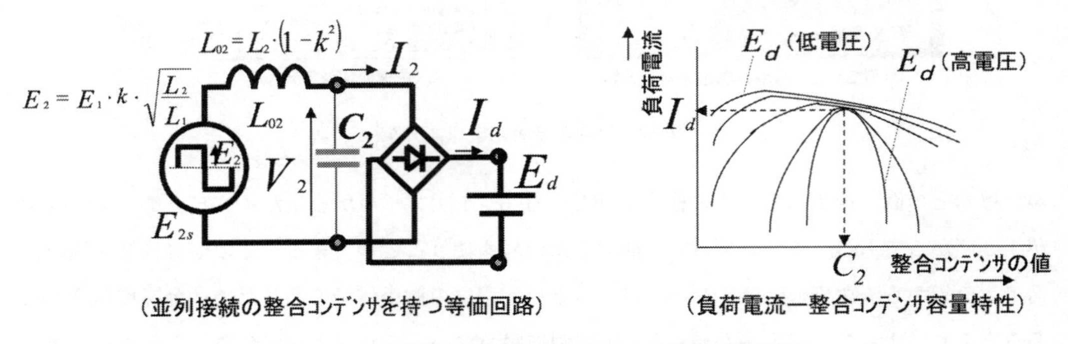

図 14　ブリッジ整流と定電圧負荷を有する場合の定電流化

$$V_0=\frac{E_2\cdot\left(\frac{-R}{f}-4\cdot L_{02}\right)+E_2\sqrt{\left(\frac{-R}{f}-4\cdot L_{02}\right)^2+\frac{16\cdot R\cdot L_{02}}{f}}}{8\cdot L_{02}} \quad (9),$$

$$f=\frac{1}{4\cdot\pi\sqrt{L_{02}\cdot C_2}} \quad (10)$$

$$f=\frac{1}{2\cdot\pi\sqrt{L_{02}\cdot C_2}} \quad (11), \qquad I_d\fallingdotseq\frac{E_2}{2\cdot L_{02}\cdot f\cdot(\pi+1)} \quad (12)$$

8　超薄型平面コイルと薄型充電器による面給電システム

非接触給電技術は家電用において幅広い分野への展開が期待されている。特に携帯電話やモバイル系のデジタル機器への充電プラットフォームとして，充電信頼性向上と給電部共通化を目指している。このための新たな開発課題に対する技術開発が行われており，実用化に向けた提案が出てきている。1例として，機器側のスペースを増大させない超薄型コイルやソフトスイッチングを駆使した高効率のインバータ回路を使った面給電システムの外見を図 15 に示す。5V 程度の電圧でも駆動が可能で機器へ数 W の出力を供給できる。2 次コイルは 1mm 以下の厚さである[15]。

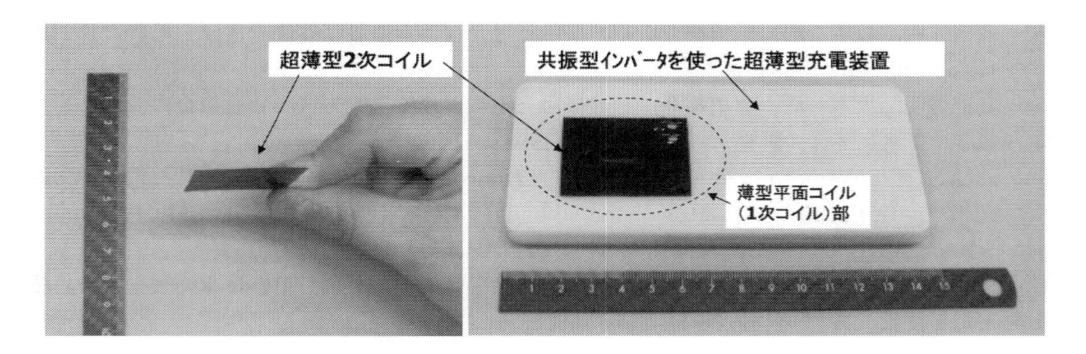

図15　超薄型コイルを有する薄型充電器

9　おわりに

電磁誘導を使う家電向けの非接触給電は，この20年近くで多くの用途や仕様形態において研究と開発がなされ，実用化例がしだいに増えてきた。近接型の充電においては，基本技術面はほぼ確立され，実用面においても給電部と機器とが1対1対応の小出力分野においてほぼ確立された。今後は複数の機器や異機種対応可能な実用技術開発が必要になってくるであろう。さらに，機器をどこにおいても，また複数の機器を同時に給電できるレイアウトフリーのワイヤレス給電の新たなしくみが望まれる[15]。さらに共鳴型に代表される数cm以上の空間を電力伝送する技術の確立が期待される。これらは特に高出力化用途においては多くの課題があり，省エネ化やEMC問題対応，信頼性や安全性確保の面で高レベルの技術開発が必要となるであろう。

文　　献

1)　田村秀樹・山下幹弘・安倍秀明・秋定昭輔・北村浩康：「シェーバ用非接触充電技術の開発」,松下電工技報　第62号, pp.29–34（Mar.1998）
2)　安倍秀明・児島　猛・桂嘉志記・山下幹弘：「非接触充電における負荷整合と力率改善」松下電工技報　第72号, pp.65–71（Nov.2000）
3)　安倍秀明・北村浩康：「非接触給電用分離着脱トランスの近似等価モデルの実用性について」　電学マグネティクス研資　Mag–02–203（2002）
4)　安倍秀明・田村秀樹・北村浩康・井上博充・坂本浩・原田耕介：「携帯機器用非接触充電システム」　信学技報 EE98–64（1999）

5) 安倍秀明，坂本　浩，原田耕介：「非接触充電システムにおける負荷整合」電学論 D,119, 11, pp.536-543 （1999-4）
6) 安倍秀明，坂本　浩，原田耕介：「非接触充電における整流方式と負荷整合について」電学マグネティクス研資　Mag-98-131（1998）
7) H. Abe,H. Sakamoto, and K. Harada, : “A Noncontact Charger Using a Resonant Converter with Parallel Capacitor of the Secondary Coil.” IEEE Trans. on Industry Applications, VOL. 36,No2, pp.444-451, MARCH/APRIL (2000)
8) 桂　嘉志記・山下幹弘・安倍秀明：「小型高効率共振トランスを用いた非接触充電器」松下電工技報　第 76 号, pp.88-92（Dec.2001）
9) H.Abe, H.Sakamoto, and K.Harada: “Load Voltage Stabilization of Non-contact Energy Transfer Using Three Resonant Circuit”, Proceedings of the power Conversion Conference-Osaka 2002 PCC-OSAKA. Vol.2. pp466-471,April 2002（2002-4）
10) 安倍秀明：「並列共振とブリッジ整流を 2 次側に有する非接触給電の定電流特性について」信学技報 EE2003-27（2003）
11) 安倍秀明，坂本浩，原田耕介：「磁気結合コイルの正確な位置あわせを不要にした非接触給電」電子情報通信学会論文誌 VOL.J86-B NO.6 pp.987-996（2003）
12) 安倍秀明：「整流方式別の簡単な非接触給電電圧安定化法について」平成 15 年電気学会産業応用部門大会 I-179（2003）
13) 安倍秀明，北村浩康：「従属接続された分離着脱式トランスによる無接点給電の出力特性」信学技報 EE2006-5（2006）
14) 北村浩康，安倍秀明，亀岡 浩幸，中山 敏，山下 幹弘，岩尾 誠一：「電圧共振型インバータによる 5V 入力誘導加熱回路の効率改善」信学技報 EE2007-25（2007）
15) 井坂篤・柳生博之：「非接触給電技術とその適用事例：家電商品展開と新しい住空間提案」NE ブックス（NIKKEI　ELECTRONICS）ワイヤレス給電 2010　pp.86-95（2010）

第11章　医療機器用充電システム

佐藤文博*

1　はじめに

医療機器におけるワイヤレス給電技術は，1960年代に体外から体内への電気エネルギー供給方式として学術論文に掲載されている。原理的に溯れば電磁誘導を用いたいわゆる変圧器の一種であり，これは1800年代の電磁誘導発見に結びつく。昨今の産業用，家電用，電気自動車用ワイヤレス給電技術は，電波という形態を含めて考えても，これら基本技術の上に成り立つものであり，その歴史的な経緯は興味深い。医療機器におけるワイヤレス給電もしくは非接触電力伝送技術とは，非侵襲，無侵襲，低侵襲といった言葉に代表される様に，体外から体内埋め込み機器へのエネルギー供給方法としては必要不可欠な技術である。現在実用化されている工業用途や産業用途，もしくは家庭用電気機器を対象にしたワイヤレス給電技術は，主に蓄電池を介して動作を行う機器アプリケーションが主要であるが，生体を想定した場合，若しくは医療機器を対象に考えると，多少趣の異なったものとして整理できる。体外から何らかの媒体を介して行われる体内でのエネルギー変換構成を考えると，体外から伝送された電気エネルギーを機械的出力として使用するもの（いわゆるアクチュエータの動力源，電力源として使用するもの），電圧，電流として直接生体へ作用を行うもの，そして熱的な出力として利用するものに大別できる。また医療機器といってもその一部はいわば民生用機器に含まれるものもあり，一方では高度な生命維持，身体機能代替としての装置，その他介護機器や計測機器までを範疇に考えるとその取り扱いは多岐に亘る。これに関連して使用される周波数もkHzオーダから数十MHzオーダに渡り，扱う電力量もmWオーダから数kWオーダまでとその取り扱い範囲は非常に広い。この事から医療機器におけるワイヤレス給電技術は，電気的にもその用途的にも幅広い領域を持ち，個々の最終的なアプリケーションによってその形態は大きく変わる事となる。以降，人工臓器をはじめとして，治療機器，計測機器の各適用について順次述べる。

---

*　Fumihiro Sato　東北大学大学院　工学研究科　電気・通信工学専攻　准教授

2　人工臓器へのワイヤレス給電

現在研究開発中のものを含めて，人工臓器と言われる代表的デバイスには次のものが挙げられる。人工心臓（補助人工心臓），人工心肺，人工眼（人工網膜），人工内耳，人工肛門括約筋，人工食道，人工心筋等であり（表1），その研究開発背景には様々な医学的意味や歴史上の成り立ちがある。特に移植代替の議論として大きな意味を持つ人工心臓を考えた場合，体内に非常に長期に留置される事が想定されるため，医学的側面のみならず，機器としての工学的視点からも，人工臓器として成立する要件は制約が多く非常にシビアである。従ってこれら機器に適用を考える場合のワイヤレス給電システムも同様に厳しい条件が課される事になり，民生電気機器，産業用途機器への構成とは別のアプローチが必要となる。温度，湿度，大きさ，重さ，生体適合性，安全性等，直接生命に関わるデバイスであり厳しい要求がなされる。

一例として挙げる人工心臓へのワイヤレス給電は，とりわけ TETS（Transcutaneousu Energy Transmission System：経皮的電力伝送）と称される事が多く，古くは1960年代頃に体外から体内への電気エネルギー供給方法として学術論文に掲載されている[1)]。

図1は代表的な TETS の一例である。完全埋め込み式人工心臓システムは，体内側では，埋め込まれる血液ポンプ，そのポンプを駆動するモータ，モータ制御ドライバ，体内通信回路，緊急時バックアップ用2次電池が装備され，体外側は電池，直流電源，通信回路から構成されるが，その体外から皮膚を貫通することなく電力を供給するためのシステムがこの TETS である。このシステムは皮膚上に置かれた体外コイルと皮下に埋め込まれた体内コイルを相対させ，高周波電磁界により電力を伝送するものである。同時に体内外での通信システムを備えた例もある。しかしながらこの TETS には課題が残されている。皮下に埋め込まれるために電気部品からの発熱に対して，血流による放熱効果は期待できず，温度上昇に対して設定される条件が厳しい。発熱量が大きければそれだけ放熱のために面積を必要とするから，都度デバイスは大型化する。特に人工心臓は世界的にみてもオーダーメードの感が強く，これに伴う TETS も同時に個別の機器として最適化されており，現在の所ノウハウ的な要素が多い。また TETS に用いられる体外

表1　体内埋込機器と消費電力の一例

1mW～10mW	心臓ペースメーカー，人工内耳等
10mW～100mW	人工網膜等
100mW～1W	人工心筋，機能的電気刺激等
1W～10W	人工肛門括約筋，埋込ハイパーサーミア等
10W～40W	人工心臓（LVAD，TAH），人工食道等

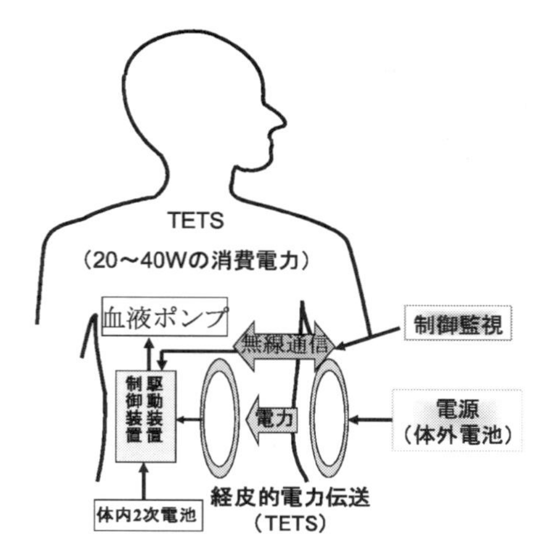

図1　TETS(経皮伝送システム)の例

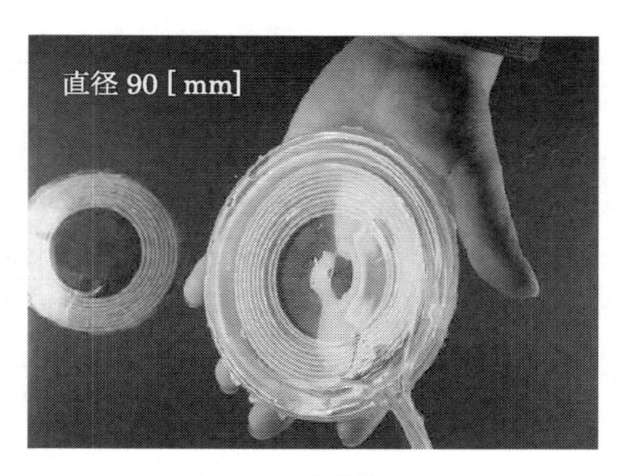

図2　TETS体外側コイル

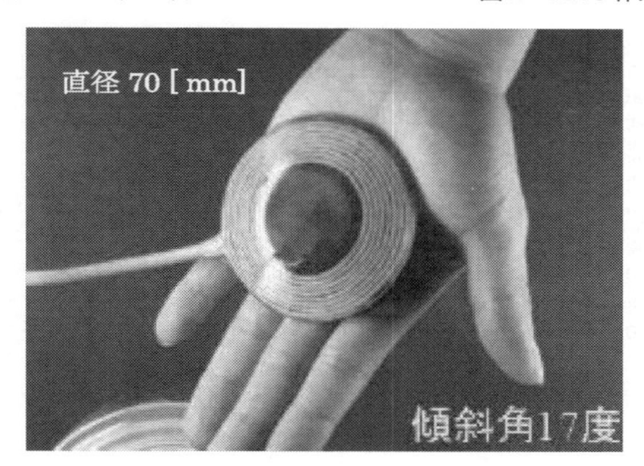

図3　TETS体内側コイル

コイルは患者の動作や呼吸により位置ずれが発生する事も考えられ，それに伴いコイル間の磁気的結合が変化し電圧変動が起きる。コイルの形状，材質によっては生体に対して圧迫壊死を起こす事から幾何的な工夫も必要であり，形状等は使用する患者にとってストレスとならないようなコスメティックへの配慮も重要である。コイル形状として，ポットコア，体外結合型等も開発されているが，現在は平面渦巻き型が主流である。図1と図2，3はTETSの一例であり（東北大と東大の共同開発），前述の幾何的バランスにも配慮した構成となっている。図4にはTETSの電源システム例を示す。TETSの体外コイルから送られた電力は体内コイルを経て整流回路で直流に戻される。半導体素子によって構成されるインバータによりモータを回転させ血液ポンプを駆動する。また体内の整流回路の出力電圧は駆動回路の動作可能な最大電圧，体内2次電池によりバックアップが開始される電圧（体内2次電池が完全放電した場合には駆動回路の停止する電圧）により決まる。体内2次電池とTETSの切り替えを行う必要があるがこれにはダイオード

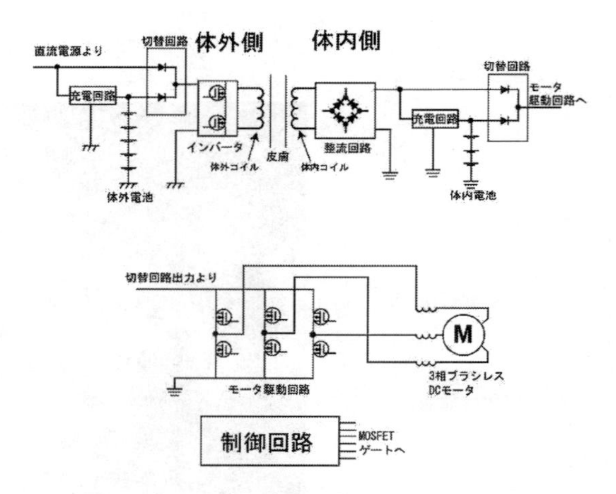

図4　人工心臓用 TETS 電源システムの一例

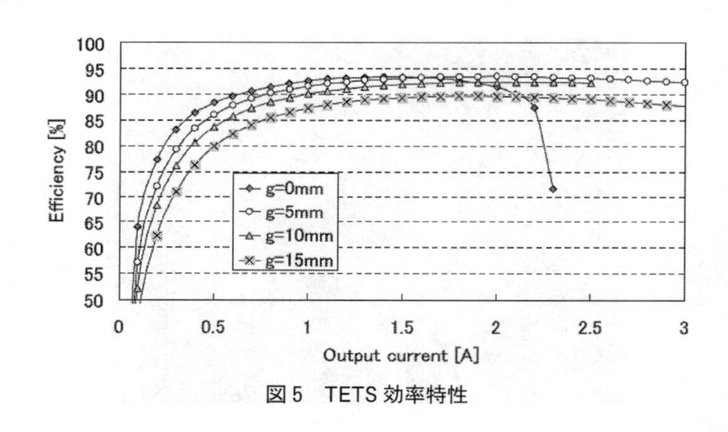

図5　TETS 効率特性

スイッチを用いる。その理由として，コイルの位置ずれ等によりTETSの出力電圧が低下した場合，TETSと体内2次電池両方から同時に電力供給が為される事と，完全にTETSと体内2次電池を切り替えるようなシステムではTETSの出力電圧が低下し体内2次電池に切り替わった際に負荷は開放状態になり，出力電圧は回復し再びTETSに切り替わる現象を考慮しての事である。図5は経皮的電力伝送システムの出力電流に対するインバータ入力から整流回路出力までの効率特性を示している。最大効率は93%～94%と高効率である。図6は出力電流に対する出力電圧特性を示したものである。

また図7には，参考として充電式心臓ペースメーカーの概要を示す。将来的な体内電池の容量拡充との兼ね合いになるが，十分期待される技術である。

更にTETSの一例として図8に人工肛門括約筋システム[2]を挙げる。このシステムはSMA形状記憶合金を括約筋の収縮に代えて用いるものであり，肛門開閉バルブとして動作するものである。この開閉バルブ用SMAの熱変態に体外から供給された電力を用いる。SMAの温度管理

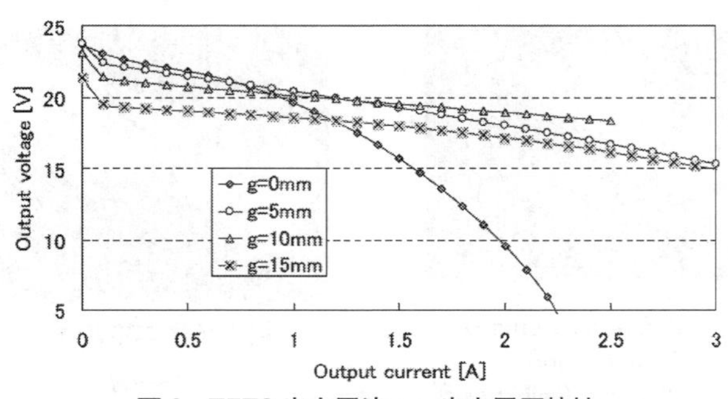

図6　TETS 出力電流 vs 出力電圧特性

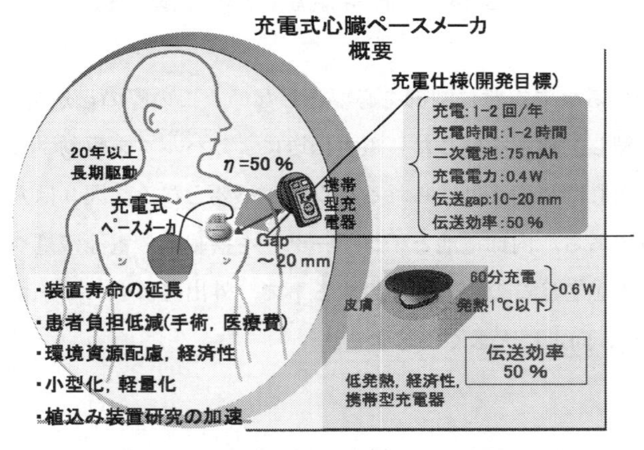

図7　充電式心臓ペースメーカの概要

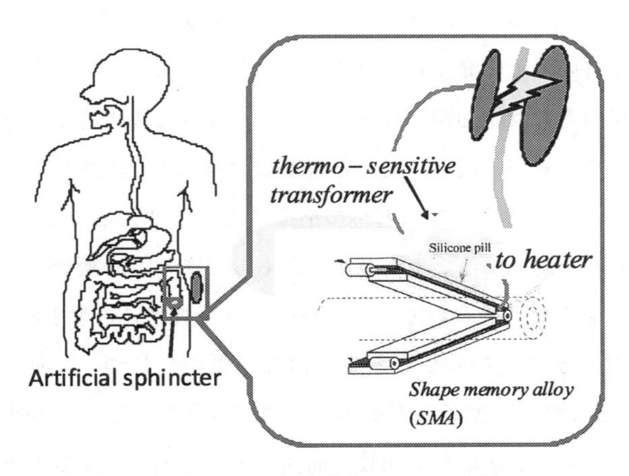

図8　人工肛門括約筋システムの概要

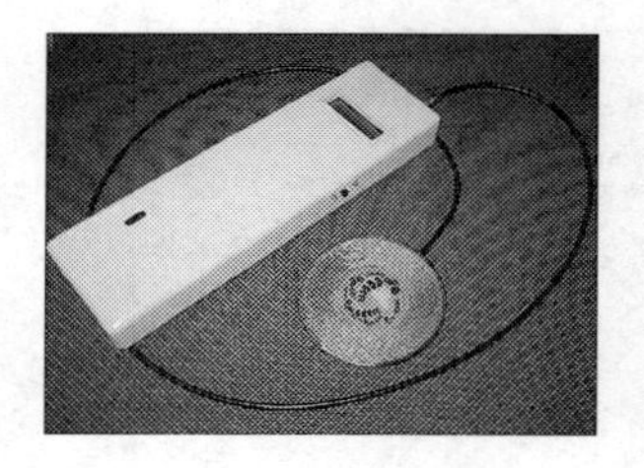

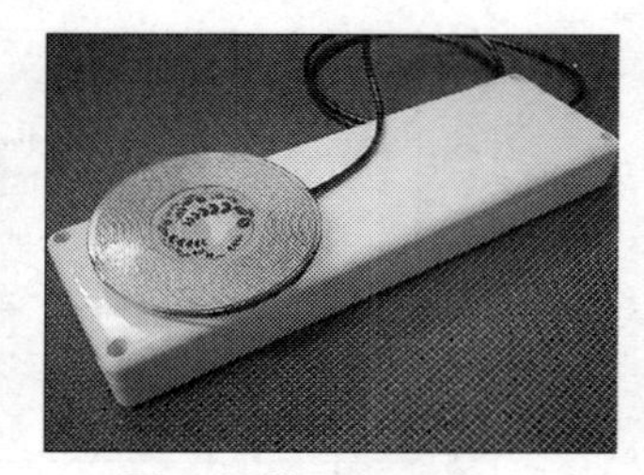

図9　SMA 人工肛門括約筋用携帯励磁装置概要

には感温磁性体を用いる事で複雑な制御を必要としない。この際の伝送電力は 7〜8W 程度である。通常は腸管を閉鎖し，便意を感じたら電力伝送によりバルブを駆動させ腸管を解放する。これにより一般的に人工肛門に備え付けられるパウチが不要となる。図 9 は人工肛門括約筋システム用携帯型励磁装置である。内部電池とインバーターを搭載し，電池残量や伝送電力量のモニタリング機構を備える。患者はこの装置を携帯する事で，外出時にもストーマに制約される事なく排便が可能となり QOL 向上に大きく寄与する。

3　治療デバイスへのワイヤレス給電

機能的電気刺激（FES: Functional Electrical Stimulation）と称して，生体埋め込みデバイスへワイヤレス給電を行い，その発生刺激パルスにより運動機能再建を図る治療方法がある。現在わが国の肢体不自由者数は増加傾向にあり，これを受けて障害者の自立や社会参加を促す制度的取り組みが促進しているが，彼らに対する有効な治療法は確立されておらず，社会的自立は非常に困難な状況にある。このような患者への治療法として期待されているのが FES である。これは電気刺激が筋収縮を誘発することを利用したものであり，介護負担の軽減や障害者の社会参加に大きく貢献するものと考えられている。以降，完全埋め込み型 FES の代表的な刺激方式として，刺激精度の高さや管理の容易さから，直接給電法[3] について述べる。これは，体内（皮下 20mm）に埋め込まれた小型刺激素子へ，高周波電磁界を用いて体外から効率的にワイヤレス給電および刺激命令信号を送信して四肢の筋肉・神経を刺激させる方式である。

この完全埋め込み型 FES システムの概念図を図 10 に，電力・信号伝送系と体内回路構成を図 11 に示す。まず体外側の一次コイルから，刺激情報を送るための信号と，その刺激情報を元に

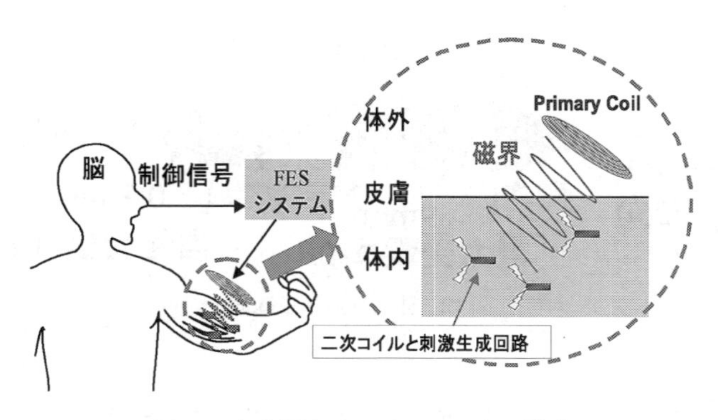

図10　完全埋込型FESシステムの構成

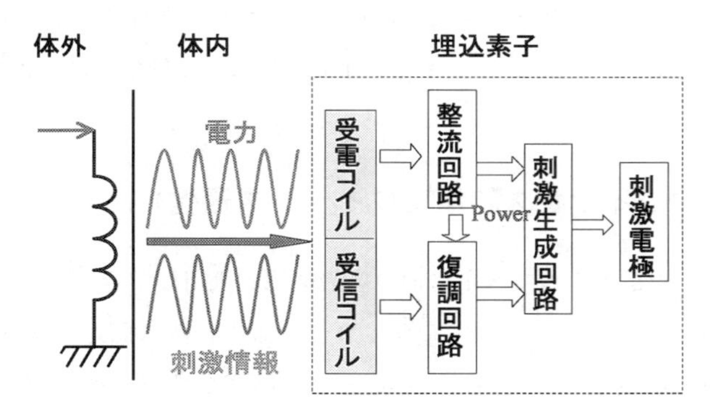

図11　電力・信号伝送系と体内回路構成

実際の刺激パルスを生成するのに必要な電子回路を駆動するための電力を同時に伝送する。体内側の埋め込み素子では，受電コイルが電力を受け取り，整流回路で直流にした後，復調回路と刺激生成回路を駆動，それと同時に受信コイルでは刺激情報を受け取り，復調回路を通過して刺激生成回路で情報処理した後刺激電極で刺激パルスを再生するというシステムである。電力及び刺激波形情報の伝送方式として，電力伝送と信号伝送で異なる周波数帯を使用して伝送する方式を採用している。また，信号伝送では，デジタル情報をASK変調により重畳させ，複数チャンネルの刺激波形情報を単一周波数のキャリア上で時分割多重（TDM：Time Division Multiplexing）方式により伝送している。用いる周波数として，電力伝送では生体への熱作用の影響が比較的少ないと思われる100kHzの磁場を，信号伝送では時分割多重方式におけるキャリア周波数として1MHzの周波数を採用している。

実際に埋め込みを想定している素子の形状は図12のようになっている。埋め込み素子は電力を受電するための受電コイル，信号を受信するための受信コイルと刺激波形を生成する電子回路からなる。コイルは棒状の高透磁率のフェライト（Ni-Cu-Zn系）を用いたソレノイドコイルと

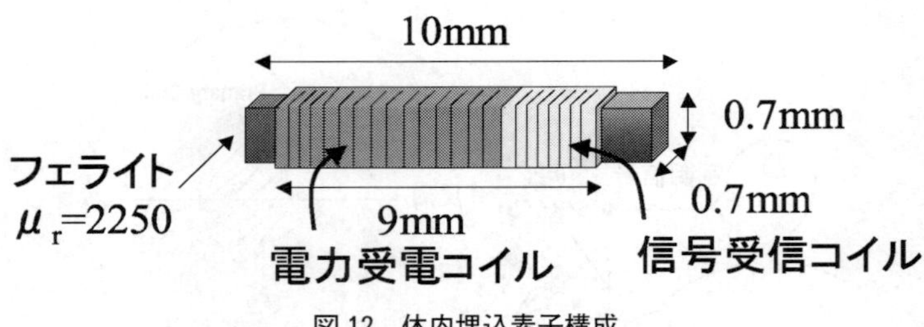

図12　体内埋込素子構成

した。フェライトのサイズは0.7×0.7×10mmであり，コイルの巻線を巻いた状態でも1.0×1.0×10mmほどの小型なものとなる。この形状を用いることにより，小型の素子でもより多くの磁束を集めることができ，小型化・励磁条件の点で優れたものとなる。この方式を利用して，針状埋め込み素子（0.7×0.7×10mm）に対する約100mWの同時給電・通信に成功している。

4　計測機器へのワイヤレス給電（ワイヤレス通信）

放射線治療はがん治療法の1つで，主に他の癌治療法と併用して行われる。近年，CTやMRIなどの画像診断装置の進歩により，腫瘍のサイズや位置を正確に測定できるようになり，PET（Positron emission tomography）を用いることで，腫瘍の性質，悪性度を知ることができるようになった。それゆえ照射精度は依然と比べ向上しているが，いまだ過剰照射による副作用といった問題が起きている。その原因は治療時において患部付近の実際の照射線量がわからないことにあり，目標線量が正確に照射されているかどうかを知るため，実際に体内の照射線量を測定する必要がある。現在存在する唯一の体内線量測定システムでは，治療後でないと線量を測定することができないため，過剰照射を防ぐことができない。そのため，放射線治療時にリアルタイムで体内の腫瘍付近の線量を測定するシステムが必須となり，リアルタイム体内線量測定システムが考案された。体内埋め込み可能な線量計を腫瘍付近に留置し，線量計に含まれるX線検出器を用いて照射線量を測定する。得られた線量データをワイヤレスでリアルタイムに体外へ伝送する。この体外で受信したデータを用いることで，過剰照射することなく正確な放射線照射が可能となる。本システムのワイヤレス通信システムは，1対のコイル間の電磁結合を用いた磁場による通信を採用しており，これに関わる体内回路を駆動させるために，ワイヤレス給電システムの搭載が必須となる。ここでは微少電力伝送という事で，ワイヤレス通信を含めて述べる。

リアルタイム体内線量測定システムは体内埋め込み可能な線量計，ワイヤレス給電システムと，同様のワイヤレス通信システムで構成される。放射線治療時において，LINAC（medical Linear Accelerator）のような外部照射機器を用いてX線を照射した際，体内の線量計に含まれる

CdTe検出器を用いて体内の腫瘍付近の照射線量を測定する。CdTe検出器から出力された微小信号を増幅，ディジタルデータ化し，ワイヤレス通信システムにより体外へ線量データの伝送を行う。線量データの測定および伝送は，放射線治療時にリアルタイムで行われる。体外で受信した線量データをコントロールルームから外部照射機器へフィードバックすることで，正確な放射線照射が可能となる。体内から体外へデータ伝送を行うのと同時に，体内に埋め込まれた線量計を駆動させるため，体外からコイルを用いて磁場によりワイヤレス給電システムで給電を行う。線量計はCdTe検出器，体内コイル，体内回路からなり，注射器やカテーテルを用いて目標部位に留置する。ワイヤレス通信システムに関して，患者の腹腔内，筋肉層，脂肪層を考慮し少なくとも200mmの伝送距離が必要とされる。

図13はワイヤレス通信システムの概略図となっている。ワイヤレス通信システムは1対の通信用コイルと変復調回路で構成される。通信用コイルを図14に示した。体内コイルとして，長さ10mm，1辺0.7mmのフェライトコアに100turnsのコイルを巻いたソレノイドコイルを作成した。これは線量計をカテーテルで留置することを想定した形状で，CdTe検出器を含めても埋め込み可能なサイズとなっている。また体外コイルとして，縦135mm，横240mm，厚さ

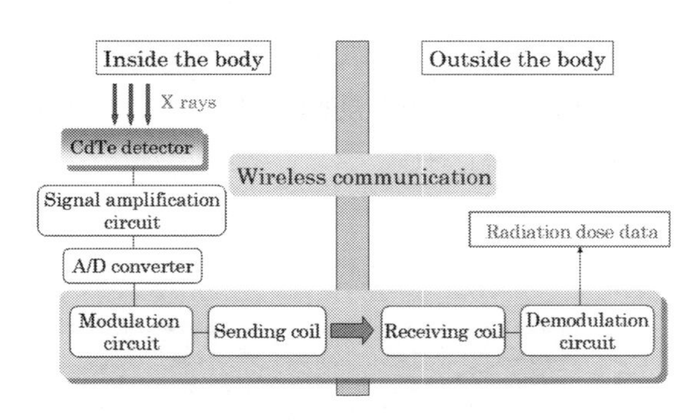

図13　ワイヤレス通信システムの概略

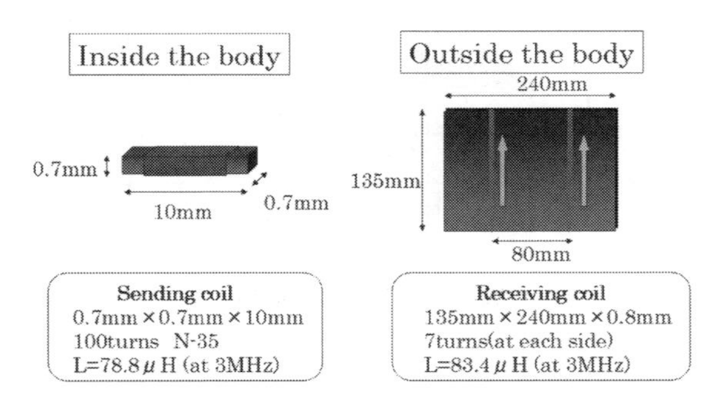

図14　通信用コイルの一例

0.8mm の平面フェライトコアに左右それぞれ 7turns のコイルを巻いたクロスコイルを作成した。続いて，通信用コイル，変復調コイルを用いて，ワイヤレス通信システムの通信能力評価を行った。線量データを模擬した 10000bit のデータを PC で作成・出力し，体内コイルを用いてワイヤレスでデータ伝送を行う。体外コイルでデータの受信・復調を行い，PC に再び取り込み BER（Bit Error Rate）を計算する。BER が 0%であるところを通信可能範囲としている。ある通信距離における X 軸方向，Y 軸方向，回転方向における許容位置ずれ・角度ずれの値を測定し，通信可能範囲の測定を行った。測定した通信可能範囲を図 15 に示す。X 軸方向，Y 軸方向への位置ずれがなく，つまり体外コイルが原点に存在するとき，通信距離は 300mm となっている。リアルタイム体内線量測定システムでは通信距離 200mm が必要とされるが，実験より通信距離 200mm において，X 軸方向へは 150mm，Y 軸方向へは 200mm の位置ずれが許容できるという結果が得られた。以上のことから，今回作成したワイヤレス通信システムを用いることで，通信距離 200mm において線量データの伝送が可能であることが確認された。

以上，医療機器におけるワイヤレス給電技術において，人工臓器，治療機器，計測機器に絞ってその用途と実際を述べた。医療現場で使用される機器はこれらに留まらず，飲込可能なカプセル内視鏡が登場し，心拍，脈を含めた生体情報があらゆる場所でモニタリング可能なシステム等も検討されている。既に医療機器で実用化されている電力伝送技術が，産業・家庭用途にもフィードバックされ，電気自動車を始めとした様々な機器に対してそのエネルギー源を担う役割は続いて行くものと思われ，その充実に期待したい。

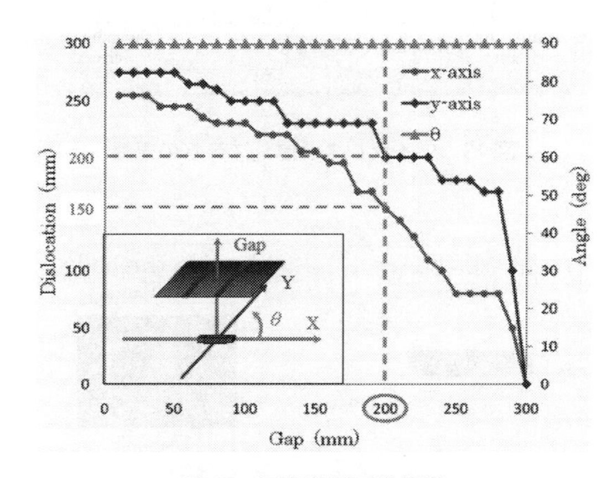

図 15　測定通信可能範囲

文　　献

1) J. C. Schuder, H. E. Stephenson, Jr., Energy Transport to a Coil Which Circumscribes a Ferrite Core and Is Implanted Within the Body, IEEE Transactions on Bio-Medical Engineering, Vol. BME-12, Nos. 3 and 4, pp.154-163 (1965)
2) Y. Kakubari, F. Sato, H. Matsuki, T. Sato, Y. Luo, T. Takagi, T. Yambe and S. Nitta, Temperature Control of SMA Artificial Anal Sphincter, IEEE Transactions on Magnetics, Vol.39, No.5, pp.3384-3386 (2003)
3) K. Kato, H. Matsuki, F. Sato, T. Satoh and Y. Handa,. "Duplex communicable implanted antenna for magnetic direct feeding method : Functional electrical stimulation," in Journal of Applied Physics, 105 , 07B316 (2009)

第12章　携帯デバイス向けワイヤレス充電国際規格の標準化

黒田直祐*

1　はじめに

日々進化する携帯デバイスは，その革新的な性能の向上に支えられたサービスの多様化を追い風に更なる多機能化を果たしてきており，日常生活のあらゆるシーンに登場する生活必需品へと変貌してきているが，その利便性，可搬性を損ねない充電方法としてワイヤレス充電が注目されている。本稿では，こうした携帯デバイス充電の要求に応え，「いつでも，どこでも，簡単充電」を基本コンセプトとしたワイヤレス充電の国際規格標準化を推進するWPC（ワイヤレスパワーコンソーシアム）の活動内容と，策定した標準規格の概要について紹介する。

2　標準化はなぜ必要か？

2.1　携帯デバイス用充電器の共通化

大量の専用充電器の廃棄問題や，無視できない未使用時の待機電力等の社会問題を背景に，携帯デバイス，とりわけ携帯電話の電力供給に必要なACアダプター等の専用充電器は5年以上前から統一化の方向へ動き出しており，2010年末現在，キャリア単位での統一はほぼ完了している。

一方，業界を超えた連携を必要とするその他の携帯デバイス（音楽プレーヤー，デジカメ，PDA等）との共通化は，使用形態や製品コンセプト等の違いもあり統一にはもう暫く時間がかかりそうだ。

2.2　汎用ワイヤレス充電器普及への課題

家庭内で使用中あるいは使用済みのACアダプター類は，その整理・保管の煩わしさや識別困難な外観による誤使用の危険性が指摘され，また小型化するコネクターの誤挿入による破壊や，

---

*　Naosuke Kuroda　㈱フィリップス エレクトロニクス ジャパン　知的財産・システム標準本部　システム標準部　部長

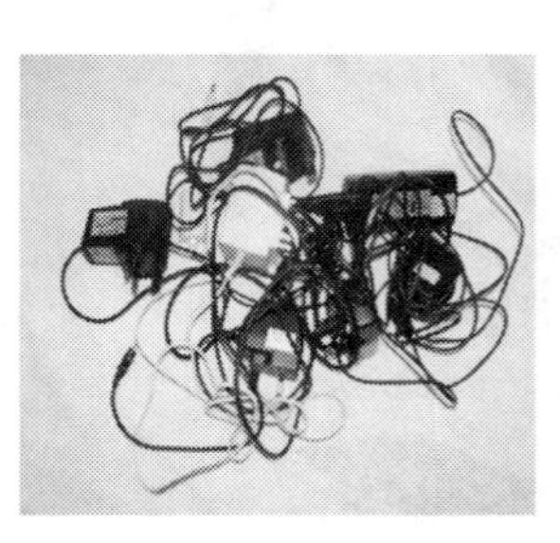

図1　簡単・すっきりのワイヤレス充電

頻繁な抜差しによる接触不良等も問題視されている。

一方，持ち歩きを前提とした携帯デバイスでは軽薄短小化に加え，凹凸の少ないすっきりとしたデザイン，防水・防塵化に対するニーズも高く，コネクター部の処理が外観・構造設計の両面で課題となってきている事も事実である。

ワイヤレス充電は，「最後のケーブル」となった電源ラインをワイヤレス化することで上記の問題を一気に解決できるばかりでなく，置けば充電開始，取り上げれば終了という使い勝手の良さもこれまでの有線方式にはない魅力と言える（図1)。

これらの流れを汲む形でこれまで数社から汎用ワイヤレス充電器が市場導入されているが，残念ながら本格普及には至っていない。その理由として，対応充電器で充電できるデバイスが特定機種に限られるため販売数が社会インフラとしてのレベルまで至らず，よって充電可能な場所が自宅やオフィス等に限られるため外出や出張時には従来通り携帯用充電器を持ち歩く必要があること，また対応製品が限定されているためデバイス買い替え時の選択肢が少ない点や，当初から量産効果が期待できる程の数量が見込めないためコストが下がり難い，等が考えられる。

2.3　標準化による充電インフラの構築

そういった障害を払拭するためにはあらゆる携帯デバイスに相互利用できる充電機能を持たせ，更にそれらを充電するための社会インフラを整えることが重要である（図2)。

具体的には様々な業界から参加できるコンソーシアムを設立し，携帯デバイスと充電器間で認証・通信を行うためのインターフェース規格を策定，その規格を満足する全ての製品にロゴを付けて互換性を明確に表示する。参加メンバーが増えればカバーする製品カテゴリーも充実し，それらを充電するための充電パッドや業務用製品も開発されてくる。ユーザーはそれら充電インフラのメリットを享受するために規格に準拠した携帯デバイスを購入，利用する。そのデバイス普及がさらにインフラを促進，充実させるという「正のスパイラル」が生まれる。

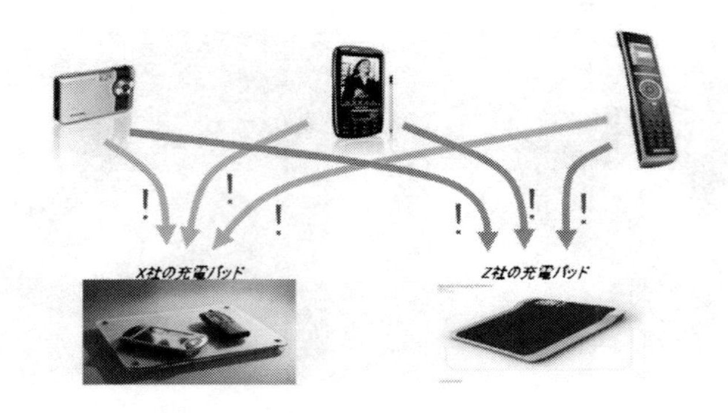

図2　相互利用できるワイヤレス充電インフラ

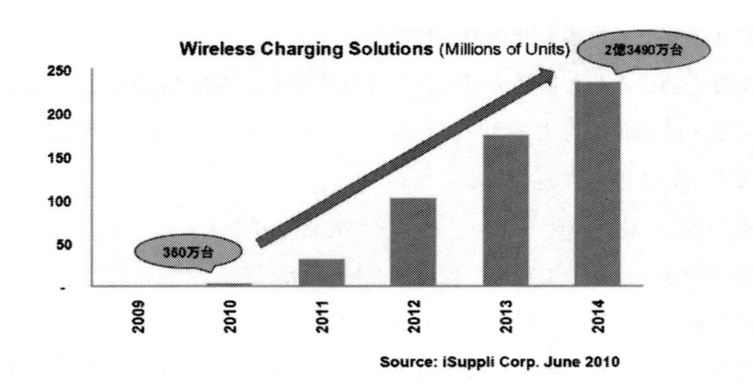

図3　ワイヤレス充電市場予測（iSuppli 社）

そしてこのワイヤレス充電インフラが広く社会に受け入れられるためには，充電器の携帯が不要となるメリットだけでなく，置くだけで充電開始，取り上げれば充電停止という使い勝手の良さ，確実に充電できるという信頼性，そして最も重要な安全性を同時に満たしている事が肝要である。WPC 規格ではそれらの条件を全てカバーすることを念頭に置き，規格適合認定試験をパスした製品はロゴの表示によって，互換性のみならず安全で確実なパフォーマンスの提供をユーザーにアピールすることができる。ポータブル機器の世界的な普及を背景に，ワイヤレス充電対応への期待を強く反映した需要予測が 2010 年 7 月に iSuppli 社より発表された（図 3）。

この調査によれば 2014 年のワイヤレス充電対応機器数は 2010 年の 70 倍近くの規模に膨れ上がることが予想されているが，その前提として充電方式の標準化が挙げられている。上記の「正のスパイラル」に入ることができれば，この予測もかなり現実性を帯びてくるだろう。

2.4　結果から手段を導く

WPC のビジョンである，「いつでも，どこでも，どんなデバイスでも簡単に充電が可能な環境の実現」を具現化するため，今回の標準化作業は「結果から手段を導き出す手法」を用いた。具体的手順としては，最初に「WPC 規格準拠製品のあるべき姿」を定義し，それを実現するための仕様書（＝標準規格書）を策定するという流れである。その「あるべき姿」が製品要求書であり，規格策定に携わるメンバー全社で策定・合意し，その製品要求書に対して極力矛盾が生じないような標準規格書の策定を行う。ただし，実際の規格を作っていく過程で矛盾点や，実現が極めて困難な内容が露呈してきた場合には，最高決議機関である Steering Group で議論，検討し製品要求書の内容変更も可能である。

2.5　規格策定のバイブル

上記の「あるべき姿」を定義する製品要求書では，標準規格書で定める必要のある最低限の要求事項が網羅されている。規格準拠製品同士の動作互換性は最も基本的な用件の一つだが，同時にユーザーが快適かつ安心して製品を利用できるための利便性，安全性，信頼性，経済性に関する内容も含まれている。

製品要求書の項目は多岐に渡るが表現は抽象的かつコンセプト的なものとなっている。換言すれば，製品要求書は標準規格書で定めるべき項目とガイドラインについて言及しており，それらに応じた具体的内容を規格書上に記述する段階でその妥当性を検証するためのバイブル的な役割を担っている。

3　ワイヤレスパワーコンソーシアム（WPC）について

3.1　WPC の組織

上記ビジョンで謳うユニバーサルな充電環境を実現するためには，業界を超えたメンバー構成と組織（図 4）が必要である。2010 年 12 月現在の総メンバー数は 68 社となっており，業界も携帯電話，半導体，バッテリー，電源・充電器，アクセサリー，各種電子機器，ワイヤレス給電開発，素材メーカー等，多岐にわたっている。

WPC はレギュラー，アソシエイト 2 種類のメンバーシップを持つが，現在の所，上部組織の SG と規格の策定を行う LPWG（Volume-1 の Low Power 規格を担当），MPWG（Volume-2 の Mid Power 規格を担当），およびその下部組織である CCT（Compliance & Compatibility Test）サブグループ，また各種レギュレーションの検討グループ（RWG）とロゴライセンスについての取り決めを行うグループ（LLWG）はレギュラーメンバーで構成されている。

また，全てのメンバーは規格書をドラフト段階から入手することによりプロトタイプを制作し，それらを約 6 週間毎に開催されるラウンドロビンテスト（組合せ動作確認試験）やプリコンプラ

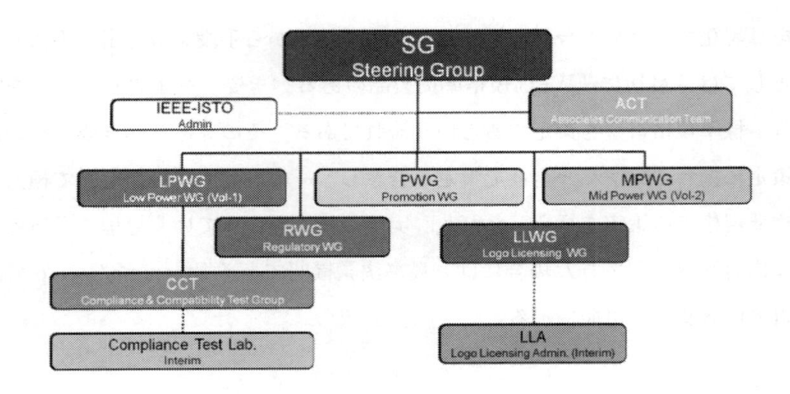

図4　WPC の組織図（2010 年 11 月現在）

図5　WPC 規格のロゴ“qi”（チー）

イアンステスト（規格準拠確認試験）に持ち寄って各社の充電器，携帯デバイスと動作試験を行い，個々の互換性を見極めることができる。その結果をもとに設計の修正，改善を施したサンプルで再び確認試験を行い，次第に完成度を上げていくという一連の作業に参加できる。また，PWG によるプローモーション活動も全てのメンバーが参加可能であり，多様な業界・地域をカバーし，実ビジネスを見据えた周知活動も WPC 規格普及の推進には欠かせない要素となっている。

3.2　WPC 規格のロゴ“qi”（チー）

WPC 規格準拠を示すロゴは qi（図 5：中国語で発音はチー，意味は“生命のエネルギー”で日本語の「気」と同義）で，生産，消費の両面で躍進を続ける中国市場を意識したネーミングとなった。

このロゴは規格適合認定試験（コンプライアンステスト：当初は認定テストラボでのみ実施）に合格した製品にのみ表示することができ，ユーザーはこのロゴを充電互換の目印にすると同時に，その製品が効率，省電力，安全性，各種規制（不要輻射，電磁曝露）等の基本要件を満たしている信頼のマークとして認識することができる。

3.3　これまでに発行された規格書

2010年12月現在，WPCから発行された規格書は5W以下の電力を対象としたSystem Description Wireless Power Transfer Volume 1: Low Powerであり，以下の3冊で構成されている。

Part–1: Interface Definition Ver.1.00

Part–2: Performance Requirement Ver.1.00

Part–3: Compliance Testing Ver.1.00

Part–1は4種類の送電器（トランスミッター）の基本的な構成，構造，電気特性等について，更に受電器（レシーバー）の設計要求項目，デバイスの検出から送電に至る4つのフェーズにおける制御信号の順番とタイミング，電力制御のアルゴリズムと負荷変調による通信の規定，等について記述されている。

また，Part–2では後述するパフォーマンスに関する要求および推奨事項，Part–3には規格適合認定試験に関する内容が含まれている。

3.4　ライセンスについて

2010年12月現在，上記規格書のPart–1はWPCのホームページ（http://www.wirelesspowerconsortium.com/）より無料（登録必要）でダウンロードが可能，Part–2およびPart–3についてはWPCメンバーのみアクセス可能となっている。

また，規格適合認定試験についてはWPCと契約を締結したいくつかの指定ラボで実施される予定（2010年12月現在，Philips応用技術研究所が暫定的に対応）だが，将来的に必要性があればセルフテスト（ライセンシー自らテストを行う）の実施も検討する。

ロゴライセンスについては当面WPCメンバーのみが対象となり，ライセンス料は徴収しない。パテントライセンスの方法については未定だが，WPCメンバーが保有する必須特許に関して2014年末日まで，WPC Volume–1規格準拠のレシーバー（一部カテゴリーを除く）についてはロイヤリティを請求しない（その他のレシーバー，トランスミッターに関してはRAND条件でライセンスする）ことで合意している。

4　Volume–1規格の概要

Volume–1規格の基本コンセプトは以下の7つが挙げられる。

①近接電磁誘導方式を採用

②5W程度までの電力伝送を，適切な外径の2次コイルを通じて行う

③電力伝送に使用する周波数はおよそ100～200KHz

④充電器とレシーバーのコイル位置合わせ（カップリング）は，固定位置型，自由位置型の二つをサポートする

⑤シンプルな通信プロトコルを用い，レシーバーが制御権を持つ

⑥レシーバーの設計自由度をできる限り確保する

⑦極めて低い待機電力の実現を目指す

この中から本規格の特徴的な要素として，①近接電磁誘導，④コイル位置合わせ，⑥設計自由度の3点について説明する。

4.1　なぜ近接電磁誘導方式を選んだか？

昨今，ワイヤレス送電，給電技術は電気自動車等の移動体や携帯電話等の携帯端末への簡便な電力供給手段として様々な技術が研究，開発されている。特に移動体への送電は伝送距離がある程度必要であることから，電場・磁場の共鳴を利用する手法が脚光を浴びている。

一方，WPCが今回発行したVolume-1では技術的には成熟している近接電磁誘導方式を採用している。これを採用した主な理由は以下である。

①送電効率が高い（送受電コイル間距離がコイル直径の約10分の1で9割以上）

②電磁波の漏れが少ないため身体への影響や他機器への妨害が抑えられる

③技術が成熟しているため必要部品が安価で入手も容易，よって市場への導入スピードが速い

規格の普及に欠かせないのが低コスト化だが，そのために直径4センチ以下の小さなコイルでQ値は100近辺の低い値を想定し，しかもある程度高い伝送効率を得るためには近接電磁誘導方式しかなかったと言うこともできる。

4.2　コイルの位置合わせ（カップリング）

効率に大きく影響するのが送受電コイル間のカップリングである。良好なカップリングを得るためには以下のポイントを考慮する必要がある。

①適切なコイル形状とサイズ（送受電両コイルの形状およびサイズは近い程良い）

②短いコイル間距離（コイル直径のおよそ10分の1以下）

③両コイルのフラットかつ平行な配置

④磁気に影響を与えないシールド材の採用

⑤最適なコイルの位置合わせ手段（ポジショニング）

最後のポジショニングは固定位置型と自由位置型の二つに分けられる。

図6　固定位置型（マグネット吸引型）

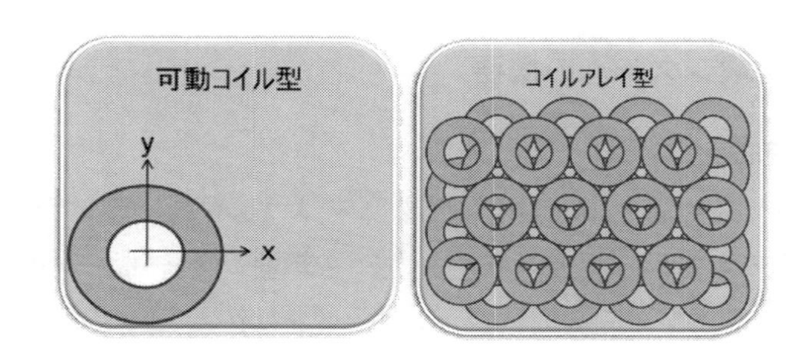

図7　自由位置型（可動コイル型，コイルアレイ型）

前者は充電パッド上でレシーバーを置く位置が決まっており，そのための位置合わせ表示およびガイドが必要である。現在このタイプでPart-1に記載されているものはマグネット吸引型と呼ばれるもので，レシーバーはマグネットあるいはマグネットに吸引されるアトラクターを備える必要がある（図6）。

一方，自由位置型（図7）は基本的に充電パッド上のどの位置にレシーバーを置いても送受電コイルの位置合わせが可能という事だが，現在Part-1に記述されている方法は可動コイル型とコイルアレイ型の2つがある。可動コイル型は送電コイルが二次元平面を移動することによりレシーバーの受電コイルと位置合わせを行う。また，コイルアレイ型はパッド表面下に複数のコイル（多層基盤を利用）を配置することにより，受電コイル付近の送電コイルを適時選択して送電を行う。

4.3　設計自由度と互換性

設計の自由度と製品の動作互換性は互いに相容れないものだが，どちらも規格の存続，発展のためには重要な要素であるため，標準規格を策定する上では特に悩ましい問題である。

設計自由度を制限すると構造やアプリケーションの均一化が図られ動作互換（インターオペラビリティ）の向上に繋がるが，反面フィーチャーでの差別化が難しくなるため魅力的な商品が生まれにくく市場が活性化しにくい。逆に設計自由度を拡大すると市場は活性化するが，送受電デバイスの組み合わせが膨大となり，互換性を維持するのが困難となる。

そこで当初は充電器を数種類の方式に限定し，出来る限りレシーバー側に設計自由度を持たせることとした。この決定の背後には，今後多種多様な携帯デバイスの市場導入が予想されること，またシステム制御をレシーバーから充電器への一方通行にしたこと，等が挙げられる。つまり充電器の種類を制限することでレシーバー側の設計負担を減らすことができる。これは多品種かつ比較的安価な携帯デバイスにとっては重要な要素と言える。

5　WPC 規格充電システムの概要

5.1　基本システム構成

Volume-1 規格の基本システム構成は下記（図 8）のように表すことができる。同時に複数の携帯デバイスを充電する機能を有する充電器は，其々の携帯デバイスから独立した電力制御（負荷変調による）を行うため個々に通信経路を確保する必要がある。よってインバーターを含めた送電部を複数持つ回路構成となる。

また，充電器から携帯デバイスへの電力伝送は各送電部の電力変換ユニットにて 100～200KHz の交流電力に変換して行われる。携帯デバイス側の電力受容ユニットで受け取られた電力は整流されて出力負荷へと供給される（図 9）。

5.2　送受電部の回路構成と電力の受渡し

電力伝送効率を高めるため，送電部の電力変換ユニット（図 10）の送電コイル（L_p），および電力受容ユニット（図 11）の受電コイル（L_s）には其々直列共振コンデンサ（C_p，C_s）が接続され，上記周波数において効率の良い電力伝送を可能とする定数に設定されている。

送電電力の制御は電圧，周波数あるいはデューティーを変化させて行うが，そのパラメーター

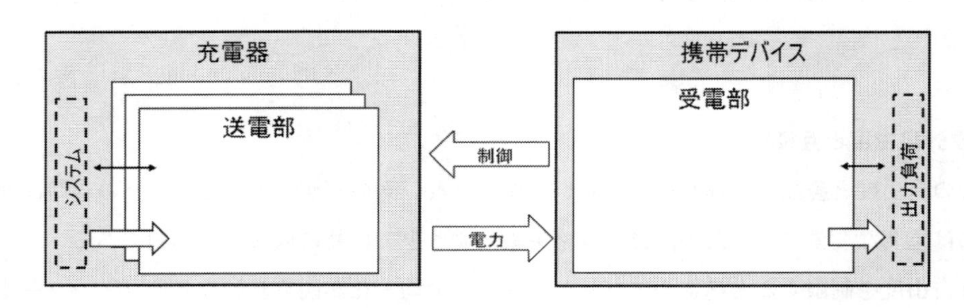

図 8　Volume-1 規格の基本システム構成

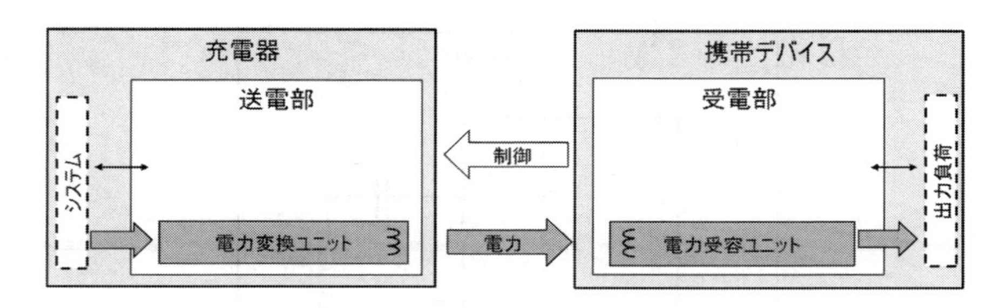

図9　電力変換および受容ユニット

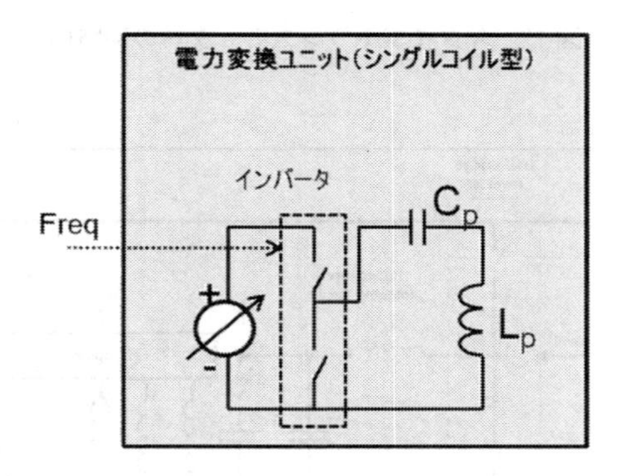

図10　送電部の電力変換ユニット回路構成（シングルコイル型）

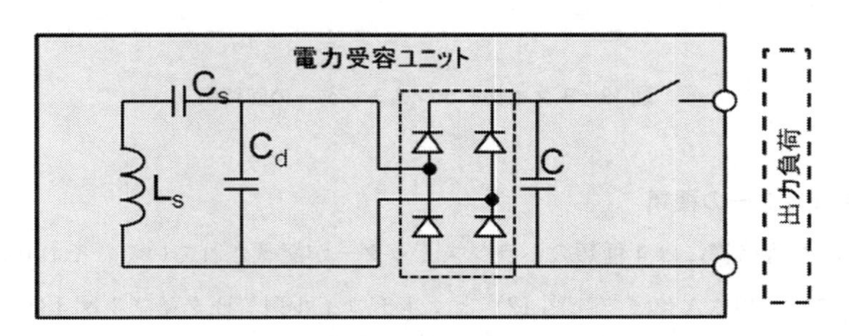

図11　受電部の電力受容ユニット回路構成

の組み合わせはトランスミッターのタイプによって異なる。

また，受電コイル（L_s）を介して受け取られた交流電力はブリッジ整流回路，及び平滑回路により直流に変換され，負荷スイッチを介して出力負荷に導かれる。携帯デバイスの場合，出力負荷はバッテリーである場合が多い。

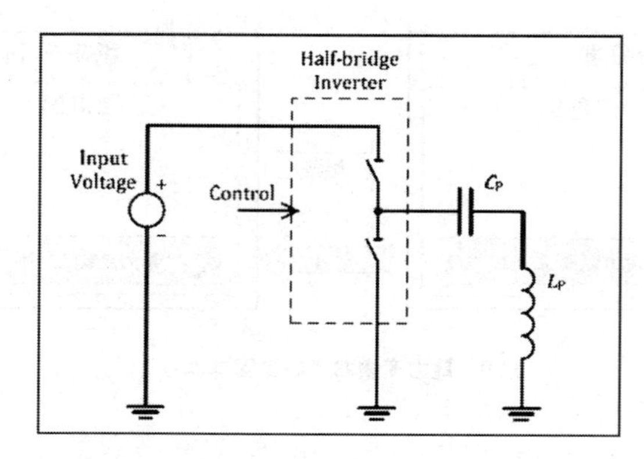

図12　Aタイプトランスミッターの回路例

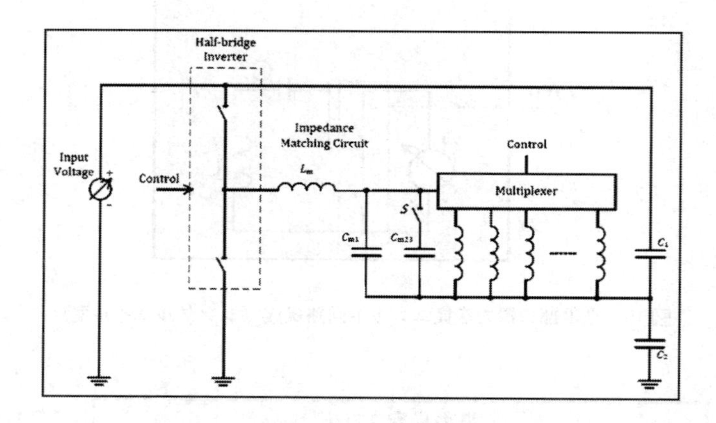

図13　Bタイプトランスミッターの回路例

5.3　トランスミッターの種類

今回発行された規格書には4種類のトランスミッターが記載されている。それらは大きく分けて，シングルコイル型（Aタイプ：図12）とマルチコイル型（Bタイプ：図13）に大別できる。

トランスミッターの設計はこれらの回路構成と全く同じである必要はないが，規格適合認定試験および他のqi規格製品との互換性を満足するためには類似した構成とする必要があるだろう。

5.4　レシーバーの共振回路

レシーバーはトランスミッターからの交流電力を受けとる受電コイル（L_s）に対してシリーズ接続される共振用コンデンサ（C_s）と，パラレル接続されるデバイス検出用コンデンサ（C_d）で共振回路を構成する。C_sは送電効率を向上させるためのもので充電時の共振周波数はおよそ100KHzに設定される。また，L_s，C_sおよびC_dで構成される共振回路の周波数（非充電時）は約

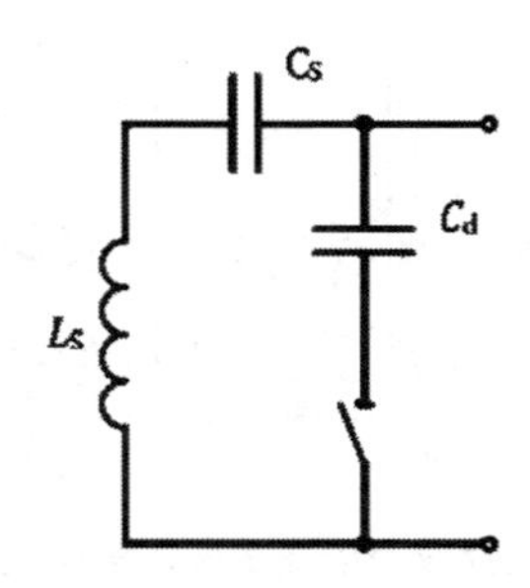

図14　レシーバー受電部の基本回路

1MHzとし，Q値を77以上とすることで共振パルスによるデバイス検出を可能としている（図14）。

6　電力の制御と通信

6.1　電力制御のパラメーターとアルゴリズム

電力制御は，出力負荷が必要とする電力（要求電力）と実際に供給されている電力（現状電力）の差分を制御エラーのメッセージとして送電部に送ることにより実現されている（図15）。

送電部では受電部より受けた制御エラーメッセージを解釈し，そのエラーをゼロに近づけるべく，現状送電電力を確認しながら要求制御ポイントに近づけて行く。

送電部側の制御アルゴリズム自体はPID（Proportional，Integral，Differential）の3つの要素を利用できるものとなっているが，送電部の設計により制御要素の使い分け，あるいは各制御要素に使用するパラメーターを最適な数値に設定できる。

6.2　負荷変調による通信

前述の電力の制御は受電部から送電部への負荷変調による通信によって行われるが，その他の情報（レシーバーのIDやステータス情報）も必要に応じて送出される（図16）。

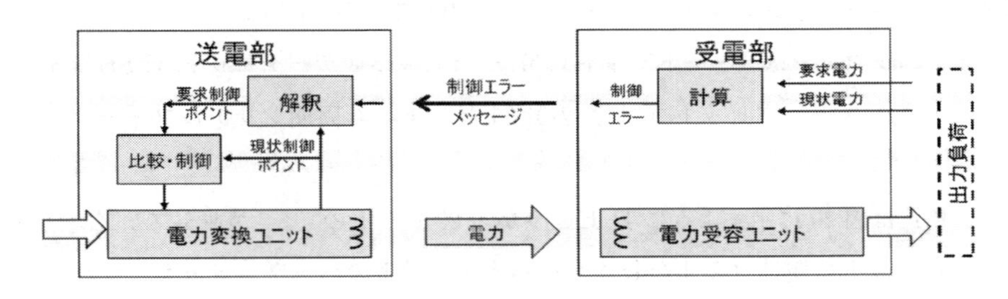

図15　電力制御のパラメーター

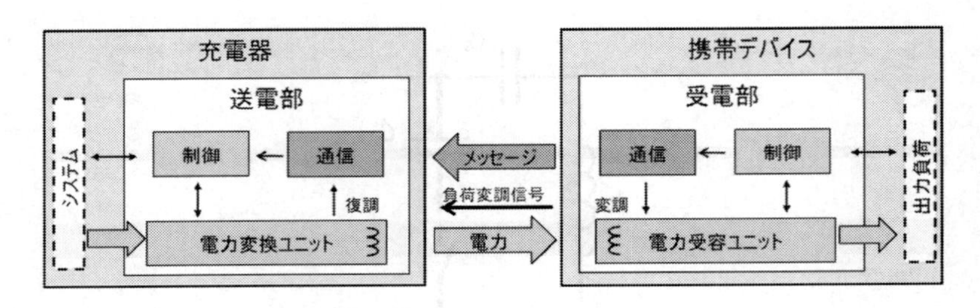

図16　負荷変調によるメッセージの通信

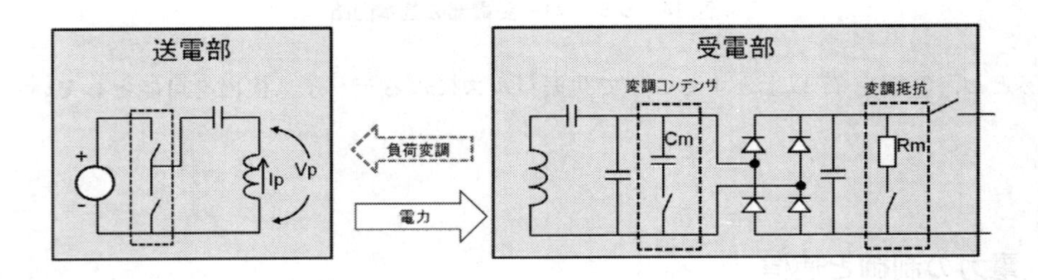

図17　2種類の負荷変調

負荷変調はデジタルピン（後述）と呼ばれる通信の初期段階（レシーバーが検出された後）から使用されるため送電部からレシーバーに電力を供給しながら行うが，この時の初期電圧（オペレーティングポイント）は各トランスミッター毎に定められている。実際の負荷変調・復調はレシーバー内の変調用コンデンサーC_m，あるいは抵抗R_mをオン・オフすることにより，其々トランスミッターの送電コイルに現れる電圧（V_p），あるいは電流（I_p）の変動を検出することで行われる（図17）。

尚，バッテリー等の重い出力負荷が接続されている場合，直流サイドのR_mによる負荷変調信号はバッテリー側に吸収されて通信がうまく行かない場合があるので設計に注意が必要である。

6.3　制御データのエンコーディング

上記負荷変調による電圧，電流の変化は微量であるため，使用する制御データは低速（2KHz），かつ単純なエンコーディング（バイフェーズ）を採用している（図18）。

またバイトエンコードはスタートビット（“0”），8ビットのデータビット（LSBファースト），パリティビット，ストップビット（“1”）の計11ビットの非同期シリアルフォーマットである（図19）。

パケット構造は図20に示すように11ビットから25ビットの“1”が並ぶプリアンブルに続き，メッセージパケットの属性（および長さ）を示す1バイトのヘッダ，メッセージパケット本体（1～27バイト），そして1バイトのチェックサムと続く。

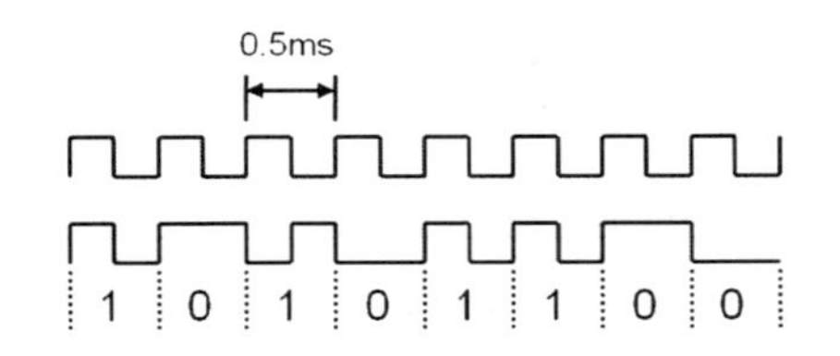

図 18　制御データのエンコーディング

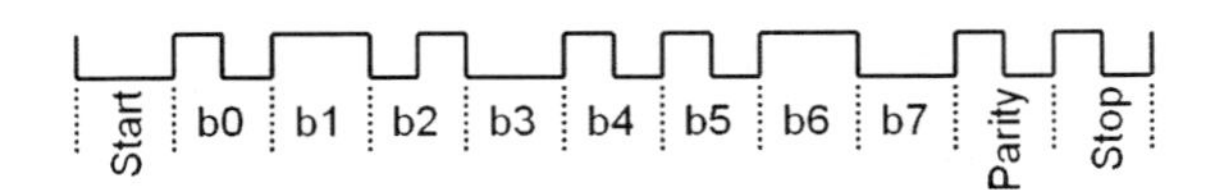

図 19　制御データのバイトエンコード

プリアンブル	ヘッダ	メッセージ	チェックサム

図 20　制御データのパケット構造

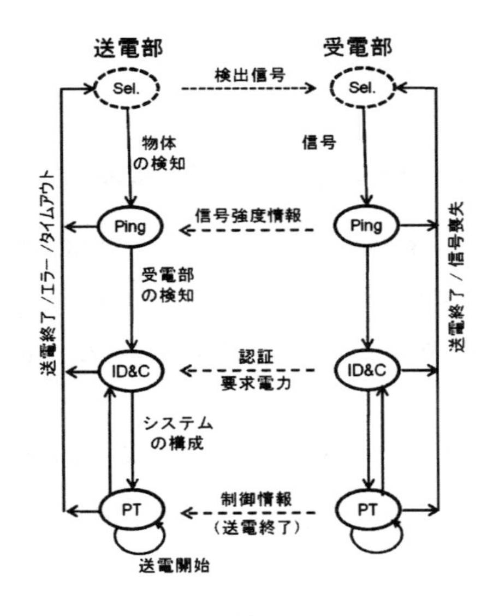

図 21　検出から送電までの 4 つのフェーズ

6.4　4 つの制御ステップ

前記のデータ構造を持った制御データが負荷変調でレシーバーからトランスミッターへ伝えられることによりシステムの制御が行われる。その制御ステップは大きく下記の 4 つのフェーズに分けることができる（図 21）。

（1）　デバイス検出フェーズ（Selection）

（ア）　送電部が物体（携帯デバイスかもしれない）の存在を検出するための信号を発する

（イ） 受電部からの反応を待つ

(2) 反応確認フェーズ（Ping）

（ア） 受電部は上記信号の強度情報を送出する

（イ） 送電部はその情報により qi デバイスの存在を確認する

(3) 認証と構成フェーズ（Identification & Configuration.）

（ア） 受電部は認証と要求電力の情報を送出する

（イ） 送電部は電力送出の構成・準備をする

(4) 電力伝送フェーズ（Power Transfer）

（ア） 受電部は制御情報を送出する

（イ） 送電部は電力の伝送を開始する

これら 4 つのフェーズの間に通信の遮断や不良があった場合にはタイムアウトとなって最初の Selection フェーズへ戻る。また，送電の途中で異常が検出された場合や，レシーバーが充電パッドから取り上げられた場合，あるいは満充電となった場合は何時でも送電を終了して Selection フェーズに戻ることとなっている。

7 「規格書 Part-2」パフォーマンスに関する要求

規格書 Part-2 に記述されているパフォーマンスに関する要求事項は，供給保障電力，システム効率，待機電力，温度上昇，外部磁界耐性，磁界曝露，不要輻射，ユーザーインターフェース等となっているが，この中から遵守事項となっている供給保障電力，温度上昇，ユーザーインターフェースについて解説する。

尚，Part-2，Part-3 に関してはメンバーのみへの公開となっているためここでは具体的な規定数値を示さない。

7.1 供給保障電力

供給保障電力とは，トランスミッターがレシーバーに供給できる最大電力量を意味するが，これはレシーバーの種類およびポジショニング等により異なる。よって規格書のパート 3 に記述されているテストレシーバーの 4 種類の構成に応じたそれぞれの動作保障範囲（整流電圧と負荷電流で表す）において，テストレシーバーが動作し得る必要充分な電力をトランスミッターが供給できる事，となっている。その際，テストレシーバーはトランスミッター上で適切なポジショニングが行われていることが条件となっている。

7.2　温度上昇

トランスミッターの表面温度は，パート3に記述されている専用テストレシーバーを用いて無風状態で一定時間測定し，周囲温度から一定温度以下の上昇に抑える事となっており，更にその半分を推奨目標値としている。この規定値は比較的厳しいものであり，相応の熱設計ノウハウ，放熱への配慮等が必要になってくるだろう。

7.3　ユーザーインターフェース

ワイヤレス充電ではトランスミッター上にレシーバーを置くだけで充電が開始されるため，充電状況をユーザーに的確に明示することが特に重要である。トランスミッター側とレシーバー側での表示要求は下記の様に異なっている。

■　トランスミッター側での表示（一度に複数のレシーバーを充電可能なトランスミッターは其々独立した表示を持つこと）

- レシーバーがトランスミッター上に置かれた後，一定時間内にレシーバー検出の表示
- 充電中か否かの表示
- 充電終了か否かの表示
- エラーが生じた場合の表示（スタンバイ，充電開始，充電中，充電終了時における異常）

■　レシーバー側での表示

- トランスミッター上に置かれた後，一定時間内に充電開始の表示
- 充電終了の表示

8　「規格書 Part-3」規格適合認定試験について

トランスミッターおよびレシーバーの WPC 規格適合認定試験については規格書 Part-3 にすべて記されている。ここでは各試験項目の構成と内容について簡単に触れる。

8.1　認定試験項目の概要

其々の試験項目は次のような構成となっている。

①　規格書に記載されている要求事項

②　必要な試験用機材

③　試験の実施形態

④　試験の手順

⑤　結果の判定

試験内容の詳細については規格書に譲るが，トランスミッターについてはPart-1に記載されている4種類のトランスミッター（A1，A2，B1，B2）の何れかのタイプに該当することが条件となっているため機械的特性のチェックは基本的に行わず，数点の電気的特性（負荷変調，適性動作条件等）のチェックを除けば，殆どが送電中断処理に関係する動作確認試験となっている。このことからも安全性がWPC標準規格の最重要項目であることが判る。また，上記Part-2のパフォーマンスに関する要求事項のチェックも含まれている。

一方，レシーバーのテストは構造面，回路面の要求事項については原則的に自己申告書でのチェックとし，実際の試験は制御情報の内容とやり取りに関する項目が中心となっている。

8.2 規格適合認定試験のプロセスとライセンス製品の販売

WPCメンバーが規格適合認定試験を受けるまでのプロセスは下記のようになっている。

① WPCのウェブサイトより規格書を全てダウンロードする

② 規格に適合した商品のサンプルを試作する。（そのサンプルをWPC会議期間中に開催される組合せ動作確認試験等に持ち寄ってチェックを行うことも可能）

③ テストツールを用いて自社にてPart-3に記述されているテストを実施，あるいはテストラボに規格準拠確認試験を委託する

④ 自己申告用紙（Self Declaration Form）に必要事項を記入する

⑤ WPC認可テストラボに申告用紙と製品サンプルを送付し，規格適合認定試験を受ける

試験に合格すると認可レポート（認可証および測定レポート）がテストラボからメンバーに送付されると同時に，ライセンスエージェントへも連絡される。メンバーはロゴライセンスエージェント（LLA）とアグリーメントを交わしてロゴライセンシーとなり，WPCのウェブサイトに認可製品を登録し，ロゴを付けて販売することができる。

8.3 テストツール

2010年12月現在，WPCメンバー数社からテスト用の標準トランスミッター及びレシーバー，テスト用標準コイル等が入手可能となっている。これらの入手については個別に各社コンタクト先へ問い合わせる必要がある。

9 おわりに

2008年12月に8社で発足したWPCは，1年後の2009年12月には加盟21社，更に1年後の2010年末で68社に達している。このメンバー数の増加はそのまま関連業界のワイヤレス充電に

かける期待感を表していると言って良いだろう。技術的には決して新しくないワイヤレス充電だが，ポータブルデバイス，EV等の新しい潮流の中で，業界内だけでなくユーザーサイドからも必要要件の一つとして要求が高まってきており，これまで私が手掛けてきた技術主導型の規格策定とは全く違った勢いと雰囲気を感じている。

本稿で解説したVolume–1（Low-Power）規格に続き，ノートPCや医療機器，電動工具など120W程度までの中電力機器を対象とした，Volume–2（Mid-Power）の策定が既に始まっている。両規格では対象製品のカテゴリーが異なるため，Mid-Power規格を策定するMPWGのメンバー（＝レギュラーメンバー）も新たに編成された。

両規格間の動作互換については未だWPCとして明確な方向性は示されていないが，個人的にはユーザーの便宜と製品コストの両面を見据え，バランスの取れた結果へ導かれるものと予測している。

その先のVolume–3（High-Power）については，現時点では規格策定の是非さえも論じられていない。これも市場の状況と要求度を考慮しながら方向を定めて行くことになるだろう。

図22　ワイヤレス充電

第13章　電磁界の人体ばく露と人体防護

多氣昌生[*]

1　はじめに

電磁界を利用した技術開発において，電磁界の人体ばく露の評価は欠かすことができない。極端に強力な電磁界にさらされれば，健康に障害を与えることは確かであり，それを避けるための人体防護ガイドラインが作られている。また，ガイドラインに従った規制が各国で行われている。現状では，健康への悪影響の恐れがある機器は限られているが，人体ばく露レベルを正しく評価しておくことは，小さな電力を扱う機器であっても必要であるという認識が国際的に広まっている。ワイヤレス給電は比較的大きな電力を扱うものであり，人体防護の観点からの検討を十分に行うことが，この技術の健全な発展には必要である。

一方で，十分な根拠がないにもかかわらず，電磁界の健康影響への不安を抱かせる書籍が一般向けに出版され，一部の人々の間に不安が広がっている。健康への関心は大切であるが，必要以上に不安を喚起する状況は健全ではない。電磁界を利用した技術は人々の日常生活に無くてはならないものであり，技術者が生体安全性の情報を正しく理解して開発に当たり，利用者の理解を得ることが大切である。本章では，生体影響と人体防護ガイドラインの概要を述べる。

2　電磁界の生体影響

電磁界の生体影響については古くから多くの研究が行われており，しばしばいわれるような，未解明という状況ではない。高周波（>100kHz）においては，生体組織で吸収されるエネルギーによる発熱が原因となる熱作用が支配的である。一方，低周波（<数MHz）では，組織内に誘導される電界が神経や筋細胞の電気生理学的状態に影響を与える刺激作用が支配的である。

熱作用と刺激作用以外の生体作用が存在する可能性を検索する研究は続けられている。多くの研究が行われてきたが，熱や刺激による作用が生じるしきい値以下のばく露レベルでは，生体影響は見つかっていない。しかし，そのような作用がないと証明する方法がないことから，この問題がいつまでも議論され続けている。

＊　Masao Taki　首都大学東京大学院　理工学研究科　電気電子工学専攻　教授

健康影響のメカニズムを仮定すらできないことから，また最終的には人体の健康に関わる問題ということから，現象の観察を基礎とした疫学研究が重視されている。多くの疫学研究が行われた結果，低周波磁界と小児白血病の関連を示唆する研究が多数報告された。しかし，疫学研究では，被験者の選択や，被験者から収集する情報の偏りを排除することが困難という問題がある。結果的に，世界保健機関（WHO）による健康リスク評価[1]において，不確かながら健康リスクの可能性が否定できない，という評価がなされたが，そのような困難を反映していることに注意が必要である。

3　人体防護ガイドラインの動向[2]

人体防護のためのガイドラインの多くは，低周波においては刺激作用，高周波においては熱作用による確立された健康影響から人体を防護することを根拠にしている。WHOの国際電磁界プロジェクトでは，電磁界と健康に関するファクトシートにおいて，熱作用と刺激作用は，再現性がありメカニズムを合理的に説明できる生体作用であり，これらを根拠にしたガイドラインを「科学的な根拠に基づくガイドライン」と位置づけ，これに基づいてばく露の管理を行うよう推奨している。一方，熱や刺激による短期的な影響の現れないレベルでの長期的なばく露による健康影響については，疫学の示唆があっても，ばく露と疾病に因果関係があるという証拠は弱いとし，その可能性を否定はしないものの，未確立の問題については，恣意的に決めた数値で規制することは是認されない，としている[3]。

歴史的には，1960年代のソビエト連邦では，当時の米国のANSI安全規格に比べて電力密度で1000分の1もの厳しいマイクロ波の安全基準があった。厳しい基準値の根拠は，疫学調査の結果などの観察的なデータに基づいて安全基準値を決めるというものであった。すなわち，当時の米国の安全規格や，現在の「科学的根拠に基づくガイドライン」のように，再現性やメカニズムの説明を基礎にしたものではなかった。その後，両者の違いは狭まっているが，現在でも旧ソビエト連邦および旧東欧諸国の安全基準値には，当時の名残による厳しい値がみられる。これらの基準値では，ばく露時間に比例して健康リスクが増加するという考えを採用していることが特徴である。エックス線などの電離放射線が，確率的にがんなどの疾病を長い時間の後に引き起こすことはよく知られている。これを，確率的影響と呼ぶ。非電離性の電磁界（波長が100nm以上の電磁波および電磁界）にはこのような確率的影響の存在は認められていない。

「科学的根拠に基づくガイドライン」としてWHOがファクトシートで例示したのは，国際非電離放射線防護委員会（ICNIRP）によるガイドラインと，米国IEEEの国際電磁安全委員会（ICES）による安全規格（C95.1及びC95.6）である。前者は利害関係者を排除した少人数の委員を中心に中立性を重視し，後者は利害関係者を含めたオープンな議論を通してコンセンサスを形成するアプローチをとっており，その性格は大きく異なる。ガイドラインの数値も周波数によっては大きく異なる場合があるが，根拠とした生体影響に対する考え方は共通である。ICNIRPガイドラインは世界の30カ国以上で実質的に採用されている。IEEEの規格は学術的な考え方では最も進んでいるが，規制等にはあまり利用されていない。

わが国では，1990年に郵政省電気通信技術審議会による電波防護指針（諮問第38号）が答申された。この防護指針は，当時審議中であったIEEEの規格やICNIRPの前身であるIRPA/INIRCの考え方を取り入れつつ，独自に作られた。その後，1997年に一部改定され（諮問第89号），ICNIRPガイドラインに近づく方向に進んでいる。総務省では電波防護指針をICNIRPガイドラインと同等と説明している。

4　規制の動向[2)]

4.1　米国

連邦による規制は，連邦通信委員会（FCC）によるもので，300kHzから100GHzの周波数を用いる通信放送施設および移動通信端末に対して行われている。規制の基準値は，米国放射線防護審議会（NCRP）によるガイダンスを基本に，人体に接近して使用する無線通信端末などに対しては，IEEEの安全規格IEEE C95.1–1991に準拠している。この1991年のIEEE規格では，局所SARの制限値が1g平均で1.6W/kgであり，ICNIRPガイドラインの10g平均で2W/kgという制限値に比べて平均化質量の違いも考慮すると実質的に2倍程度厳しい。IEEE/ICESは2005年にC95.1を大幅に改訂し，局所SARをICNIRPと同じにするなど大幅に修正し，数値的にICNIRPガイドラインに近づいた。しかし，連邦の手続きが困難なため，2005年の安全規格を採用することができない状況が続いている。

低周波の規制は連邦としては行われていない。電力設備などからの電磁界については，州や自治体レベルで規制される場合が多い。自治体レベルでは，非常に厳しい規制が行われている例もある。

4.2　欧州

1999年に欧州理事会は，ICNIRPガイドラインに準拠した制限値により環境の電磁界による公衆のばく露を制限することを求める勧告文書1999/519/ECを発行した。強制力のある指令でなく，勧告である理由は，公衆の環境は指令の対象にならないためである。しかし，欧州連合加盟国の多くは，自発的にICNIRPガイドラインに準拠した規制を行っている。また，この勧告を背景に，欧州連合は，指令の対象とすることのできる製品安全性の要求として低電圧指令および R&TTE（無線及び電気通信端末機器）指令に，機器が ICNIRP ガイドラインのばく露制限値を満たすことを義務づける項目を盛り込んだことから，欧州連合加盟国では ICNIRP ガイドラインによる規制が事実上実施されているといえる。

2004 年に欧州連合は，職場環境における電磁界ばく露に対し，ICNIRP の職業ばく露に対するガイドラインを満たすことを義務づける欧州指令 2004/40/EC を発行した。指令に伴う法規制の制定期限は 2008 年に設定されたが，状況が整わなかったため，法規制の期限は 2012 年に延期された。このように，職場においても ICNIRP ガイドラインに準拠した規制が実施される予定である。

スイス，イタリアなど，欧州のいくつかの国では，「予防原則」のもとで，「科学的な根拠に基づくガイドライン」より 10 分の 1 以下の数値を用いた厳しい規制を行っている。しかし，これは設備から放出する電磁界に対する規制であり，人体ばく露の規制はこれらの国でも欧州勧告である ICNIRP 指針値と同じであることに注意しなければならない。前述の通り，WHO はファクトシートで，未確立の生体影響を仮定して恣意的に定めたこのような規制値を用いることを批判している。

4.3　日本

送電線下の電界については，通商産業省令 第 52 号 電気設備に関する技術基準第 27 条により，3kV/m 以下の規制がある。これは 1976 年に導入されたものである。商用周波電界の規制が非常に早く導入されたのに対し，磁界に対する人体防護のための規制はなかった。諸外国に比べて厳しい電界の規制により，送電線の地上高が高く設計され，結果として磁界も諸外国の事例に比較して小さかったことが背景にある。しかし，2007 年 4 月に，WHO による推奨を受けて，経済産業省原子力安全・保安院が電力安全小委員会に電力設備電磁界対策ワーキンググループを設置し，電力設備から発生する磁界の健康影響の可能性と対策について検討した。その結果，ワーキンググループは ICNIRP ガイドラインに準拠した規制の導入を提言した[4)]。2011 年には規制が施行される予定である。

高周波については，総務省が電波防護指針に基づき，1999 年 10 月から，無線局の開設者に電波防護指針に準拠した安全施設を義務づけ，2002 年 6 月からは携帯電話端末に対し，電波防護指針を満たすことの技術基準適合証明を義務づけている。総務省の電波防護指針は 10kHz から 300GHz をカバーしている。この周波数範囲の電波利用設備，機器は，直接的に規制の対象にならなくても，電波防護指針を満たすことが必要とされる。

高周波の規制は総務省の電波防護指針に基づくが，直接の規制対象となる周波数帯では

ICNIRPガイドラインと整合しているものの，特に30MHz以下の周波数帯や接触電流については，ICNIRPに比べて指針値が高く設定されている。商用周波の規制でICNIRPガイドラインの数値が採用される方向であること，総務省が電波防護指針をICNIRPガイドラインと同等と述べていることから，電波防護指針だけでなく，ICNIRPガイドラインも満たすように考える必要がある。

5 ICNIRPガイドライン[5)]

5.1 時間変化する電界，磁界，電磁界（300GHzまで）へのばく露制限のガイドライン

1998年にICNIRPは300GHzまでのすべての周波数の時間変動電磁界についての人体防護ガイドラインを公表した。商用周波などの低周波を含むガイドラインは米国にはなく，WHOと密接に協力している中立の国際組織によるガイドラインであることから，世界各国で広く利用されている。

ICNIRPガイドラインは，基本制限と参考レベルで構成される。基本制限は，熱作用と定量的に密接な比吸収率（Specific Absorption Rate, SAR [W/kg]）や，刺激作用に密接な体内誘導電流密度などで表された制限値である。但し，SARや体内の電流密度は直接に評価できない物理量であり，波源や環境だけでなく，人体のばく露条件によっても変化するため，電磁環境評価に利用することは簡単でない。そこで，実用的に評価を行うために，電界強度や磁束密度で表現した参考レベルが示されている。参考レベルは，人体と外部電磁界の関係をできるだけ安全側になるように仮定して，基本制限から導出されている。このため，参考レベルを満たさなくても，基本制限が満たされる場合があり，その場合はガイドラインを満たしていると判定される。逆に，参考レベルを満たせば，基本制限を満たしていると見なすことができる。

ICNIRPガイドラインは，一般公衆を対象とした数値と，職業ばく露を対象とした数値の2段階構成になっている。職業ばく露に比べて，公衆に対しては電磁界強度で2～5倍の付加的安全係数が設けられている。

5.2 時間変化する電界および磁界（1Hz–100kHz）へのばく露制限のガイドライン

300GHzまでのガイドラインが発行された1998年は，WHOの国際電磁界プロジェクトが，電磁界の健康リスク評価を1996年に開始した直後であった。その後，低周波のリスク評価が，国際がん研究機関（IARC）による発がん性評価（2002年），WHOによる総合的な健康リスク評価報告である環境保健クライテリア[3)]の発行（2007年）をもって終了した。高周波の健康リスク評価はまだ途上であるものの，低周波のリスク評価を受けてガイドラインの見直しが行われ，

100kHz までの低周波についてのみ，2010 年 12 月に改定ガイドラインが公表された。

新ガイドラインは，WHO によるリスク評価結果を受けて改定されたものであるが，実際にはリスク評価自体に大きな変化はなかった。しかし，商用周波の 50Hz における参考レベルが 100 μT から 200 μT に緩和されるなど，大きな改定がなされた。その根拠は，基本制限の物理量を誘導電流密度から体内電界強度に変更したこと，外部電磁界強度と体内電界とを関係づける生体電磁気学（電磁界ドシメトリという）の最近の進歩によると説明されている。

新ガイドラインでは，周波数範囲を 100kHz までとしているが，指針値は 10MHz まで与えられている。これは，100kHz から 10MHz の周波数範囲で，支配的な生体作用が刺激作用から熱作用に徐々に移行していると考えられ，高周波の制限と低周波の制限の両方が課されるためである。新ガイドラインで指針値は緩和されたが，この周波数範囲については高周波のガイドラインも同時に満たす必要がある。

ICNIRP ガイドラインは，ICNIRP のホームページから，日本語訳を含めてダウンロードできる[5)]。具体的な指針値や根拠については，ガイドラインに詳細に記載されている。

6　測定評価方法

電磁界の人体防護ガイドライン適合性の評価は，簡単ではない場合が多い。電界強度や磁束密度を測定した結果，参考レベルを下回っている場合は，それだけで適合性が示される。しかし，参考レベルは最も安全側の仮定のもとで導かれているため，参考レベルを超える電磁界強度が計測されるケースは少なくない。より正確に基本制限を用いて評価することは，一般には非常に困難である。このため，実用的な測定評価方法の標準化が必要とされた。

1999 年に欧州理事会が電磁界ばく露からの公衆の防護を勧告したことを契機に，欧州電気標準会議（CENELEC）では測定評価方法に関する一連の欧州規格の審議を開始した。しかし，携帯電話端末のように国際的に流通する機器が対象となることから，欧州の地域標準でなく，国際電気標準会議（IEC）において国際標準規格を整備することになり，TC106「人体ばく露に関する電界，磁界，電磁界の評価方法」が設置された[6)]。

TC106 では，携帯電話などの移動無線端末による SAR の評価方法や，盗難防止装置などの短距離電磁界利用機器，家電製品，商用周波電力設備からの電磁界など，さまざまな測定評価方法に関する国際標準を発行している。

7　ワイヤレス給電における生体電磁環境

ワイヤレス給電技術においても，人体防護は重要な課題である。いくつかの留意点を以下に挙げる。

(1) 近傍電磁界による局所ばく露

宇宙太陽発電衛星（SSPS）のように遠方の空間への伝送を目的とする場合は例外として，ワイヤレス給電での送受電間距離は波長に比べて比較的小さい。したがって，装置近傍での漏れ電磁界による人体ばく露が想定される。この場合，電界強度や磁束密度で表された参考レベルを人体の占める空間で超えていなければ問題ないが，そのような簡易な評価で済まないケースも多いと予想される。

この場合，基本制限に基づく評価が必要になる。ワイヤレス給電を対象にした標準測定法は未開発のため，個別に規定されていない機器を対象にした評価方法規格であるIEC62311を用いるか，研究レベルで行う数値解析やファントムを用いた測定を行う必要がある。

(2) 接触電流

ICNIRPガイドラインを含め，人体防護ガイドラインでは接触電流についての参考レベルが規定されている。接触電流は，電磁界への直接のばく露でなく，電磁界が金属物体等と結合して発生した電位による感電や熱傷を防護するものである。

ワイヤレス給電は，ワイヤレスである以上，接地を前提にしない利用が想定される。このため，機器筐体に誘導された電位による接触電流の問題に注意を払う必要がある。筐体からの漏洩電流については，人体ばく露ガイドラインの他に，機器の電気安全性からの規制もあり，それらを非接地の状況でクリアできるようにすることが必要である。

(3) 医療機器への干渉

人体防護ガイドラインは，ばく露による人体への直接の影響を想定したものであり，人体に植え込んだ医療機器を介しての影響は対象にしていない。ICNIRPガイドラインでは，その目的と範囲の記述において，「金属製人工器官，心臓ペースメーカー，植え込み型除細動器，人工内耳などの医療機器への干渉，影響は，このガイドラインで排除できるわけではない」としている。しかし，体内の微弱な電位を検出して動作する医療機器の誤動作は，大きなリスクになりかねない。

植え込みペースメーカーの一部の機種が，携帯電話端末から15cmの距離で誤動作をおこすことがわかり，不要電波問題協議会（現在の電波環境協議会）が平成9年に「医用電気機器への電波の影響を防止するための携帯電話端末等の使用に関する指針」を策定し，総務省と協力して，新たな無線利用の開発にあわせて毎年度，電磁干渉についての調査を継続している。ワイヤレス給電においても，医療機器に対する電磁干渉について，十分に注意を払う必要がある。

8　おわりに

ワイヤレス給電技術にとって，電磁環境の問題は非常に重要である。ここでは人体ばく露による生体影響の問題を中心に述べたが，人体より電子機器の方が電磁干渉への耐性は低いのが普通である。また，電波は通信や放送にほとんどの帯域が利用されており，それらと共存してエネルギー伝送のために利用できる周波数を確保することは非常に難しい。これらの困難を乗り越えてゆくことが今後の課題である。

文　　献

1）World Health Organization. Environmental Health Criteria 238. Extremely low frequency（ELF）fields. Geneva: World Health Organization; 2007
2）多氣昌生，渡辺聡一，「電磁界の人体曝露に関する防護指針と規制」，保健医療科学，第 56 巻 4 号，特集 電磁界と健康 pp.363–370（2007），http://www.niph.go.jp/kosyu/2007/200756040008.pdf
3）World Health Organization. Electromagnetic fields and public health: exposure to extremely low frequency fields. Fact Sheet No 322. Geneva: World Health Organization; 2007
4）総合資源エネルギー調査会原子力安全・保安部会電力安全小委員会電力設備電磁界対策ワーキンググループ報告書，http://www.meti.go.jp/report/data/g80630bj.html
5）http://www.icnirp.de/
6）多氣昌生，山崎健一，渡辺聡一「IEC/TC106（人体ばく露に関する電界，磁界および電磁界の評価方法）東京会議報告」電機・2009–12，pp.29–32（平成 21 年 12 月）.

第Ⅱ編
電気自動車普及のためのインフラ構築

〈充電インフラ構築および取り組み・サービス〉

第1章　充電インフラ整備の現状と標準化動向

丸田　理*

1　はじめに

EVの普及を促進するためには，充電インフラを整備することで利用者の利便性を確保することが必要である。最終的に利用者の負担につながるインフラ整備費用を最小限に抑えるためには，家庭や事業所のような使用拠点で使用する低コストの普通充電と公共の場所で短時間の補充電を可能にする急速充電をバランスよく整備することが重要である。

2009年から国内で販売されている急速充電器は，チャデモ方式と呼ばれる技術を採用している。同技術は公共インフラとして必要なEVと急速充電器との相互互換性の確保，利用者の安全確保という2つの要件を実現したものである。本章では，チャデモ方式の技術的特長を中心に充電インフラの現状と標準化動向について述べるとともに将来のインフラ整備の最適化に向けた課題について報告する。

2　充電インフラの開発動向

EVは優れた環境性・経済性を有する反面，1充電の走行距離や充電時間に課題があるとされてきた。2009年から国内で販売が開始されたEVは，急速充電を可能にすることでこれらの制約を緩和している。

EVは保管場所にコンセントを設置すれば，夜間など車両を利用しない時間帯で安価に充電でき，ガソリン車のように給油のためにガソリンスタンドまで出かける手間はない。しかしEVは出先で電池残量が少なくなってしまった場合や，もう少し遠くまで出かけたい場合などには，走行途中で補充電が必要になる。そのような場合に，公共の駐車場やガソリンスタンドなどで急速充電が可能であれば，利用者は走行距離の不安から開放され，EVの利用範囲を大幅に拡大することが可能になる。

現在販売されているEVには2つの充電口があり，AC100/200Vによる普通充電に加え，チャデモ方式と呼ぶDCによる急速充電にも対応している。チャデモ方式急速充電器は最大50kW

＊　Osamu Maruta　東京電力㈱　技術開発研究所　電動推進G　主任研究員

図1　急速充電器の設置例

の出力を有しており，5分間で40km程度，10分間で60km程度の走行分が充電できる。

将来，需要の拡大とともに2次電池の価格も低下することが予想されるが，将来，EVはガソリン車と同等の航続距離が実現できるように電池の搭載量を増やすべきであろうか。もし，EVに万が一に備えて余分に電池を積むようになれば，車両コスト増につながることに加え，重量も増えることで電費・性能が低下するという2つのデメリットが生じる。また，最大航続距離よりもっと長い距離を運転したい場合や，充電をし忘れたような場合など，電池の追加だけでは解決できない問題も残る。いずれの場合でも，走行ルートの近くに急速充電器があれば，短時間に必要な分の電気を補充電して走ることが可能である。このように，急速充電器を公共のインフラとして整備することは，EVの利便性を向上させるための必須要件といえる（図1)。

2.1　チャデモ方式の概要

一般に，充電が必要となる製品については，充電器と電池が一体で構成されるか，電池を内蔵する製品と専用の充電器で構成されているが，いずれの場合においても，充電器は充電する電池の特性または充電パターンを内部に記憶し，電池の状態を把握しつつ充電管理を行っている。

しかし，EVは車種毎に異なる電池を内蔵しており，それらの車両全てに対して充電を行う急速充電器にこの方式をそのまま適用すると，車両や搭載電池が追加または変更される度に，それらの電池特性または充電パターンを充電器側に追加する手間が生じ，充電器を管理する上で非常に非効率な運用を強いられる。現在販売されているチャデモ方式対応のEVは，図2に示すように車両ECU（Electric Control Unit）が充電中においても電池状態を常に監視するとともに，その時々の電池状態に応じて充電に必要な電流値を計算し，電流指令値として充電ケーブルに備わる通信線を介して充電器側に通知する。急速充電器は，EVに搭載された電池電圧を検知し，

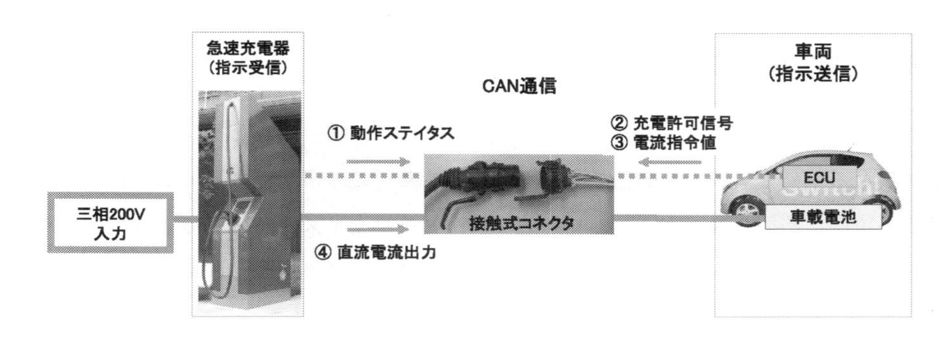

図２　急速充電のしくみ

その電圧に合わせて充電電流が車両からの電流指令値に合うように制御する。この方式の採用により，充電器側では，電池状態の監視やその変化に応じた演算の必要がなくなるため，電池の種類や特性に依存しない汎用性を確保できるとともに，将来の技術革新により電池性能が向上した場合においても，インフラがその導入に対する制約とならないことを保証できるメリットもある。

2.2　安全性確保のしくみ

急速充電器は一般のドライバーが利用することを前提としており，多くの場合無人で運用されることも想定されるため，その安全性の確保，特に感電に対する防護対策が求められる。そのため，急速充電器内部では，出力電流のフィードバック制御を行うための電圧・電流の計測系による過電流・過電圧を監視するとともに，IGBT などのパワエレ素子の温度監視による過熱防止を行い，素子損傷による漏電災害のリスクを低減している。また，充電の都度，利用者が車両への脱着操作を行うために直接触れる充電コネクタ・ケーブルは，破損による感電リスクの低減がきわめて重要である。そこで，充電器内部に絶縁変圧器を設けて入力側の交流系統と出力側の直流系統を分離するとともに，出力側（変圧器二次側）を非接地系としている。これにより，充電ケーブル内にある直流給電線のいずれか一方が地絡する単一故障が発生しても感電災害を防止することができる。さらに，出力電路の地絡を検知する地絡検出器を設置することにより，感電災害に対する安全性の裕度を高めている。

急速充電器と車両間の通信制御インターフェイスには CAN 通信を採用している。CAN 通信は，耐ノイズ性に優れエラー検出能力が高く，通信としての安定性と信頼性が高いことから車載制御機器の分散型ネットワークとして最も広く使われている技術である。本来 CAN は自動車の高機能化や制御機器数の増加などの問題に対応するための分散制御型ネットワークであるが，急速充電時には安全性を最優先するため，ゲートウェイで他の車載機器とは分離し，充電制御 ECU と充電器側の制御ユニットが１対１で通信を行うようにしている。

3　充電方式の標準化動向

急速充電器を公共のインフラとして普及させるためには，統一されたインターフェイスを用意し，かつ異なる車種であっても問題なく充電ができる共通の通信基盤を提供する必要がある。具体的には，車両に接続するコネクタの物理的なインターフェイスと，前項で述べた充電方式を実現するための通信プロトコルのソフトウェアインターフェイスの2つを統一することが必要である。

急速充電に係るこれらの日本国内の規格については，1990年代に旧日本電動車両協会（現日本自動車研究所（JARI））で制定されており，図3に示すコネクタ等の物理的なインターフェイスは，この仕様を採用している。また，通信プロトコルについては，旧規格をベースとしつつ，充電器の設計方針の違い等を考慮して，東京電力㈱が中心となり，自動車会社，電源機器メーカーなどとともに，次のような拡張を加えた内容となっている。

第1に，安全確保のためのデータ項目追加が行われている。通信プロトコルには，車両および充電器の仕様情報や車両からの電流指令値などのデータ通信に加え，充電の開始・実施・停止の各段階における双方のステータスを通知し合って安全かつ確実に充電を行うための制御シーケンスが含まれる。

第2に，種類が異なるEV，急速充電器の相互接続が正しく行われるためのシーケンス定義が行われている。充電を安全に開始，終了するためには，充電器および車両の双方において，それぞれの設計に応じた各種確認，検証作業が充電の都度必要となるが，設計内容は車両毎または充電器毎に異なることから，一方の処理が想定を超えた時間継続すると，制御シーケンスが不成立

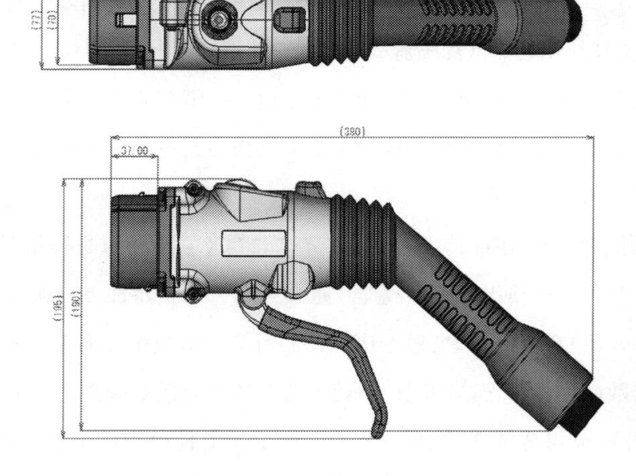

図3　急速充電コネクタ

となり，充電できない場合が生じうる。これを防ぐためには，双方のハードウェアの基本要件を規定した上で，詳細な制御シーケンスを定める必要がある。新規格においては，充電の開始，停止における各ステップの待ち時間や実施事項などを全て明確にした上で，ステータス確認のシェークハンドが確実に機能するよう仕様を規定している。これらを通常動作の場合に加えて，異常発生の場合も明確にすることで，あらゆる動作条件において，安全かつ確実な充電動作を実現している。

このような日本の規格（チャデモ方式）はJARI案としてSAE（米国自動車技術会）やIEC（国際電気標準会議）に提案され，技術的な完成度の高さ，安全性確保の方式については一定の理解が進みつつあるが，コネクタの仕様や認証・課金などの拡張仕様については，さまざまな対抗案が提案されている。

3.1　米国の状況

米国では，ベンチャー企業であるテスラモーターズ社から大容量の電池を搭載したEVがすでに販売されていたこともあり，急速充電の規格についての議論は開始されていた。当初SAEでは，電池搭載量を50kWh程度と想定し，急速充電の出力は200kWの規格が必要という意見が主流であった。しかし，そのような大容量出力を実現するためには，ケーブルやコネクタが大型化し，一般の利用者，特にお年寄りや女性が容易に扱えなくなること，また，インフラを整備する段階で系統の負荷が大きく，配電設備の増強が必要になることなども指摘され，日本提案の50kW程度を上限とする案が充電時間と設備規模・コストのバランスが考慮されていると理解されるようになった。

最近では，GM，Fordを中心とする自動車会社から，ACの普通充電用とDCの急速充電用コネクタを一体化したコンボ・コネクタが提案されている。GM, FordはEVのDC急速充電利用については後発であるが，将来的にプラグインハイブリッド車でも使えるように，車体に空ける穴を最小限に抑えたいとしている。一方，コンボ・コネクタはサイズが大きくなり，かえって車体設計上の自由度を失うという意見もある。

3.2　欧州の状況

欧州ではダイムラー，ルノー，RWEを中心とするe-Mobilityと呼ばれるプロジェクトに参加するグループが三相AC400V配線を充電ポールに立ち上げ，認証課金システムを付加したシステムを提案している。路上駐車が一般的な都市部では，道路に設置した充電ポールでの利用が多いことと，EU電力自由化指令により電力小売が自由化されていることから，充電ポールを共通インフラとして誰もが利用できるようにするには，利用者の認証，決済を行うローミング機能が必要であることを主な根拠としている。同グループからは，システムの通信手段として PLC (Power Line Communication) を採用することが提案されているが，高速・低速の選択や規格化の範囲で意見が統一されていない。

AC 充電方式は，IEC 61851–22 で議論が進められている。ここでの標準化議論の対象は充電コネクタで，IEC では，YAZAKI (SAE J1772) のほかに，MENNEKES，SCAME の欧州案が提案され，e-Mobility 参加グループは最大 44kW までの充電が可能な MENNEKES 案を支持している。これに対し，フランスの電力会社を中心とするグループからは，より小容量で壁側の浸水について配慮された SCAME が提案されている。この調整のため，欧州委員会は標準規格議論の場を CEN-CENELEC に移す命令を出した。DC 充電は，IEC61851–23 を 2010 年 7 月に立ち上げ，日本提案を中心に議論が開始されている。

3.3 中国の状況

中国では，EV を国家的に推進する政策が発表されており，規格の標準化に先行して地方政府などの主導で充電インフラを整備しようとする動きが盛り上がっている。中国政府としては，IEC などの国際規格の標準化を踏まえて整備を行いたいという目論見があったが，国内での小規模自動車メーカーの乱立，海外メーカーの量産開始で，政府が主導権を持たないまま市場が先行してしまうという状況からインフラ整備を開始せざるを得ない状況にある。

中国における標準規格の提案主体としては，CATARC（中国自動車技術研究センター）と国家電網の 2 つがあげられる。当初，中国政府の指示で CATARC が，車両・急速充電規格のドラフト案を作成し，議論を進めてきたが，2010 年 8 月時点で結論を見ていない。一方，国家電網は，配電網の高度自動化や再生可能エネルギーの導入を主体とするスマートグリッドの導入計画の一環として，大規模な充電インフラ整備を発表している。このような状況から，今後，各地のスマートグリッドの整備計画に合わせ，国家電網を中心にインフラ主導で標準化が進むとみる向きも多い。

4 充電インフラのあり方

EV，プラグインハイブリッド車（PHV）が本格的に普及するためには，充電インフラ整備が必須であることは共通の認識になっているが，利用者の利便性を最大化することと，インフラ整備にかかる全体コストを最小化することは，互いに背反する命題であり，これをどのようにバランスさせるかは，技術要件，経済性，電力系統との調和など，さまざまな評価軸から総合的に評価されなければならない。

PHV は電池残量が少なくなってもエンジンで走行できるため，急速充電を必要としない。保管場所や目的地などの駐車場で充電可能なコンセントさえあれば，EV モードでの走行比率を大きくすることができる。したがって低コストでできるだけ多くの充電箇所を増やすことが，経済性，環境性の両面でメリットにつながる。

一方，EV のためのインフラは，普通充電と急速充電の 2 つの充電方式のバランスを最適化することが必要である。急速充電器には EV と同様，2009 年の販売開始から国の購入補助金制度が適用されており，2010 年 11 月までの設置箇所は，高速道路のパーキングエリアや大規模商業施設の駐車場，ガソリンスタンド，地方公共団体の施設など，全国で 300 箇所以上にも達している。

急速充電器は短時間に充電できる，きわめて高い利便性を持つ反面，装置価格が 200 万～300 万円程度かかる上，100 万円単位で設置費用も必要になる。ただし急速充電器は，補充電を行うことが主目的であるため，EV100～200 台あたりに 1 台程度の割合でも，幹線道路などの要所に適切に配置することで，公共インフラとして十分に機能すると考えられる。一方，ほぼ毎日使用する普通充電は，EV1 台ごとに必要なので，可能な限り既存設備を活用し，低コストで整備できることを最優先に考えなければならない。今後，EV の普及に合わせて必要となる充電インフラ整備の社会コストを最小化するためには，普通充電と急速充電の特長を活かしバランス良く整備することが重要である。

EV が本格普及するためには，今後，公共インフラとしての急速充電器の設置コストを誰が負担すべきかを考えなければならない。急速充電は，利用者にとって非常に付加価値の高いサービスなので，充電 1 回当たりのサービス料金を高く設定し，単体ビジネスとして成立する可能性も考えられる。しかし，急速充電器は，EV がたくさん走っている市街地にだけあればいいわけではない。EV 利用者の航続距離に対する不安を解消するには，走行中に電池残量が心細くなったとき利用できるように一定の距離の範囲に存在していることが必要である。その意味では，1 年に数回しか利用されない充電器の存在価値も，毎日数回利用される充電器も等しく初期投資の回収機会が与えられなければ配置の適正化は実現されないことになる。これまで急速充電器設置は，公的な補助事業や企業の CSR の一環として，EV の普及に先行して行われてきたが，将来的に EV を数百万台のレベルで普及させていくには，ユーザーが広く薄く費用を負担し，充電インフラを整備・維持するビジネスモデルを創生していくことが今後の重要な課題であると考えられる。

5　充電電力需要の影響

EV，PHV が大量に導入された場合に必要となる電力需要が系統に与えるインパクト，すなわち，充電電力が増加することにより送配電設備や発電設備の増強が必要になるのでは，というマイナス面を危惧する意見がある。経済産業省の「次世代自動車戦略 2010」では，2030 年の乗用車新車販売台数に占める EV，PHV の割合（政府目標）を 20～30%としている。年間国内乗用車販売台数は約 400 万台，2030 年時点での EV，PHV 累計販売台数（ストック）を 1,000 万台と仮定し，2030 年時点の電力需要を計算する。

年間の充電電力需要は，EV，PHV1 台当たりの平均年間走行距離を 1 万 km，EV，PHV をすべて合わせた EV モードの走行比率を 80%，電費を 7km/kWh とすると，114 億 kWh になる。これは，2009 年度の国内販売電力量（10 電力計）8,889 億 kWh に対して，約 1%の需要増にあたる。

最大電力需要（kW）への影響は，普通充電と急速充電の 2 つに分けて考えなければならない。ほとんどの車両は，主に昼間の時間帯に走行し，夜間のオフピーク時間帯に充電することが多いと考えられるので，夏季ピーク時間帯である日中午後や冬ピーク時間帯の朝夕での普通充電利用率を 5%と仮定する。充電電流を 15A，100V/200V の比率を各 50%とすると，普通充電による電力需要は 113 万 kW と計算される。一方，急速充電は走行中の補充電が主たる目的であるため，むしろ昼間の時間帯での利用が多いと考えられ，需要の大きさは急速充電器の設置台数に比例する。2030 年での全国の急速充電器設置台数を仮に 1 万台，1 台当たりの出力を 50kW，平均時間設備稼働率を 25%とすれば，需要は 13 万 kW である。両者の合計 126 万 kW は 10 電力の最大電力（2001 年発電端）1 億 8 千万 kW に対して，約 0.7%の影響である。

以上のことから，EV，PHV の充電電力需要が電力系統に与える負の影響は小さく，むしろ年間 114 億 kWh の新規需要を夜間に向けることで，オフピークの需要創出につながり，春秋などの季節や休日の需給運用に対してよい影響が期待できる。現在の日本の電力料金メニューには，一般家庭向けの時間帯別料金，および自由化されている高圧以上の需要家向けには 30 分単位の電力量計測に対応するメーターがあり，ピークシフトのインセンティブが制度としてすでに整っている。配電設備の脆弱性から，莫大な税金を投入してスマートメーターを導入しなければならないとの議論がある米国とは異なり，日本の電力系統では充電電力需要の増加が問題になることはないと考えられる。

6　チャデモ協議会の概要

日本では既にチャデモ方式を採用した急速充電器およびそれに対応する EV が販売されており，事実上の業界標準となっている。今後は，更なる普及に向けた技術改良や普及施策を展開するステージに入ると予想されるが，このような普及活動を行う団体として，2010 年 3 月「チャデモ

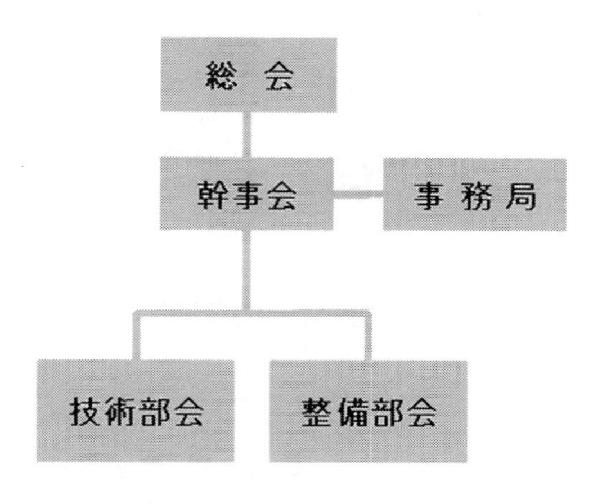

図4　チャデモ協議会

協議会」が設立された。同協議会は，トヨタ，日産，三菱自動車，富士重工，東京電力の5社を設立メンバーとして発足し，海外企業を含め300社を超える企業・団体が参加している。チャデモ協議会の組織体制を図4に示す。

総会は株式会社の株主総会にあたるもので，組織の最高意思決定機関として，会計報告を含む活動報告，活動方針の承認などを行う。

幹事会は会長を補佐し，協議会の運営に関する重要事項および業務の執行に関する事項の決定を行う。幹事会の配下には事務局があり，経理や各種会議の運営などを行っている。

協議会の具体的な活動は，技術部会と整備部会の2つが担っている。

技術部会は，チャデモ方式標準仕様書の維持・改訂を行う組織である。また，急速充電器が標準仕様に準拠しているかどうかの型式認証を行う。チャデモ協議会では，図5のような統一ロゴマークを世界各国に商標登録しており，チャデモ方式準拠の急速充電器の識別マークとして運用している。

整備部会では，業種を超えて充電ビジネスに関わるさまざまな会員企業がこのような問題の解決に向けて協力する場となっている。一例として，急速充電器設置，保守技術に関する会員間の情報共有や普通充電を含む充電インフラ整備普及に関する活動を行っている。すでに急速充電器の位置情報をカーナビなどで提供するための検討や，急速充電器を設置する際の規制のあり方などを行政機関と連携しながら検討を進めている。

また，今後の充電インフラ普及にとって重要な課題のひとつである急速充電器整備にかかるコスト負担の問題についても，整備部会のビジネスモデルWGで急速充電器導入にかかる金融サービス，充電器のメンテナンス，利用者向けのサポート，会員組織化の枠組みなど，新しいビジネスモデルを総合的に検討する作業を設置事業者，メーカー，システムベンダーなど関連するさま

図5　チャデモロゴ・マーク

ざまな会員企業が参加して取り組んでいる。

7　充電インフラの将来像

ガソリン車からEVへシフトすることにより，一次エネルギー換算で4倍以上の効率向上が期待できる。低炭素社会の実現に向け，今後大幅なCO_2排出量削減が求められる中，EV，PHVには運輸部門のCO_2削減方策の切り札として大きな期待が寄せられている。さらに長期的には，太陽光発電などの再生可能エネルギーが大量に連系されたとき，EVの電池を電力系統と連系させるV2HやV2Gにより，電力品質問題の緩和にもつながるなど，EVへの期待は大きい。

将来，再生可能エネルギーが大量に系統に連系された場合，発電出力の不規則性が問題になる。そこで不足する出力調整力を補うためには，火力発電や水力発電などの調整力を持った電源の助けが必要である。これまで日本では，大型の風力発電を系統に連系する前に，発電事業者と電力会社が協議をして計画的に建設を進めてきており，まだ問題は顕在化していない。しかし，CO_2排出量の1990年比25%削減を国際公約として実現するためには，さらに太陽光発電などの大量導入が必要になるため，今後，既存の発電設備では調整力が不足することになる。そのような段階では，太陽光や風力の出力を一時的に抑制する，または，電力系統に調整力として蓄電システムを新たに設置するなどの対策が考えられる。しかし，充放電ロスの少ない2次電池は非常にコストが高いので，今後普及が期待されるEV，PHVの電池を系統につないで安定化対策に活用しようというのがV2Gである。たしかに，一般ユーザーが所有する自動車はいつも走っているわけではなく，自宅の車庫や通勤先の駐車場に停まっている時間がほとんどなので，その空いている時間を有効に活用できれば，再生可能エネルギー連系対策のコストダウンに資する可能性がある。

しかし，V2Gの実現には，所有者にメリットがあるかという点で，重要な問題が見過ごされている。第1にV2Gの実現にかかるコストの問題である。EV，PHVの普通充電用車載充電器は，もっぱら電池に充電することを目的にコンパクトに設計されている。もし，電池から系統側に逆潮するための機能を追加すれば，その分，車両コストが上がることになる。充電器の改良には，単純にインバーターを双方向に使えるようにするだけでなく，系統側に電力を供給するためのノイズ対策などのコストも上積みされる。

第2にEV，PHVの所有者は，電力系統の都合のために自動車を購入するのではない。たとえ空いている時間が結果的に長かったとしても，クルマを使おうと思ったときに電池の残量が半分も残っていないかもしれないという不便さは，EVの購入者にとっては到底受入れられるものではないと考えられる。将来，系統対策のために蓄電池が必要とされる状況が発生するまでには時間がある。CO_2削減という最終目的に対してもっとも費用対効果の高い手段は何か，という視点から，低コストの2次電池を開発する，EVの買い替えサイクルで不要になった電池の2次利用を考えるなど，さまざまな対策との得失を検討することが必要である。

第2章　充電インフラシステムサービス「smart oasis」

岩坪　整*

1　はじめに

低炭素社会実現に向けて，電気自動車（EV）やプラグインハイブリッド車（PHV），その他電動車両（電動バイク，電動アシスト自転車など）の普及が，運輸部門の CO_2 排出を低減する有力な手段のひとつとして，大いに期待を集めている。

しかし，現在量産されている電気自動車の電池性能は，まだ必要十分な走行距離数を実現するには至っていない。そのため，電気自動車の本格的な普及を目指すには，利用者が，いずれの移動先でも，容易に効率よく充電器を利用できるようにサポートし，常につきまとう電池切れの不安から利用者を解放する「充電インフラ」の整備が不可欠となる。

さらに，利用者のためだけではなく，充電器の設置・運営者に対して，各地に配置した各種の充電器を統合管理して，事業として継続的に運営できるようにサポートする環境の提供も「充電インフラ」には重要である。

本稿では，この「充電インフラ」に求められる諸機能と，日本ユニシスでの開発・運用の実績について紹介する。

2　充電インフラシステムサービスとは

2.1　充電器の現状

現在，全国各地に設置されている充電器の多くは，個人認証機能も履歴管理機能も有していないため，誰が，いつ，どれだけ利用したかを把握できずにいる。認証装置や通信装置を搭載していないので，認証情報をセンターに問い合わせたり，利用履歴データを送信したりすることができないのである。

そのため，試行中ということで，無料開放されている例が多い。このような無料サービスは，現在の電気自動車の電池容量が，20kWh 前後であり，満充電したとしても，電気料金がせいぜ

---

*　Sei Iwatsubo　日本ユニシス㈱　エネルギー事業部　営業三部　次世代ビジネスグループ担当課長

い数百円程度なので，許容されているといえる。

しかし，今後，事業として充電サービスを提供するのならば，どのようなビジネスモデルを創造するのか，また，充電インフラのどのような機能が必要であるかを明確にする必要がある。

ここでは，日本ユニシスが提供する，充電インフラシステムサービス「smart oasis」を構成する3つのプラットフォーム①給電スタンド，②通信ネットワーク，③サービス管理システムに基づき，その機能の確認を行なう。

2.2　給電スタンド

2.2.1　充電器の種類

給電スタンドに設置される充電器は，急速・中速・普通充電器の三種類に分類される。急速充電器（50kW）では，三菱自動車の「i-MiEV」を，約30分で80%充電できるのに対して，中速充電器（20kW）では約1時間，普通充電器（200V）では，満充電するのに約7時間を必要とする。いずれの充電器を選択するかは予算・用途・設置場所によって判断される。

急速充電器については，CHAdeMO（チャデモ）協議会で，設置個所拡大と，充電方式の標準化を目的とした活動が活発に進められている。

2.2.2　通信モジュール

従来の充電器には通信装置が搭載されていなかったため，「smart oasis」では，通信モジュールを内蔵した普通充電器を開発して提供している（図1参照)。

通信モジュールには，個人認証のために，FeliCaカード（※1）対応のICカードリーダが付

図1　日本ユニシスの高機能マルチユース充電スタンド設置例
千葉県佐倉市ユーカリが丘ニュータウンでの実証実験
協力：山万株式会社・東京電力株式会社

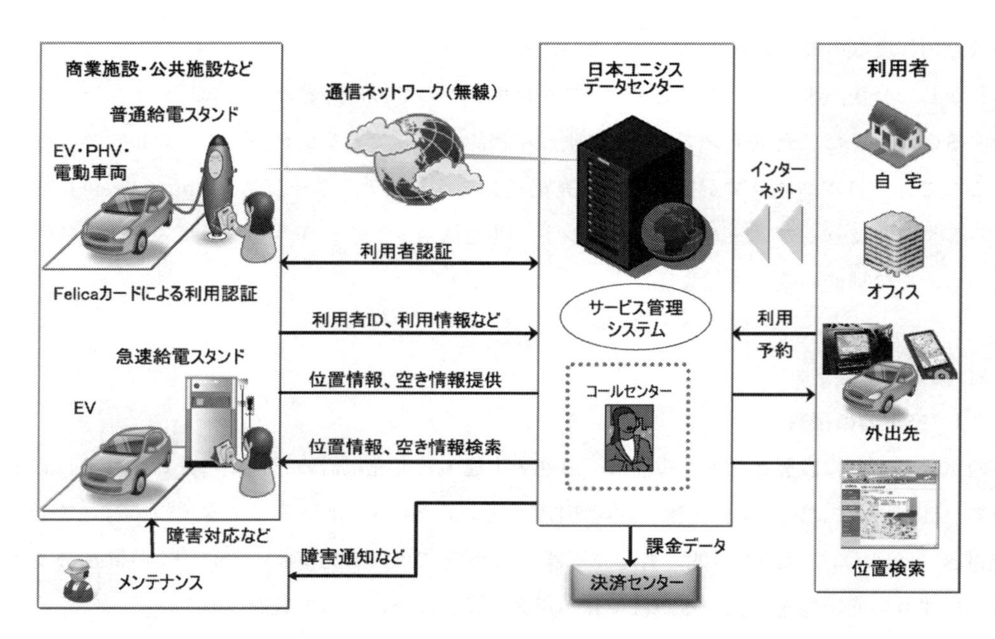

図2　充電インフラシステムサービス「smart oasis」の全体構成イメージ

属している。公共交通サービス事業者などのICカードやおサイフケータイ（※2）を用いての認証を可能とし，利用者が登録済みのICカードをかざすことにより，センターと交信して個人認証が行われる（図2参照）。

※1 「FeliCa」は，ソニー株式会社の登録商標です。
※2 「おサイフケータイ」は，株式会社NTTドコモの登録商標です。

「smart oasis」では，国内の主要な充電器メーカーの製品と，通信モジュールの接続を進めており，特に「おおさか充電インフラネットワーク」の実証実験では，大阪府内19ヶ所に点在する6社8種の充電器（急速・中速・普通）をネットワーク接続し，一元管理することに成功した。これは，世界で初めての試みである（図3参照）。

2.3　通信ネットワーク

「給電スタンド」と「サービス管理システム」との間をつなぐ「通信ネットワーク」は，携帯網やPHS網，無線LAN，小電力無線通信のほか，WiMAX（次世代高速無線通信）などへの対応を予定しており，「給電スタンド」の設置場所に応じた最適な無線通信技術を採用して構築できる。充電器に内蔵または外付けした通信モジュールにより，リアルタイムでセンターと交信して，「サービス管理システム」を利用可能にする。

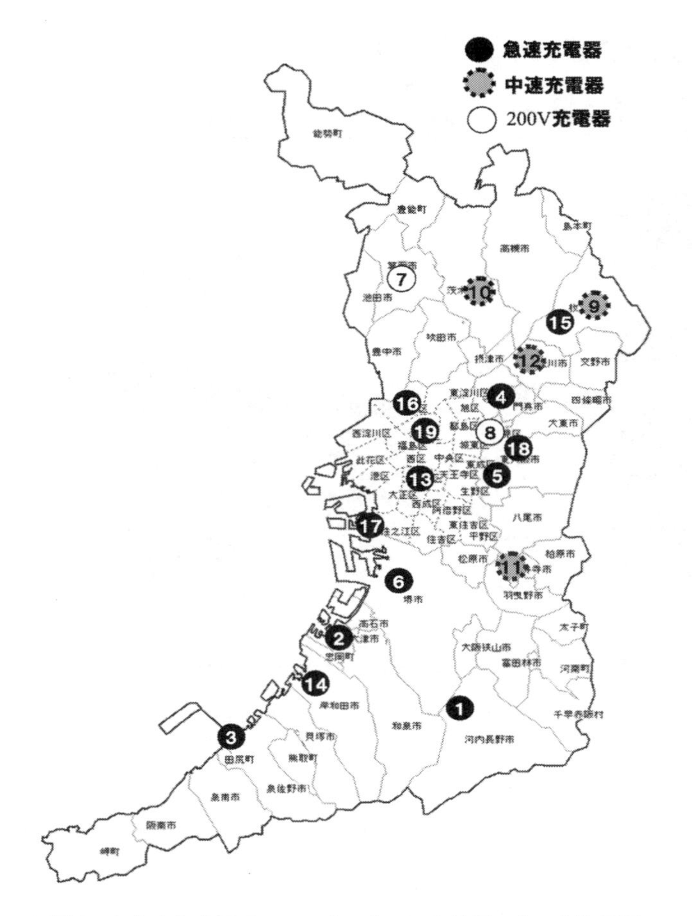

図3　おおさか充電インフラネットワーク給電スタンド設置図

2.4　サービス管理システム

「サービス管理システム」は，日本ユニシスの次世代IDC（Internet Data Center）において構築され，次に示すような多様なアプリケーションサービスの安定した提供を実現する。

2.4.1　「給電スタンド」の利用条件設定

「給電スタンド」の利用可能時間などの利用条件を，設置場所ごと，スタンドごとに変更できる機能を有し，「給電スタンド」を設置する商業施設や公共駐車場のインセンティブ施策などに対応したサービスメニューや利用条件を設定することが可能である。

2.4.2　「給電スタンド」と地図情報の連携

「給電スタンド」の位置とその他の属性情報を地図データと連携させることにより，WEB上の地図検索画面から指定した地域周辺の「給電スタンド」の細かな情報を簡単に確認することができるようになる（図4参照）。

図4 給電スタンドの地図情報

〈主要な属性情報〉

位置情報（緯度・経度），設置充電器種類（急速／普通／中速），設置充電器台数（コンセント数），課金区分（有料／無料），利用条件（会員制／住民限定等），予約の要不要（予約状況），ステータス（満空情報，障害情報）など。

2.4.3 満空情報の提供

「通信ネットワーク」により，リアルタイムで利用者認証や利用データの管理が可能となるため，「給電スタンド」の現時点での空き情報を利用者に提供することができる。現在位置の周辺の空きスタンドだけを検索することも可能となる。

2.4.4 障害検知・障害通知

センターと「給電スタンド」との定期的な交信により障害検知を行い，障害発生時は，関係者への通知や検索画面へ「故障中」の表示を行い，迅速な対応を可能にする。

2.4.5 携帯による予約管理

「おおさか充電インフラネットワーク」の実証実験では，一部の「給電スタンド」を予約制として，携帯電話（docomo，au，SoftBank）を用いた充電器の利用予約や予約状況の照会サービスの試行を行った。携帯電話による充電器予約サービスは，世界初の試みである（図5参照）。

●地図表示画面　●予約情報入力画面

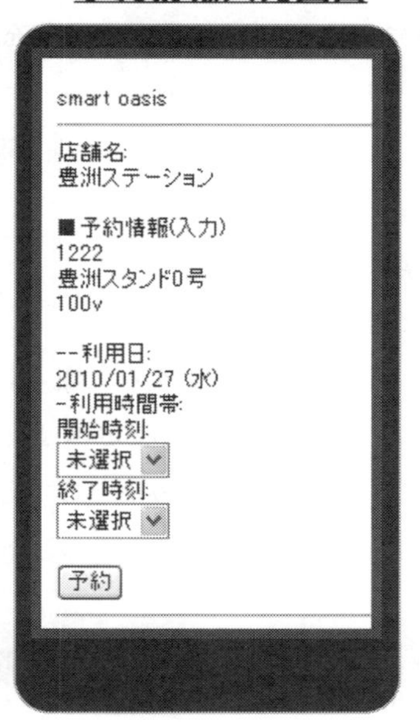

図5　携帯電話からの予約画面例

2.4.6　課金・決済処理

各利用者の利用実績を把握することができるので，この履歴情報をもとに，課金請求を行うことが可能となる。課金ルールは，カーシェアリングなどでの定額制や，回数や利用量による従量制が考えられる。決済方法も含めて事業にあわせた戦略的な仕組みの設定が必要である。

「smart oasis」では，充電の開始・終了・課金の度に通知メールを利用者にリアルタイムに発信することにより，トラブルを未然に防止している。

中日本高速道路㈱（NEXCO中日本），高速道路関連社会貢献協議会（※3）と日本ユニシスとが共同で，2010年4月から，東名高速道路の海老名SAと上郷SAに設置された4台の急速給電スタンドによる「電気自動車用急速充電サービス」への課金・決済サービスの提供を行っている。

このような利用者への課金・決済を行う運用サービスは，日本初の事例である。

利用申込み時に，クレジットカード口座の登録を行い，一回利用する度に，100円が課金され，引き落とされる仕組みになっている。

※3　高速道路関連社会貢献協議会
高速道路をご利用になるお客様への安全性，信頼性の向上や，よりよいサービスの提供などの社会貢献事業を実施する機関で，高速道路の維持修繕業務を実施する73社が中心となり2005年に設立。

2.4.7　コールセンターサービス

東名高速道路における「電気自動車用急速充電サービス」は，日本ユニシスが運営するコールセンターがサポートする。充電器の利用時のサポートや申込時の問合せ対応，また，充電器の故障，トラブル対応などの窓口として24時間365日のサポート体制が整備されている。

2.5　その他の連携

2.5.1　カーナビ連携

日本ユニシスは新日本石油株式会社（現JX日鉱日石エネルギー），NEC，経済産業省・資源エネルギー庁の委託を受けて，ENEOSのサービスステーションを含め，青森市内にある充電器設置場所の位置情報・空き情報をカーナビで把握できるシステムを開発し，「EV・pHVタウン」（※4）の一つである青森県の取り組みとも連携して試験運用を行った（図6参照）。

※4　EV・pHVタウン
経済産業省が選定したEVおよびPHV普及および充電インフラ整備促進モデル事業。選定自治体は，東京・神奈川・青森・新潟・福井・愛知・京都・長崎の8都府県（第一期）。

2.5.2　エコポイントとの連携

青森県のモデル事業では，青森市で試行するCO_2削減への貢献に対するエコポイント・システムと，「smart oasis」による充電インフラネットワークとの連携を行った。EV利用者向けインセンティブとしてエコポイントの付与を行うなど，低炭素社会の実現に向けた新たな社会モデ

#	満空状態	色
1	すべての充電スタンドのすべてのコンセントが空き	緑色
2	使用中コンセントあり且つ空きコンセントあり	黄色
3	すべてのコンセントが使用中	赤色
4	営業時間外	灰色

図6　カーナビによる周辺給電スタンド情報の表示画面

ルを地域ぐるみで構築するためのプラットフォームとして，サービスを拡充した。

3　今後の展開

EV，PHVなどの電動車輌の導入が加速する機運が高まっている中で，給電スタンド事業者と利用者が，双方メリットが得られる統合的な情報インフラとして，充電インフラシステムサービス「smart oasis」を，通信とITの活用でさらに発展させていくことを，日本ユニシスは目指していくものである。

第3章　サービスステーションにおける電気自動車の充電インフラ

鈴木　匠*

1　背景

電気自動車（EV: Electric Vehicle）の普及に伴い，サービスステーション（SS: Service Station）には，EVに対しても，エネルギー供給のための，また，自動車ユーザーの「安心・安全」へのニーズを満たすための社会インフラたることへの期待が高まることが考えられる。

旧新日本石油株式会社（現JX日鉱日石エネルギー㈱）は，2009年度に「次世代自動車に対応したSSのビジネス機会創出と存在価値の明確化」を目標に掲げ，SSに急速充電器を設置し，実際にEVをモニターユーザーに利用してもらいながら，急速充電サービス関連の事業についての知見を得ることを目的とした実証事業を開始した。同年11月から2010年5月までの期間には，経済産業省の「平成21年度電気自動車普及環境整備実証事業（ガソリンスタンド等における充電サービス実証事業）」から受託し，実証活動を行った。実証事業のための急速充電器は東京・神奈川地区を中心に全国22のSSに設置した（モニターユーザー調査実施店17，EVによる有人型カーシェアリングサービス実施店3，その他2，図1）。本稿では，SSがEVの充電を含めた社会インフラとしての役割を担うにあたっての方向性について，その実証事業で得られた知見を中心に紹介することとする。

2　課題

実証事業では，「①SSにおけるEVの急速充電サービスの提供」，「②SSにおけるEVの急速充電中の付加サービスの提供」，「③SSを拠点とした有人型のEVカーシェアリングサービスの提供」を行い，それぞれについて知見を得ることを目指した。

2.1　SSにおけるEVの急速充電サービスの提供

EVの普及に欠かせない要素として，「自宅駐車場に充電設備が無い（集合住宅など)」，「急な

*　Takumi Suzuki　JX日鉱日石エネルギー㈱　小売販売本部　リテール販売部　部長

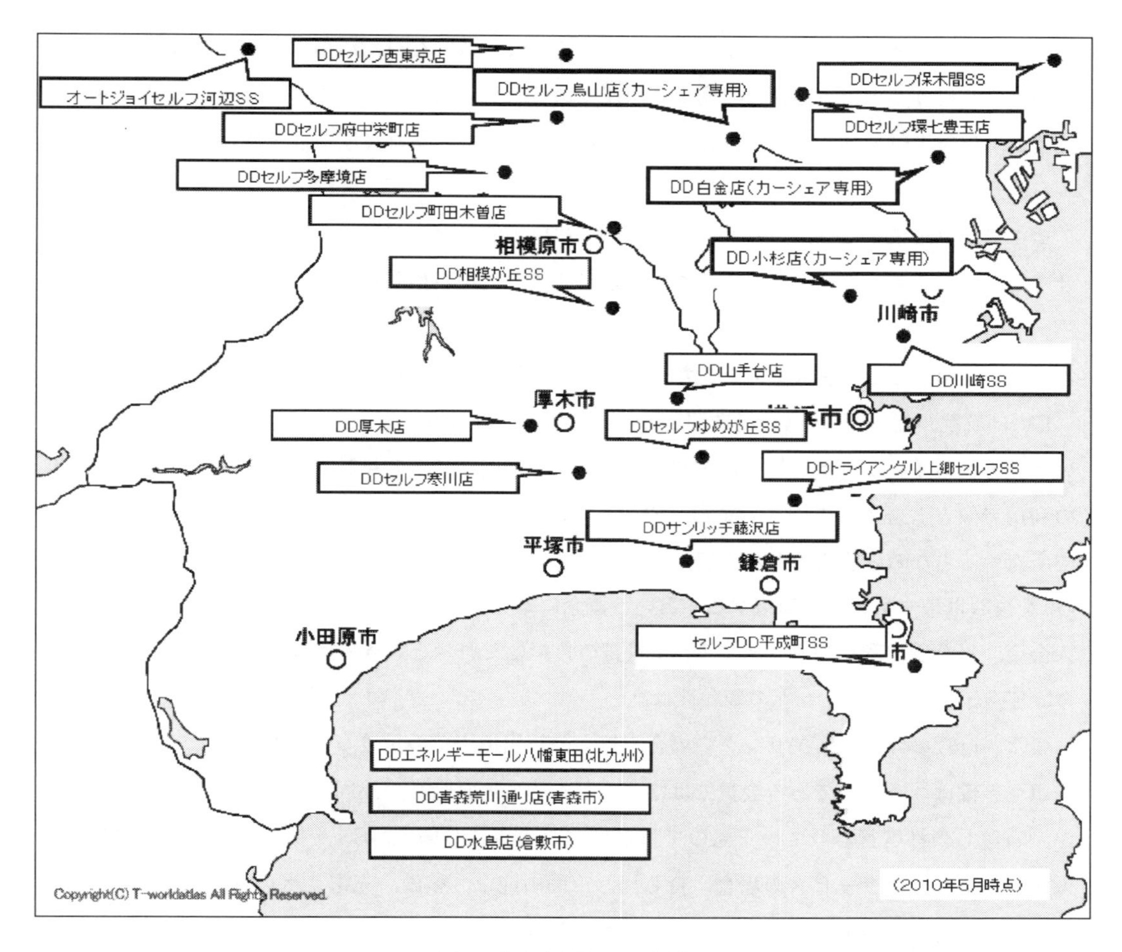

図1　急速充電器設置店舗

外出・想定外の遠出」などの生活シーンに対応するため，自宅以外の充電設備が整備されることが挙げられる。このような充電施設としては，多様な可能性が考えられるものの，これまでの習慣や，自動車に関する付加サービスの提供，立地等を活かした利便性の高い付加サービスの提供といった可能性を考えると，SS に対する期待は大きい。

実証事業では，SS に急速充電器を設置し，モニターユーザーに利用してもらうことを通して，急速充電サービスのニーズや，より受け入れられやすい急速充電サービスの料金体系について明らかにすることを目指した。

2.2　SS における EV の急速充電中の付加サービスの提供

EV の普及にあたり，ユーザーの利便性の点から課題のひとつとして挙げられているのは，外出先等で充電に要する時間である。しかしながら，その時間を有効活用できるような付加サービスの提供を行うことで，利便性の向上が可能であると見られている。また，サービス提供側から見ると，充電と付加サービスの両方の組み合わせによって，新たな収益源を確保する機会とも捉えられる。

そこで，実証事業では，試験的に急速充電中に付加的なサービスを提供し，急速充電中の付加サービスに関するユーザーのニーズを明らかにすることを目指した。

2.3 SSを拠点とした有人型のEVカーシェアリングサービスの提供

EVは航続距離の短さという特性から，市街地での短時間，短距離の利用を中心に普及するという見方がある。これは近年，都市部を中心に普及傾向にある会員制カーシェアリングサービスの利用者像とも合致している。また，EVはガソリン車に比べて価格が割高であり，単独の世帯で所有するとなると購入のための費用負担が大きくなるが，カーシェアリングサービスならば，「車を複数世帯で所有して利用する」という概念に基づくビジネスモデルであることから，通常，入会金，月会費，利用料を含めても，1世帯の負担はそれほど大きくはならずに済む。以上の通り，EVとカーシェアリングの親和性は高い。

また，既存のカーシェアリングの場合，無人の貸出拠点での貸渡しで展開されている。車両の洗車や整備はユーザーである会員ではなく，基本的に運営会社の巡回スタッフに委ねられているが，貸渡しの都度行われているものではない。この点において，SSを拠点とした有人型のEVカーシェアリングサービスの場合，貸し出し車両の洗車，整備，充電サポートをSSスタッフが常に行うことで，顧客満足を高めることが可能と思われる。

そこで実証事業ではSSを拠点とした有人型のEVカーシェアリングサービスを行い，運用上の課題，ユーザーのニーズを把握することを目指した。それを通じて，こういったサービスがユーザーに新しい付加価値として受け入れられ，収入を得る可能性について検討した。

3 モニターユーザー調査

実証事業からの主な知見は，実際にEVおよび急速充電サービスなどを合計45名のモニターユーザーに利用してもらい，その利用実態の分析や，意見の収集を通じて獲得した[注1)]。そのモニターユーザー調査の概要を示す。

注1) SSを拠点とした有人型のEVカーシェアリングの実証事業は，このモニターユーザー調査とは別に行っている。3つのSSを拠点として，それぞれ会員を募った。会員には，無償でサービスを利用してもらった後，利用者を対象としたアンケートや座談会を通して利用実態や意見を収集した。

3.1　モニターユーザー調査のための急速充電器の設置

モニターユーザー調査のための急速充電器は17のSSに設定した。SSの選定にあたっては，EVの航続距離に対する不安をなるべく解消することを想定し，東京・神奈川地区を中心に，ほぼ10km圏に1カ所の割合で急速充電器を設置できるようにした。

3.2　モニターユーザーの設定

モニターユーザーは合計45人設定した。なお，モニターユーザーは，生活圏内に急速充電器を設置するSSがあること，家庭充電が可能であることなどの条件をクリアする候補者のなかから選定した。

3.3　モニターユーザーによる利用

各モニターユーザーには約7週間，EV（三菱自動車i-MiEV）を無償貸渡しし，自家用車として利用してもらい，調査に協力してもらった。最初の約3週間は，充電場所などの制約条件を設けずに，普段の日常生活の中でEV利用および充電を行ってもらった。残りの4週間には，付加サービスの利用や，長距離運転の際の充電など，特定の利用状況を設定し，実際にそのような設定に従って行動してもらった。なお，合計45名のモニターユーザーの合計乗車回数は1,588回，合計充電回数は518回であった。また，合計充電回数のうち，322回（63%）は家庭充電，168回（33%）はSSにおける急速充電であった。

3.4　モニターユーザーからの情報の収集

モニターユーザーからは，ウェブ上でEV利用や充電の状況について「日常のEV利用レポート」を入力してもらうことに加え，モニター開始後3週間後と，モニター終了時に「座談会（グループインタビュー)」を行って，利用状況の報告や意見を収集した。

4　実証事業の成果

4.1　充電インフラのビジネスモデルについて

4.1.1　SSにおけるEVの急速充電サービスの提供

(1)　急速充電サービスのニーズ

今回のモニターユーザー調査では，家庭で行われた充電が6割以上であった一方で，SSにおける急速充電サービスに対するニーズも確認された。モニターユーザーの行動や，モニターユーザーから得られたコメントに基づいて考察を行った結果，SSにおける急速充電サービスに対するニーズを以下の5タイプに整理して捉えることができた。

①出先で必要に迫られて駆け込むという「駆け込み充電」

②急速充電ならでは,「時間短縮充電」

③用足しのついでに行う「補充充電」

④家庭の充電環境が整ってないことによる「家庭代替充電」

⑤SSでの洗車など利用の際に行う「カーケアついで充電」

①出先で必要に迫られて駆け込むという「駆け込み充電」

電池の残量に配慮したEVの利用を行っていても,やや遠出する際には,出先での充電が必要になる。また,利用状況によっては,予想以上に電力を消費してしまうこともある。そのため,遠出の際や,思いがけず電池の残量が減った時などに,SSに駆け込むことが起きると考えられる。

②急速充電ならでは,「時間短縮充電」

多忙な人々には,家庭充電による時間的な損失や,物理的な手間はストレスになる。特に,乗車回数や走行距離が多い場合は,できるだけ効率的に充電をしたいというニーズが生まれる。そのような場合には,急速充電のメリットを感じやすくなる。

また,一部のEVに見られる,残量が少ない時には多くの電力が短時間で入るという充電特性を知ると,例えば,i-MiEVのバッテリー残量を示すメーターの16目盛(16kWh相当)のうち,13目盛(13kWh相当)までをSSの急速充電で行い,残りの3目盛(3kWh相当)を家庭充電で行うというパターンもみられた。これは,家庭での普通充電とSSでの急速充電を併用し,充電時間に対するストレスを軽減しようとする行動であると捉えることができる。

③用足しのついでに行う「補充充電」

常に残量に対する不安があることから,緊急事態ではなくても,買い物などの外出時の走行ルートに充電スポットがあれば,「ついでに充電をしておきたい」という気持ちが生まれる。また,自分の生活スタイルに負担がかからないように,「充電できる時に充電しておきたい」という意識も強い。そのため,買い物や駅への送り迎えなどの際に近くに急速充電器があり,少し時間に余裕があれば,急速充電で補充充電をするという機会が発生する。

④家庭の充電環境が整ってないことによる「家庭代替充電」

家庭の充電環境が整っていない場合には,ブレーカーが落ちてしまうことによって物理的に充電が不可能という場合にとどまらず,「雨の日は家でやりたくない」,「夜間に屋外で充電するのは物騒」と言った理由も含め,自宅よりもSSで充電をした方がはるかに便利で安心であるという観点から,SSでの充電が選ばれることがあった。

⑤SSでの洗車など利用の際に行う「カーケアついで充電」

EVは，ガソリン車と同様に車であることは変わりなく，洗車を中心としたカーケアのニーズは存在する。本格的な洗車をするために，ある程度，時間の余裕を見て来店し，そのついでに充電も行うといったことが考えられる。

(2)　急速充電サービスの料金体系

急速充電サービスの料金体系としては，従量制または月額定額制が支持を集めた。

従量制，すなわち，充電した電力量（kWh）に応じた課金は，ガソリンなどが量（リッター）に応じて課金されていることからなじみやすく，また，充電量が少ないときにも損をしないことから受け入れられやすいものであったと考えられる。ただし，電力量（kWh）当たりで課金を行う場合には，計量法の規制対象に該当し，同法に基づく検定に合格した計量器を用いる必要があると判断されている。

月額定額制はEVの利用，急速充電サービスの利用の都度，費用を気にしなくてよくなることから，ユーザーの利用状況に合った価格水準であれば，支持を獲得できる料金体系であると考えられた。また，従量制では利用の都度，支払などが発生することを想定すると，月額定額制は，その煩雑さから解放される課金体系でもあり得る。

一方で，1回あたりの急速充電サービスの価格水準としては，多くのユーザーにとって，500円程度が受け入れやすい価格水準であることも明らかになった。

急速充電システムの導入費用を考えると，SSとしては500円程度という低い単価の制約にとらわれずに，急速充電サービスによってより高い収益性を上げることが望まれるが，月額定額制は，そういった観点からもより適した料金体系である可能性がある。

急速充電サービス事業においてより高い収益性を確保するためには，1回ごとの急速充電サービスによる価値以外の価値を提供し，収入を得ることが求められるが，月額定額制は，急速充電サービスを比較的頻繁に利用するユーザーが，利用回数の変動による費用の変動を気にすることなく利用できるというメリットを含めて検討をする価値がある。

急速充電サービス事業においてより高い収益性を確保するための別の策としては，同じ1回の急速充電サービスでも，ユーザーが感じる価値が高いタイプの利用に対して，価値に見合った料金を課金することが考えられる。そうした狙いで，月額定額制のサービスを受けないユーザーに対しては，1回の急速充電サービスの価格を高めに設定することが考えられる。月額定額制のサービスを受けないユーザーは，普段はSSでの急速充電サービスを利用しないタイプのユーザーであると考えられる。こうしたユーザーがSSの急速充電サービスを利用するのは，緊急時など，必要性が高い時に限られ，そうした場合にはより高い価格を受け入れることになると思われる。

なお，月額定額制については，モニターユーザーからは，複数のプランから自分にあったプランを選択できること，利用状況の変化に応じて容易に変更できることなどが求められた。したがって，月額定額制の実際の運用にあたっては，こうした点にも十分留意することが重要と思われる。モニターユーザーのコメントでは，月額が，現在のガソリン代や，自宅で充電を行った際の費用と比べて著しく高くない場合などに，月額定額制サービスの利用の意向が示された。より具体的には，モニターユーザーからは現在の平均的な月々のガソリン代以下の金額である5,000円/月程度が受け入れ可能な水準として示された。

4.1.2 SSにおけるEVの急速充電中の付加サービスの提供

急速充電中の付加サービスを「チャージ＆X」と名付け，実験を行ったSSにおいて，以下のメニューを提供した。

①チャージ＆水なし洗車（作業時間約20分間）：水使用が不要の専用スプレー洗車用品を使い，簡易洗車サービスを提供する。

②チャージ＆室内清掃（作業時間約20分）：内窓拭き，マット・シート清掃，掃除機がけ，ダッシュボードなどの清掃を提供する。

③チャージ＆点検（作業時間10分）：タイヤ，補助バッテリー，クーラント，ワイパーブレード，ウインドウォッシャー液の5項目を点検する。

④チャージ＆インフォメーション：充電中にサービスルームに設置したインフォメーション端末を使って，TSUTAYAのクーポンおよび異業種店舗のお得情報を入手できるようにする。

今回の実証事業を通じて，充電中の待ち時間を有効活用することに対するユーザーのニーズは高いことが明らかになった。実証事業では，有償化も想定されるような，洗車，清掃も試験的に無償で提供していたことにより，「時間を有効活用している」というメリットが強く認識されたと思われる。

一方で，急速充電時間を利用した洗車や清掃メニューなどを有償化するにあたっては，それらのサービスの水準に対するユーザーの要求も高くなることが確認された。本実証事業で提供していた内容のものについて言えば，成果の水準および急速充電時間内に終わらせることを徹底した上で，代金を得て，収益事業にすることは困難であると考えられた。

これまでSSが強みを持ってきたカーケア関連以外でも，充電を待っているユーザーに対して，時間を有効活用できると感じられるようなサービスを提供できる可能性がある。実際に，急速充電中のサービスルーム利用率は74%と極めて高く，コーヒーを飲める，マッサージチェアを利用できるなどといった，ちょっとした休憩機能の充実を望む声は強かった。来店するユーザーのタイプ，既存の設備など，個別のSSが置かれた条件も踏まえて，多様な付加サービスの可能性を探っていくべきであると考えている。

4.1.3　SSを拠点とした有人型のEVカーシェアリングサービスの提供

本実証事業で，SSを拠点とした有人型のEVカーシェアリングサービスを提供する中で，次の点が明らかになった。

①環境性を重要視する（ガソリン車よりもEVを好んで選択する）ユーザーは確実に存在する。ただし，ガソリン車より高い利用料金を許容するユーザーはほとんどいない。

②カーシェアリングの拠点としてSSは「有人拠点である」「車の専門家がいる」という強みを持っている。

①については，このサービスを利用したユーザーへのアンケートで，「EVとガソリン車の利用料が同額であればEVを利用したい」というユーザーが38.6%，「EVの方が利用料が高くてもEVを利用したい」というユーザーが3.5%存在し，ガソリン車よりもEVを好んで選択するユーザーが4割程度存在することが確認できた。また，そのようにガソリン車よりもEVを好んで選択するユーザーは，EVの環境負荷が低い点を強く評価していることが確認された。一方でEVであるというだけではガソリン車より高い利用料金を許容するユーザーはほとんどいないということも明らかになっており，車体の価格がガソリン車より高いEVによるカーシェアリングで収益を確保するのは，現状のオペレーションの下では困難であることも明らかになった。

②については，同様にアンケートから，このサービスでは有人拠点であることがユーザーから評価されていることが明らかになった。今後，駐車場などの無人拠点にできないサービスを開発・提供していくことで，カーシェアリングの拠点として更に価値を発揮できると想定される。またコンビニなどの他の有人拠点との比較を考えた場合には，「SSスタッフは車の専門家という安心感」が相対的な強みとして存在していた。これは万が一の際に頼れる存在であることが求められているということであり，またその信頼感をベースにした，ユーザーとの車に関するコミュニケーションという価値も発揮できる可能性があると考えられる。

今後の課題としては，EVにガソリン車より高い利用料金を許容するユーザーはほとんどいないということを踏まえ，事業者側にはEVカーシェアビジネスを採算に乗せるための工夫が必要ということが挙げられる。一例として，チャイルドシートのレンタルや自宅へのEV配送など，「有人拠点」あるいは「車の専門家」だからこそできるサービスを開発し，顧客の獲得や収益性の向上に繋げていくことも重要と考えられる。

4.2　充電設備について

実証事業を通して認識した，急速充電サービス拠点の配置に関する課題について言及する。

当初，急速充電サービス拠点は10km圏内に1箇所あればユーザーが十分に安心して利用できるとの考えに基づいて，モニターユーザー調査を計画した。しかし，実際のモニターユーザー調

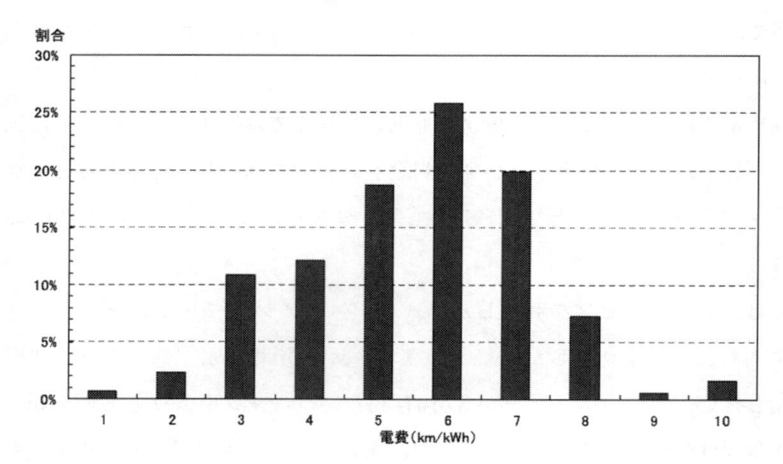

図2　モニターユーザーの電費（km/kWh）の分布

査を通して，より高い密度で配置することで，ユーザーに対してより大きな安心感や利便性を提供できる可能性があることが示唆された。

図2のグラフは，モニターユーザーの電費（km/kWh）の分布を示している[注2)]。

最頻値は6km/kWh台である。これは，「1目盛あたり約5kmの走行可能距離を想定している」という多くのモニターユーザーの感覚ともほぼ一致する。これだと，最寄りの急速充電サービス拠点から5kmのところにいる場合，その拠点に到達するだけで，i-MiEVの充電残量を示す目盛が16目盛中ほぼ1目盛減ってしまうことになる。「8目盛になると不安になる」，「6目盛は危険ゾーンだと考えている」などのコメントに見られるように，モニターユーザーは，電欠を恐れて保守的な利用をしている。それも考慮すると，例えば6目盛以下にならないように利用しているユーザーにとっては，急速充電サービス拠点に到達するだけで，実質的に利用可能な10目盛のうち1目盛を消費することになる。さらに，急速充電による満充電（80%）で13目盛にしてから帰宅することを考えると，帰宅するまでに，実質利用可能な7目盛のうち1目盛を消費してしまうことになる。拠点までの移動で走行可能なキャパシティをこれほど消費することは，ガソリン車での給油では考えられず，ユーザーには大きなストレスになると思われる。電費は，走行の仕方，地形，エアコンの利用などによって影響を受けるが，グラフに現れる通り，そのば

注2）モニターユーザーがEVを利用した日の1日の走行距離（km/kWh）と消費電力量（kWh）から電費（km/kWh）を求め，モニターユーザーによるのべEV利用日数（895日）分のデータを，相対度数のグラフにしている。例えば，5km/kWh以上，6km/kWh未満のデータは「5km/kWh」の階級のデータとしてカウントしている。

らつきも大きいため，その分を考慮すると，心理的にはより大きな消費に感じられる可能性もある。今回のモニターユーザー調査ではモニターユーザーの自宅と最寄りの急速充電サービス拠点までの平均距離は約 8km であった。モニターユーザーの充電回数に占める家庭充電の割合が 6 割以上であったのは，このような要因に拠る影響もあったと考えられる。

この実証事業で明らかになった急速充電サービスのニーズ，特に，「②急速充電ならでは，『時間短縮充電』」や「④家庭の充電環境が整ってないことによる『家庭代替充電』」のように充電そのものを主目的とした充電ニーズを取り込むことを考えると，EV ユーザーの利便性の確保のためには，「10km 圏内に 1 箇所」よりも高い密度での配置が求められると考えられる。

第4章　急速充電器の開発・普及状況

近藤信幸*

電気自動車が社会に浸透してゆくには，ガソリン・エンジン乗用車に給油スタンドが必要なように給電インフラの整備が必須であり，ニワトリが先か卵が先かの議論も取り立たされている。とにもかくにも充電器が普及しなければ電気自動車の時代も開かれてゆかないということになる。

この章では，特に急速充電器の開発とその普及状況について触れてゆくが，先ずは充電器がどの様なものか，そしてその開発に求められる要件，私どもアルバックの急速充電器，普及の為に必要なこと，最後に急速充電器が普及することによって考えてゆかなければならない配電網に対する配慮についてアルバックの考え方を紹介したい。

1　急速充電器

1.1　電気自動車と充電器

充電方式は誘導コイルを使用した非接触充電（Inductive），電線をつないだプラグインによる接触充電（Conductive），予め充電された電池に車載電池を交換する方法等いくつかあるが，現在日本で量産タイプとして位置付けられている電気自動車（ハイブリッド車を除く，i-MiVE やリーフ）は，いずれも家庭やオフィスの 100V または 200V の交流電源にプラグインする普通充電（Normal）及び急速充電器による急速充電（Quick）の双方の機能を備えておりいずれも接触方式によるものである（図 1）。

これらの電気自動車は，その性能と特徴を最大限に引き出す PCU（パワー・コントロール・ユニット）に協調制御 ECU を備えさらに 2 次電池を管理するサブシステム BMS（電池制御装置）を持つ。

BMS は，車載電池（Battery）へのモータ駆動と回生に関わる電力の入出力に加え普通及び急速充電方式による電池への電力供給の管理を行い急速充電器はこの BMS を介して車載電池への充電を行う（図 2）。

---

*　Nobuyuki Kondou　㈱アルバック　カスタマーズサポート事業部　LC グリッド部　設計施工課　課長

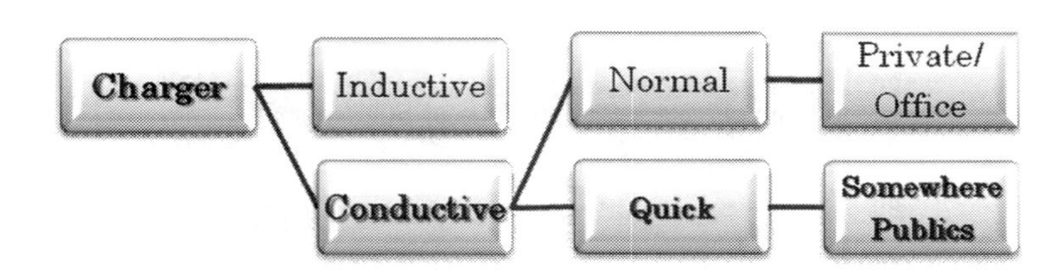

図1　充電方式の分類

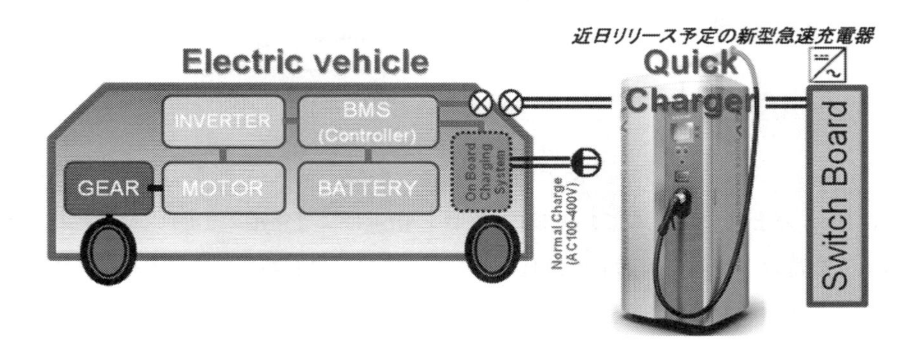

図2　電気自動車と充電器

1.2　急速充電器と車載電池

車載電池である2次電池に関しては，電気自動車の短所と言われている充電時間の長さを如何に短くして行くかが課題の一つであり充電能力の向上が望まれている。電気自動車で使われる2次電池は，古くは鉛蓄電池，ニッケル水素電池を経て現在は，よりエネルギーとパワー密度の高いリチウムイオン電池が主役である。充電能力についてもC（充電）レートが向上し30分程度で安全に充電が出来るようになってきた。これは自動車並びに電池メーカーの努力の賜物であり，各社が凌ぎを削っている技術分野である。リチウムイオン電池に於いては原理上電極材料の選択に自由度があり，これからも様々な製品が世に送り出されることと予想出来る。加えてロッキングチェア型の2次電池は，電解質層が単にイオンの通り道である事より，同じ電極材料であっても製造工程でこの厚みをコントロールすることにより，セルの容量と充放電能力を決めることができ，製造装置の良し悪しが電池の信頼性（電極の短絡等の故障）と性能に影響してくる。

このように，Cレートは電池個別の特性によって決まる値であり，特に短時間で行う急速充電は，それぞれの車載BMSの指示に従った安全な充電が行われなければならない。またリチウムイオン電池は，CCCV充電（定電流/定電圧充電）が一般的であるが，充電率（SOC）によって内部抵抗が変化する為，車載BMSは各パラメータを監視して状態（プリチャージ/定電流制御/定電圧制御/追充電等）を決定し，予め設定された充電電圧と電流を時々刻々と充電器へ指示する（図3）。

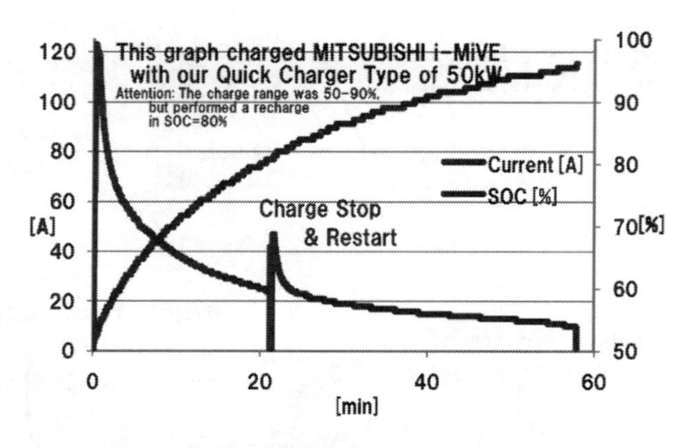

図3　定電圧制御と追充電

加えて，BMSの上位システムであるECU/PCUの指示により電池のDOD（放電深度）が制限される等，充放電は車輌側の制御下で行われ，充電能力は電池自身とその耐久性，パワーコントロールを統合した性能で決まる。

従って急速充電器には，車載BMSの給電指令に従い，自動車並びに電池メーカーの技術を最大限に生かす給電能力が要求されることとなる。

1.3　DCチャージャー（直流給電）

交流電源にプラグインする普通充電（Normal）と急速充電器による急速充電（Quick）の双方が現在の量産型電気自動車には備えられていることを紹介したが，交流電源から車輌に直接給電出来る普通充電は，車載充電コントローラ（Onboard Charging System）が必要となり，急速充電で大きな電力を取り扱うには，相応の電子部品またはコンポーネントを搭載することとなり，現在のパワーエレクトロニクスでは，その容量並びに重量の面で不適切である（50kW容量の急

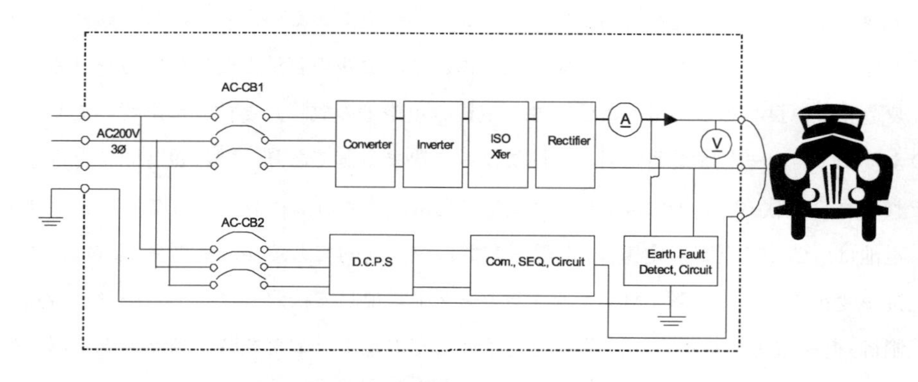

図4　急速充電器の基本ブロック

速充電器の重量 300kg〜)。急速充電に於いては，直流で給電することにより，これらの電子部品とコンポーネントを車輌の外，つまり急速充電器に持たせている（図 4)。

1.4　車輌と充電器間の充電プロトコル

充電器と電気自動車を電気設備として見た場合，下記の観点より今までの電気設備に無い相応の電気・機械的耐力を要する設備と言える。

●大きな電流を消費する高負荷器機

●充電期間中の連続負荷

●使用頻度が高く毎日繰り返し使われる高頻度負荷

●屋外で給電・開閉操作が日常的に行われる屋外負荷

また，前述しているように充電器は車輌から時々刻々と電力指令を受け取らなければならないのでこのデータインターフェースも必要である。

電気自動車が社会に浸透してゆくには，電気自動車と共に相応な電気・機械的耐力を持つ充電インフラの整備が必須であり，これには安全性を十分に考慮した量産車と充電器の充電プロトコルを規定し共通化する必要性が出てくる。電気自動車毎に充電器を専用の充電インフラとして設置して整備を進めてゆくことは不可能である。少なくとも同一の地域では，量産車と充電器との充電プロトコルは規定されるべきであり電気自動車が普及する為には世界標準となるべきである。

現在の日本の量産車は，この充電プロトコルにトヨタ自動車，日産自動車，三菱自動車工業，富士重工業および東京電力の 5 社が幹事として設立した CHAdeMO 協議会が定めた，「電気自動車用急速充電スタンド 標準仕様書 CHAdeMO Rev. 0.9」を使用しており，海外の電気自動車を使用した実証試験でも多く取り入れられている。

2　急速充電器に求められる開発要件

2.1　急速充電器の目的

普通充電は，充電時間はかかるが，急速充電に比べて安価に設備を準備できる。極端な言い方をすれば，電気自動車ユーザの家庭やオフィスのタップからも給電が可能である（詳しくは，経済産業省と国土交通省の「電気自動車・プラグインハイブリッド自動車のための充電設備設置にあたってのガイドブック」を参照)。これに比べ急速充電は短時間で充電を行えるが，専用の設備（急速充電器）と普通充電に比べて高額な設置費用が必要になってくる（図 5)。

これは充電器設計上の性格の違いによるもので，置き換えのできない特徴である為，用途に合わせた設置を要求されることとなる。普通充電は充電に時間がかかっても，より身近な場所に，

図5　充電タイプと特徴

そして急速充電は，自動車の航行の途中で短時間に，可能であれば一定間隔に計画的な設置を公共の財産として設置されることを求められる。急速充電器の設置の目的は，電気自動車の電欠の心配をなくし航行距離を延ばすことである。

2.2　充電プロトコル

電気自動車毎に充電方式が異なっていては，インフラとして整備を進めることができないので，規格にあったプロトコルを採用して充電器を開発することとなる。急速充電で使用されるDCチャージャは，現在CHAdeMO方式しかないが，プロトコルとして取りきめなければならない約束事は大凡下記のようになる。

- 充電ケーブルとコネクタ：コネクタ形状，線芯の構成と用途，電流と電圧定格等
- 操作状態とシーケンス制御：接続，充電準備，充電，異常状態と充電制御の手順，手段
- パラメータとデータ交換方式：通信規格（CAN通信等）と交換するパラメータ，データフォーマット

アルバックは，現在唯一量産車に採用されているCHAdeMO協議会のプロトコルで充電器を開発した（電気自動車用急速充電スタンド 標準仕様書 CHAdeMO Rev. 0.9)。また世界的には下記の標準が開発中または改訂を予定している。

- IEC 61851 (Electric vehicle conductive charging system)
  Part 23: Electric vehicle conductive charging system-d.c. electric vehicle charging station
  Part 24: Control communication protocol between off-board d.c. charger and electric vehicle
- SAE J1772 (SAE Electric Vehicle and Plug in Hybrid Electric Vehicle Conductive Charge Coupler)

2.3　安全への考慮

急速充電器は，自身の安全，耐候性，に加え接続する電気自動車並びに給電をうける配電網への安全を考慮した設計が必要である。参照しなければならない規格は下記のようになる。

- JEVS G105 電気自動車用エコ・ステーション急速充電システムのコネクタ
- JEVS G109 電気自動車用コンダクティブ充電システム（一般要求事項）
- IEC　61851-1 Electric vehicle conductive system
  Part1: General requirement
  Part 21: Electric vehicle conductive charging system-Electric vehicle requirements for conductive connection to an a.c./d.c. supply
- IEC 60068 Environmental Testing
- IEC 60079 Explosive atmospheres
- IEC 60245 Rubber-Insulated Cables
- IEC 60309 Plugs, socket-outlets and couplers for industrial purposes
- IEC 60529 Degrees of protection provided by enclosures (IP Code)
- IEC 60664 Insulation coordination for equipment within low-voltage systems
- IEC 60947 Standards for low-voltage switchgear and control gear
- IEC 60950 Safety of information technology equipment
- IEC 61000 Electromagnetic compatibility (EMC)
- IEC 61140 Protection against electric shock - Common aspects for installation and equipment
- IEC 62196 Plugs and sockets for charging electric vehicles
- IEC 62262 Degrees of protection provided by enclosures for electrical equipment against external mechanical impacts (IK code)
- ISO 6469 Electrically propelled road vehicles - Safety specifications

加えて充電器を使用する地域によってはその地域の安全並びに流通を考慮した規格（UL安全規格，CE指令）への適合を求められる。

3　アルバックの急速充電器

アルバックEV急速充電器（図6）は，太陽光発電などと系統連系し，クリーンエネルギーを使用した電力供給を行うことができる。

容量は25kWと50kWがあり，充電器とスタンドが一体になったタイプのほか，省スペース配置を考慮したスタンド分離型もある。

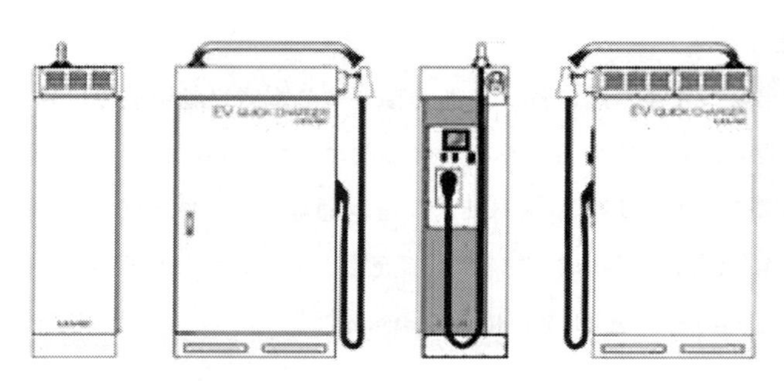

図6　アルバックの急速充電器外観（現行機種）

分類	項目	単位	50kw 仕様	25kw 仕様	備考
制御盤仕様	定格容量	kVA	55	27.5	
	定格電圧	Vac	200-220	200-220	変動幅±10%
	定格電流	Aac	160	80	at200V
	定格周波数	Hz	50/60	50/60	
	相数	Φ	3	3	
	入力力率	%	90	90	(以上)
スタンド仕様	出力容量	kW	50	25	
	定格電圧	Vdc	500	500	
	定格電流	Adc	100 (125Amax)	50 (60Amax)	
	制御電流	Adc	10-125	5-60	
	変換効率	%	90	90	
	コネクタ		JEVS規格品	JEVS規格品	JEVS G 105-1993
	車両通信		CAN通信	CAN通信	
仕様環境	仕様条件	温度	-10-40℃	-10-40℃	
		湿度	95%以下	95%以下	結露なし
		標高	1000m	1000m	

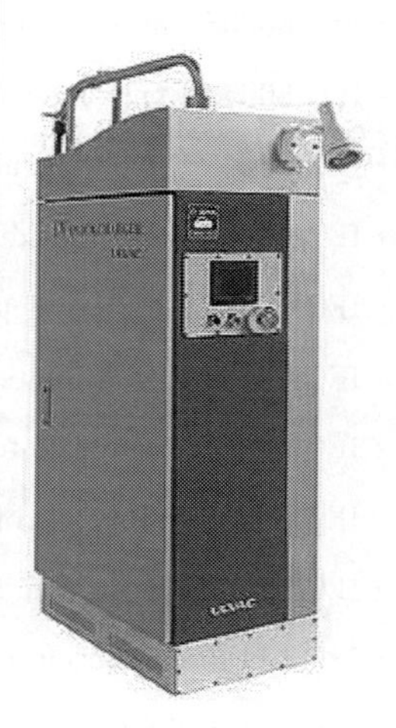

図7　アルバック急速充電器仕様（現行機種）

急速充電器（50kW タイプ）は約 25 分で 80%充電が可能である（図 7)。

4　普及状況と普及の為に

量産タイプ電気自動車は，今年度（平成 23 年 3 月）までに約 10,000 台（リーフの予約台数含む)，対して使用できる CHAdeMO 協議会認定並び協議会の標準仕様書に準拠して設計された急速充電器は，現在（平成 23 年 1 月）500 基程度であり，公開され公共に利用が出来る充電器は 400 基程である。

急速充電器は，普通充電器と比較した特性上，公共の利用が好ましく，また電気自動車の航行距離を延ばすには一定の間隔（走行中の安心感を与える補充電）で配置されるべきである。補充電は，電気自動車の移動中に行われるので待ち時間の少ない利用を望まれることとなるが，電気自動車の使用が増えるにつれて充電器待ちで利用者がフラストレーションを感じるようになると予想される。

急速充電器を公共利用する為には，充電器を設置し運用する所有者が，電気自動車への給電を行うことにより利益を得て，充電器設置へのインセンティブを持てるようにしなければならないが，そのスキームがない。この為，現在の急速充電器は，行政による電気自動車普及や企業のCSRアーピール，店舗への集客目的で設置される場合がほとんどで，無料で充電器を使用し充電を行える状況になっている。

利用者が電欠の心配なく充電待ちのフラストレーションを感じない為には，適当台数の急速充電器を必要な場所に設置し，充電予約等のサービスも必要になってくる。これらの問題を解決しインフラの整備を進める為に充電器の利用者認証の実証試験が盛んに行われるようになった。利用者認証はITを使用したサーバ接続によって行われ，課金や予約サービスがクラウドコンピューティングによって実現されることとなりそうである（図8）。

電気自動車が普及するには，公共の急速充電器を使用する際の課金スキームを確立して，これに伴うサービスを充実させなければならない。

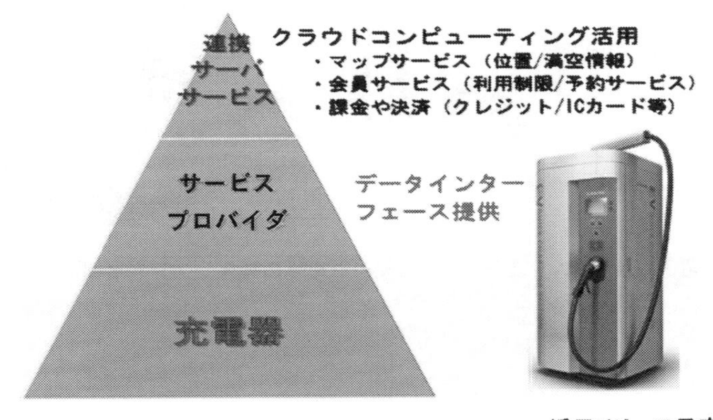

図8　利用者認証とサービス

5 配電網への影響

電気自動車と急速充電器は，大電流を消費する高負荷器機になるので，本格普及には電力の需要と供給についての協調を検討しておく必要が出てくる（図9)。この為には前述したITを使用するサービスやグリッド内のローカルなEMS（エネルギー・マネジメント・システム）と充電器を接続しデマンドコントロールが出来るようにすること，またガバナフリー等の調整の範囲で負荷の変動が収まるよう2次電池等で平滑化が出来ること等が充電器とその周辺機器の開発には求められてくる。アルバックでは，急速充電の需要が多い昼間に多くの電力供給が出来る太陽光発電をセットで提供することにより電気自動車本格普及に向けての需要と供給の協調を提案している。

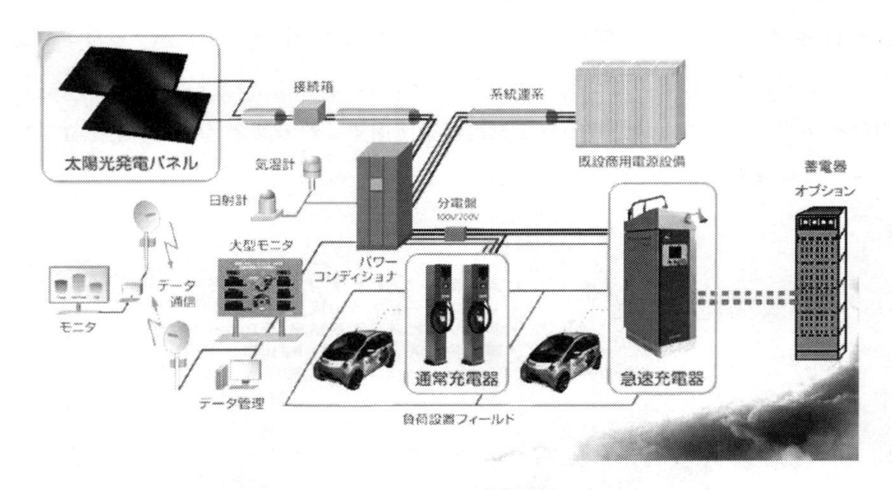

図9　EV・PV システム（茅ヶ崎市駐車場の導入システム事例）

参考資料

- 「CHAdeMO Association」http://www.chademo.com（平成23年1月11日アクセス）
- 「Internal Electrotechnical Commission」http://www.iec.ch（平成23年1月11日アクセス）
- 「SAE International」http://www.sae.org（平成23年1月11日アクセス）

〈注〉CHAdeMO：チャデモ協議会の商標または登録商標

第5章　パーク＆チャージ

―パーク２４による充電設備の展開―

青木新二郎*

1　パーク＆チャージの開始：第二次EVブーム

最近，電気自動車が世の中でもてはやされている。しかし，こうしたブームは，今に始まったことではなく，現在のブームは「第三次ブーム」と呼ばれている。1990年代の第二次ブームにおいては，トヨタ自動車が「RAV4L V EV」を販売し，本田技研工業の「EV PLUS」，日産自動車の「ハイパーミニ」，トヨタ自動車の２人乗り「e-com」なども発表され，次世代自動車としてのEVが期待された。

パーク２４においては，こうしたEV普及の課題とされていた充電インフラの不足に対応すべく，自社企画の充電設備を開発し，8カ所のタイムズに実験的に配備した。また，社用車として，RAV4EVを導入し，タイムズでの充電設備の使い勝手の良し悪しを確認するなどの活動を行っていた。

こうした，「タイムズにクルマを停めて，充電」というサービスを「パーク＆チャージ」と命名し，EV普及に貢献し，駐車場における新しいサービスの展開を目指したのである（図1）。

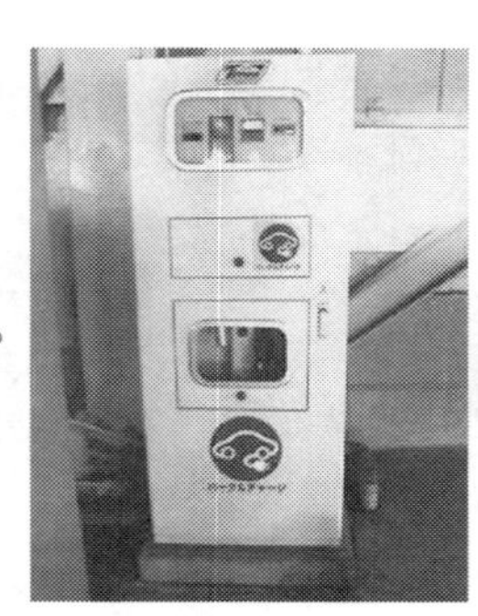

自社企画充電器

RAV4での充電

パーク＆チャージロゴ

図1　第二次ブームでの取り組み

1.1　第二次ブームの問題点

大きな期待を集めた90年代の第二次ブームであったが，充電インフラ側から見ると，下記のような問題点があった。

①　200V充電に限定されていた

＊　Shinjiro Aoki　パーク２４㈱　パーキング総合研究所　所長

② 充電ケーブルはインフラ側で持つことを前提とした

③ 充電方式が，インダクティブとコンダクティブに分かれた

これらの要因により，充電設備は高額なものとならざるを得ず，よって，EVは一般家庭での充電が困難なクルマとなってしまったのである。こうした状況から，タイムズも含め，充電インフラは普及せず，自動車メーカーがハイブリッドや燃料電池車の開発にシフトしていったこともあり，第二次ブームは終焉していったのである。

1.2 パブリック充電機器開発実験

2000年に，アラコ（現トヨタ車体）から，小型EV「COMS」が発売された。COMSは，1人乗りの小型EVで，通常の100Vで充電可能であり，価格も80万円前後と，第二次ブームにおける問題点を一部クリアしたものであり，普及の可能性を感じさせるEVであった。

パーク２４は，東北・北陸・関西・九州の4電力会社と日本電池株式会社と共に，公共の場での充電サービスが行える小型充電器の共同研究・試作を行った。この充電器は，暗証番号で充電（会員向け）できる機能と100円で一定時間充電できる機能を備えている。

単に試作器の開発に止まらず，実際のタイムズに設置し，リコーテクノシステムズ株式会社の協力を得て，コムスへの充電の実証実験まで行った（図2）。

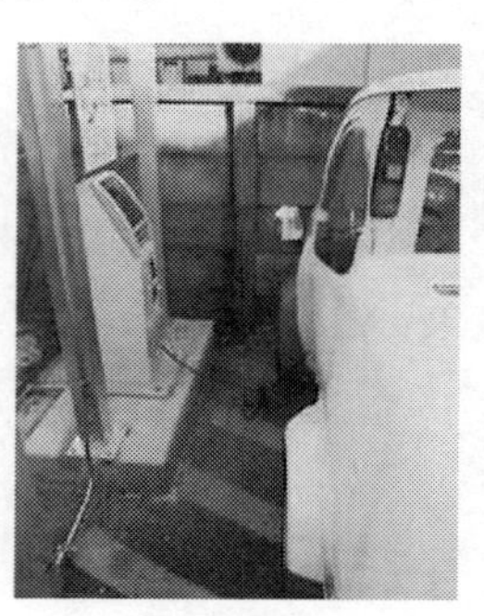

図2 パブリック充電器開発実験

2 第三次EVブーム

2000年代に入り，現在の第三次ブームが到来した。その背景には，地球環境問題の深刻化も当然あるが，携帯電話等に使われる，「リチウムイオン電池」の発達がある。この電池により，小型大容量の動力が得られ，電気自動車が実用に耐えられる段階を迎えたと言える。

2005年には，東京電力が富士重工と共同で「R1e」を開発し，2006年には，三菱自動車と「iMiEV」での共同研究を始めた。これらの取り組みが起爆剤となり，2009年には「iMiEV」の業務用販売，2010年春には一般向け販売も始まり，好調な販売状況を示している。また，2010年末には，日産自動車の「リーフ」が販売開始された。トヨタ自動車は，充電もできるプラグインハイブリッド車の業務用リースを既に開始しており，アメリカのテスラモータースとのEVの共同開発も進めており，海外企業も含め，EV・pHVの開発が本格化している状況である。

2.1　第三次ブームの特徴：インフラ面から見た第二次ブームとの違い

自動車会社における開発が活発になり，各社が量産を目指しているのみではなく，今回の第三次ブームにおいては，下記の点が第二次ブームとは異なっており，EV・pHV の普及が期待できる状況となっている。

①　家庭の電源（100V/200V）で充電ができる

今回開発・発売されている車両は，第二次ブームの時と異なり，通常の 100V および 200V の電源で充電が可能なものとなっている。また，充電ケーブルはクルマの付属品として準備されており，家庭で充電が可能な仕様となっている。

②　ユーザーが名乗りを上げている

第二次ブームにおいては，各メーカーとも限定販売の域を出ることがなかった。今回のブームにおいては，地球環境問題への対応を背景に，電力会社・日本郵政グループ・製薬会社など，多数の社有車を持つ企業が順次電気自動車を導入し，メーカーの量産を支える形となっており，一般消費者も含めて，一定のシェアを獲得する可能性が高くなっている。

③　国・自治体による積極的な取り組み

EV・PHV タウン構想など，国や自治体による取り組み・政策が積極的に展開されており，EV の弱点として指摘される，航続距離の短さをカバーするための充電インフラの整備も進められている。また，自治体などによるカーシェアリング実験など，EV・pHV の使い方に関する実験も各地で進められており，社会インフラの整備が期待できる。

上記のような状況は，第二次ブームの際には，十分には進められなかった点であり，こうした要素が，現在の第三次ブームを「本物」と期待できる状況を作りだしていると言える。

3　充電インフラの整備：パーク２４グループの取り組み

パーク２４グループにおいては，「パーク＆チャージ」の推進として，関係する企業・自治体と協力し，様々な取り組みを展開している。

3.1　東京電力との実証実験

2008 年１月から３月にかけて，東京電力株式会社と共同で電気自動車用充電設備の実証試験を実施した。具体的には東京都内および神奈川県内の「タイムズ」８カ所に，普通充電用コンセントを設置し，東京電力の業務用電気自動車への充電サービスを提供し，駐車中の充電設備の使い勝手等についての研究を行った（図３）。

図３　東京電力との実証実験

3.2　自治体駐車場の管理・充電機能設置

パーク２４では，指定管理者制度などによって，地方自治体の駐車場の管理・運営を行うケースも多くなってきている。こうしたケースにおいては，当該自治体と協力して，充電設備の設置・運営管理を併せて行うことも多くなってきている（図４)。

〈事例〉

大阪市：指定管理駐車場にて充電器設置（２カ所)。

横浜市：指定管理駐車場にて充電器管理・コールセンター受付（機器の設置は横浜市)。

荒川区：区の所有地を借り受け，来庁用駐車場運営。充電器設置。

足立区：土地開発公社所有地を借り受け，駐車場運営。充電器設置。

横浜市庁舎第１

荒川区役所第三

西新井駅西口駅前暫定

図４　自治体駐車場での取り組み事例

3.3　EV カーシェアリング等の実験

一般消費者が EV に接する機会を提供すると共に，EV 活用の新しい方策を実証するために，EV カーシェアリングに取り組む国・自治体の実験が増えている。パーク２４グループでは，タ

神奈川県でのＥＶカーシェアリング

福岡市でのＥＶカーシェアリング

福岡市での超小型モビリティカーシェアリング

北九州市でのカーシェアリング

図５　自治体でのＥＶカーシェアリング実証実験事例

イムズにおける充電設備の展開と，グループ会社であるマツダレンタカーによるカーシェアリングオペレーションによって，こうしたEV カーシェアリング実証実験にも参加している（図5）。

3.4　パーク＆チャージの展開と充電機能の検証

国・自治体との実証実験も含めて，現在では，全国約60カ所のタイムズで充電設備を展開している。ただし，モニターなどに対する実験や月極契約者に向けた施設も含んでいるため，一般向けの充電設備は，約30カ所となっている（2010年11月現在)。パーク２４においては，これらの設備をEV・pHV に向けた駐車場サービスの実証実験と位置付け，認証の在り方・セキュリティ・使い勝手などを検証していくこととしている。

4　充電インフラ整備における課題

実験段階から脱し切れてはいない充電インフラの整備ではあるが，幾つかの課題が明確になりつつある。充電インフラが自律的に拡大していくためには，充電によって，何らかの形でインフラ事業者のビジネスに寄与する必要があるが，そこには下記のような課題がある。

4.1　充電設備の使い勝手の改善

時間貸駐車場などにおいて，充電のための専用スペース（車室）を設けるには，現状ではEV・pHVの普及台数は不十分である。「優先」車室を設けても，混雑時にはガソリン車が駐車してしまい，充電設備を使えないケースが起こり，クレームになる可能性が高い。これらを回避するためには，複数の充電口を設置し，いずれかの充電口は使える確率を上げる手立てがあるが，設備投資費用や電力容量アップが必要となる。充電設備の機能，駐車場全体での消費電力のコントロールなど，検討すべき技術が残されている。

4.2　クルマとの協調

EV・pHVは，「充電」という行為によって，インフラと比較的長時間にわたって，接点を持つものであり，この点はガソリンスタンドで数分間の給油を行うガソリン車とは大きく異なる点である。よって，クルマとインフラとの協調は，より一層重要性を増すものと考えられる。

しかし，現時点においては，各メーカーが開発途上であることもあり，規格化が不十分で，インフラ側のオペレーションと齟齬をきたすこともある。例えば，EV・pHVの充電口は車種によってバラバラな状況にあり，インフラ側での充電器設置位置によっては，使い勝手が悪い設備になってしまう（図6）。

プラグインステラ
（前面）

ｉＭｉＥＶ
（側面右後方）

プラグインプリウス
（側面左前方）

プラグインスイフト
（後面左側）

図6　車種によって異なる充電口の位置

充電口だけでなく，最大電流値やコンセント形状についても，一定期間の将来にわたる規格化がないと，インフラ事業者は，新車が出る度に設備改修のリスクに晒されることとなり，インフラ拡大の阻害要因とならざるを得ない。

4.3　認証・課金の在り方

インフラ事業者においては，充電設備によって何らかの形で，ビジネス貢献を達成していかなければならない。そのためには，「認証」および「課金」の仕組みを生み出す必要があるが，現時点では，これらの機能を持つ充電設備は高額であり，多くの拠点にこうした設備を設置することが難しい状況にある。もちろん，EV・pHV の普及が進み，高額の充電設備であってもビジネスベースに乗る状況が将来生まれる可能性はあるが，そうした状況になるまでの間，どのような形で「認証」「課金」を行い，少しでも充電ビジネス展開を加速していき，EV・pHV も不安・不自由のない社会インフラを築いていけるかが課題である。こうした過渡期の状況に対しては，充電設備の低廉化という技術的努力とともに，インフラ事業者でのサービスアイディアの創出や，「認証」や「課金」に対する一種の思い切りも必要であると考えられる。

5　未来へ向けて

EV・pHV は，環境問題への対応として語られることが多い。確かに，EV はガソリン車に比べて，CO_2の排出量が少なく，環境に優しいクルマではあるが，それだけではない面白さ，能力を持つクルマである。

5.1　楽しさ―加速性能

EV はガソリン車に比べて，性能が劣るようなイメージがあるが，一概にそうとは言えない。確かに，航続距離は短いが，モーターの能力を生かした加速性能においては，ガソリン車を凌駕している。慶應義塾大学のエリーカは時速 370km を出せ，高級スポーツカーに負けない加速能力を持つ。クルマとしての楽しさも十分に持つものである（図 7）。

図７　慶應義塾大学エリーカ

5.2　いままでにない動き

EV はインホイールモーターの形をとれば，各車輪が自由な方向を向くことができ，ガソリン車では不可能な動きが可能となる。日産自動車がモーターショーなどで出展した PIVO2 は，クルクル回ったり，真横に動いたりすることができる。これは，より安全な運転や，効率的な空間配置（駐車場レイアウトは大きく変わる）を実現する技術として有望なものである（図 8）。

図８　日産 PIVO 2

5.3　パーソナルモビリティから自動走行へ

我が国では，少子高齢化の中で，ひとりで安全に運転ができる「パーソナルモビリティ」に対するニーズが高まることが予想され，研究も進められており，自動車各社もモーターショーなどで，こうした乗り物のコンセプトカーを出展している（図 9)。

これらのパーソナルモビリティは，安全走行や ITS などのシステムとの連動による自動運転などへの展開も期待されており，ガソリンエンジンよりもモーターで走る EV が，その中心になっていくことが有力である。

EV・pHV は環境問題への対応策として注目されている。もちろん，より良い地球環境を守るために，その普及を推進していくことが重要となっている。しかし，EV は CO_2の減少のためだけにあるのではなく，今までにないクルマの楽しさや，動きを生み出し，より快適な社会を実現するとともに，ITS と組み合わせて，高齢者でも自由に安全に行動できる乗り物として，我々を支えていく重要なツールになっていくことが期待される。そのためにも，ブームとなっている EV・pHV を育てていくための環境を整えていくことが，現在の課題であると言えよう。

日産ランドグライダー

トヨタ iREAL

図9　パーソナルモビリティのコンセプトカー事例

第6章　立体駐車場における充電インフラ（plug-in リフトパーク）

藤川博康*

1　はじめに

近年，燃料価格の高騰や地球温暖化への懸念から世界的に環境保全の意識が浸透してきている。その問題の解決策の1つとして電気自動車（EV）やプラグインハイブリッド自動車（PHV）の普及が期待されているが，EV，PHVの効果的利用，普及のためには充電インフラの整備が不可欠である。都市部では立体駐車場が広く普及しており，立体駐車場に対する充電機能整備のニーズは高まることが期待される。本稿では充電インフラ拡充に助力すべく開発を行った，充電機能を有するエレベータ式立体駐車場『plug-in リフトパーク』について紹介する。

2　充電機能

今回市場投入した『plug-in リフトパーク』は，パレットに車を載せてエレベータにて高層棚に格納する機械式立体駐車場である『リフトパーク』に充電機能を付加した製品である（図1）。

2.1　パレットへの電力供給方法

パレットへの給電は，パレット側に電力の受取部，棚側に供給部があり，パレットが棚に格納されると両者が結合し，電力の供給を行う構造とした。電力の受け渡し部はパレット下面にあり，雨雪等の水，異物侵入による短絡を防止するよう設計した。また，受け渡し部は実証試験の段階で充分な耐久テストを行った。これにより，利用者が乗入階で充電ケーブルの接続作業をおこなっている時は給電せず，パレットが棚に格納された後EV，PHVに給電開始する構造となり，極めて安全性が高いシステムとなっている（図2）。

*　Hiroyasu Fujikawa　三菱重工パーキング㈱　設計部　技術開発課

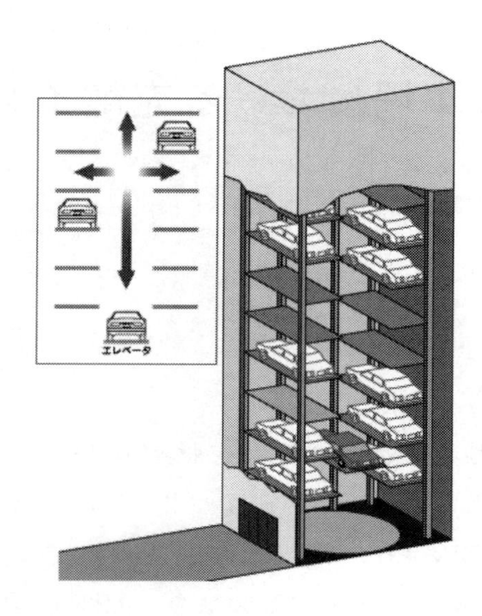

図１　リフトパーク構造

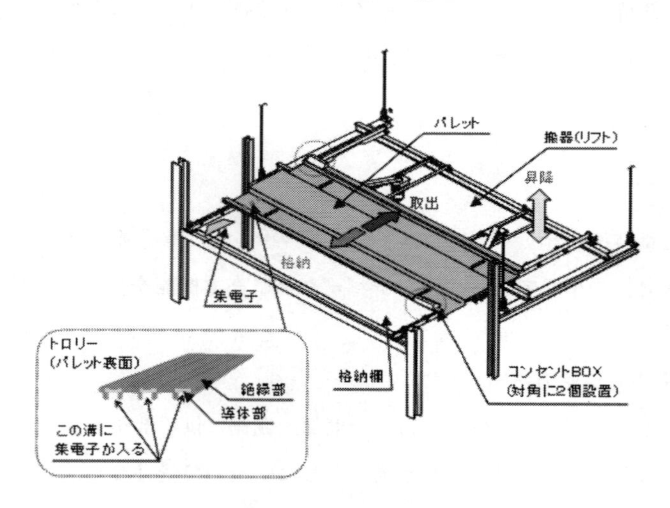

図２　パレットへの給電方法

2.2　充電方式

『リフトパーク』のユーザは都市部のマンションやテナントビル等が大部分を占めている。そのため比較的長時間駐車する利用方法がほとんどであることより，急速充電に対するニーズは少なく，AC200V 普通充電方法を採用した。また，既存の立体駐車場設備では電源容量に制約が多いことからも急速充電方法の採用は困難と判断した。更に既存設備改造時に要求されることが多い短工期，低コストに対応するため既存のシステムとできる限り分離し，コネクタ接続を採用する等，容易に拡張できる構成とした。

2.3　充電分電盤

従来の制御盤とは別個に設置する充電分電盤には漏電遮断器，電磁接触器，電気量監視装置等を搭載している。制御装置により充電制御及び電流，電力等の監視を行う。配線の施工を簡略化するため，制御盤との信号授受はネットワーク接続を採用し省配線化を図った。また，オプションで課金に対応可能な検定付電力量計の設置も可能とした。

3　充電操作フロー

3.1　パレットの呼び出し

『plug-in リフトパーク』の前に EV，PHV を停車し，操作盤のタッチパネルでパレットを呼び出す。オプションとして，用途がマンション・月極めでは，パレット呼び出しに IC カード，リモコン，ETC 車載器での利用が可能。

3.2　充電ケーブルの接続

充電ケーブルをパレットのコンセントに差し込む（通電していないので感電の危険がない）（図 3)。次に充電ガンを車の充電口に差し込むことで作業が完了（図 4)。

3.3　充電方法の選択

駐車場から退出し，操作盤で充電方法を選択。充電方法は「充電」（すぐに充電を開始），「エコ充電」（深夜に充電），「充電しない」の 3 つから選択が可能。

図 3　充電ケーブルの接続

図 4　充電ケーブル接続後の状態

3.4 充電開始

パレットが所定の棚に格納されると充電開始。いつでも，操作盤で充電電力量や充電時間等の確認が可能。

4 充電インフラにおける立体駐車場特有の問題

4.1 充電電源の確保

自動車の仕様にもよるが普通充電には1パレット当り4kVAの電源容量が必要である。新規に建設する立体駐車場設備であれば計画時点より必要電源が確保できるが，既存の設備に充電機能を付加しようとした場合には，電源工事が必要になる。既存マンション，テナントビルで新たに電源工事を行うのは困難である場合が多い。

解決方法の一つを挙げる。受電容量の制約がある中で多くのEV，PHVの充電を行うために，一度に全てのEV，PHVを充電せず，容量制限内でうまくやりくりする事ができれば設備は最小限で済み，コストダウンにも繋がる。電池残量に応じた充電，満充電になったら次の充電を開始するといった充電制御方式を検討した。

EV，PHVは搭載電池特性に応じて充電時の電流パターンが異なる。利用者が登録した車種と，予め計測した電流パターンを状態判断を行うパラメータとし，実際の電流パターンを監視し充電完了，充電異常等，充電状態を判断する（図5）。

しかし実際にはEV，PHV全ての電流パターンを把握しておく必要がある。充電完了付近でも電流が一定のまま減少しない特性を持ったEV，PHVでは異常終了と充電完了の判断が困難等の問題があり，本方式の実用にはまだ課題が多い。

もう一つの解決方法は，EV，PHV充電用電源を立体駐車場電源と共通化し，立体駐車場が

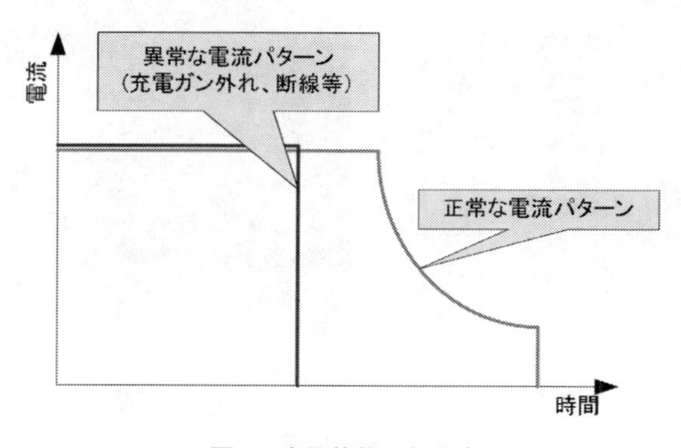

図5　充電状態の判断方法

停止中のみ充電を行うよう制御するものである。『リフトパーク』の標準受電容量は 28kVA であり，これは中央にあるエレベータ部分のインバータ・モータ容量によるものである。使用方法にもよるがエレベータの動作時間は一日の 5%程度であり，ほとんどの時間は容量に余裕がある状態となっている。よって 28kVA の制限内でエレベータ停止中にのみ充電を行えば，電源容量不足の問題は解決できると考えている。なお，立体駐車場電源は 3 相 3 線式 AC200V のため，電気自動車の電源である単相 AC200V を立体駐車場電源と共通化できるのは高圧受電である場合に限定され，低圧電力での契約の場合は電力会社の約款により本方式は採用不可である。また，設備不平衡率を考慮する必要がある。

4.2 構造上の問題

機械式立体駐車場はそもそも狭小空間を有効に利用し駐車することが目的の製品であり，極限まで無駄なスペース削減を行い設計されている。EV，PHV は充電ガンを接続した場合に，ケーブル及びガン突起部分が車を搬送するパレットよりはみ出してしまうことが懸念される。『リフトパーク』においては車両が載置された状態で上下左右に搬送されるため，パレットからはみ出した充電ケーブルが周囲の構造物に干渉し，損傷等の不具合を引き起こす可能性があり，防止策を講じる必要があった。また，運用基準で車両後部ハッチを立駐内で空けることはできないため，入庫前に充電ケーブルを降ろし，車を入れた後充電ケーブルを取りに行きコンセントに接続するといった煩雑な手順が必要になる。

これらの問題の解決方法として，充電ガンがはみ出ないよう寸法を制限するガイドをパレット縁に設置し，その中に巻き取り式充電ケーブルを組み込むことを検討した（図 6）（特許出願中）。これにより充電ガンのはみ出しは制限され，ケーブルは巻き取り式のため余長は巻き取られ引っかかり防止になる。また利用者は充電ケーブルを降ろす作業が無くなり，利便性も向上する。

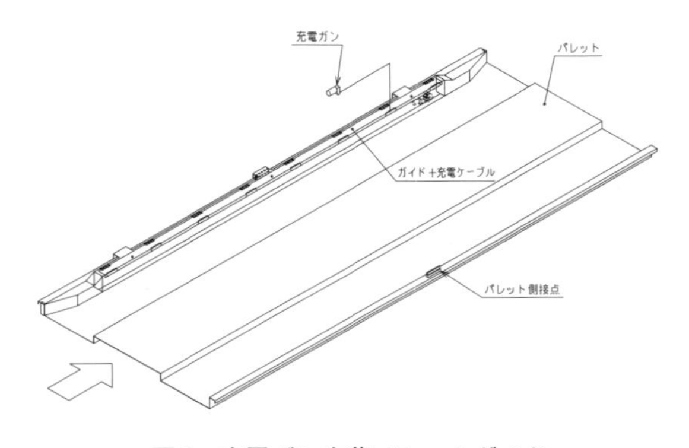

図 6　充電ガン内蔵パレットガイド

しかし問題もあり，本方式ではある自動車メーカの充電ケーブルで別の自動車メーカのEV，PHVが充電できるといった仕様でないと成立しない。本方式を実現するには，普通充電についても各自動車メーカの仕様が統一される必要がある。

5　今後の開発テーマ

弊社は「人と環境に優しい立体駐車場」をテーマに，環境負荷低減型立体駐車場の開発に取り組んでいる。『plug-in リフトパーク』開発もその一環と位置づけており，今後の開発製品の一部を紹介する。

5.1　充電機能対応機種の拡大

『plug-in リフトパーク』に引き続き，垂直循環式立体駐車場などの機種でも充電対応できるよう開発を進めている。新規の建設時はもちろんのこと，既存の立体駐車場にも順次対応する。

5.2　使用電力を従来比で30%削減

環境負荷低減にむけ，エレベータ下降時の回生エネルギーを蓄電し再利用するシステムや，重い車と軽い車を見分けて昇降スピードを最適に制御するシステム，運転状況に合わせたこまめな電源のON/OFFで待機電力を削減するシステムを装備した次世代環境配慮型のエコ立体駐車場を開発中で，約30%の使用電力を削減できると考えている。(特許出願中)

5.3　安全で人に優しい操作性

操作盤にタッチパネルを採用し，人間工学に基づいた設計検証（ISO13407準拠）を行い，安全で誤操作のない，使いやすいユーザインターフェースを提供する。

6　おわりに

弊社は，2009年5月31日，環境省より立体駐車場業界では初となる「エコ・ファースト企業」に認定された。都市型充電インフラとなる『plug-in リフトパーク』をはじめとする環境負荷低減型立体駐車場の製品群をもってEV，PHVの普及と地球温暖化防止，環境保全に貢献していく。

第７章　スマート充電システム

福田博文*

1　背景

平成20年７月に閣議決定された「低炭素社会づくり行動計画」によると，排出量の２割を占める運輸部門からのCO_2削減の観点から，2020年までに新車販売台数の２台に１台の割合で電気自動車を含む次世代自動車を導入する目標が掲げられている。さらに，電気自動車については，2009年夏以降，本格的に市場導入されてきている。

電気自動車の普及拡大にあたっては，集合住宅や月極などの大規模駐車場における充電インフラの展開が不可欠である。

2　事業内容

本事業は，経済産業省製造産業局自動車課より電気自動車普及環境整備実証事業を受託した事を受けて，既存の電源設備を利用することにより，充電インフラ整備に係るコストの最小化を図りつつ，個人認証システム等も付与した安価で汎用性のある充電マネージメントシステムの開発を行った。

また，充電マネージメントシステムの導入対象となる大規模駐車場の整備状況を整理し，その結果を踏まえて実態調査を実施した。実態調査は，駐車場の利用特性や電力契約，負荷特性等の現状を調査し，電気自動車の導入時に想定される電気自動車の利用シーンや充電パターン等について把握した。

2.1　ピーク時の負荷を平準化

スマート充電システムは，ある一定の電力を細かくEVに配電を行う。限られた主幹電力量の中で許容受電範囲を超える台数を同時に充電すれば，全台数のEVが充電できない結果となる（図１）。

＊　Hirofumi Fukuda　KDDI㈱　ソリューション第１営業本部　電力営業部２グループ　課長補佐

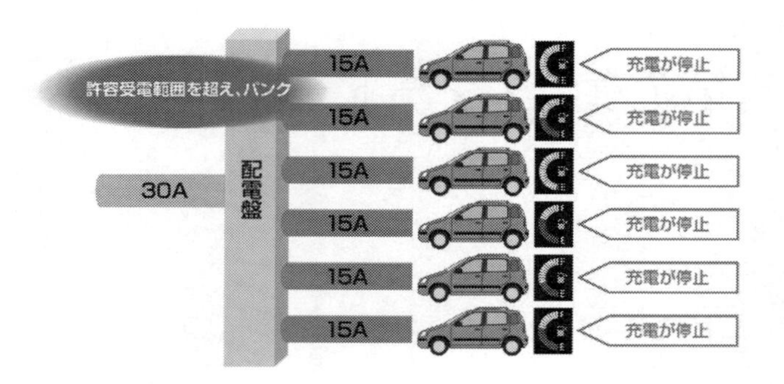

図1　スマート充電システム無しの場合

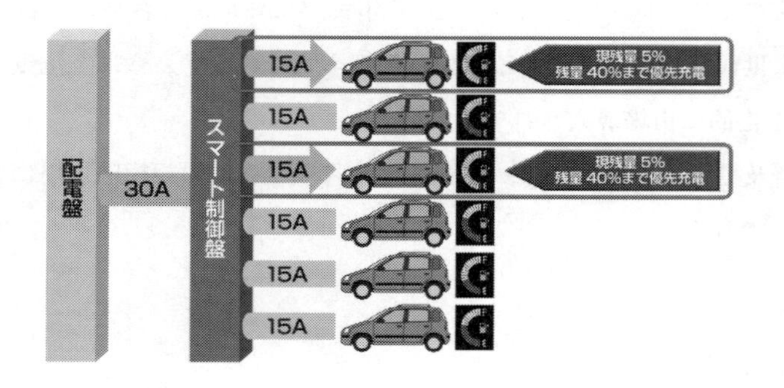

図2　スマート充電システム有りの場合

そこで，スマート制御盤内のアプリケーションにて自動的に制御を行い，充電する。

図2のように主幹電力量に応じ，充電できる台数を計算し，順番に充電することで，許容受電範囲を超えないように制御する。

2.2　ニーズに合わせた充電パターン

設置場所，業種，及び利用シーンにより，多様な配電パターンが発生する。スマート充電システムでは，均等配電パターンや，小SOC優先パターンなど，これら多様なニーズに応える。

複数のEVへの充電を最適制御するにあたり，充電最適制御装置上で動くプログラムでは「最適アルゴリズム」に従った動作を行う（表1）。

2.2.1　特徴

EVに充電されている電力量（SOC）の小さい車両に対して優先的に充電を行う。2番目に小さいSOC値に達したら，1台目と2台目の車両に対して均等に充電時間を割り振って充電を行う。最終的に駐車中のすべてのEVが「同時刻」にSOCが100%になるよう，充電制御する。

2.2.2　メリット

充電残量が少ない車に対して充電を集中するため，充電残量の少ないEVの充電を優先的に確

表1

No	最適アルゴリズム名	中項目	概要
①	電力不十分時の小SOC車充電優先方式	パターン1 （小SOC車完全優先）	残充電量の少ない車両に対して優先的に充電を行い，すべての車両が「同時刻」にFullで充電されるよう制御する方式。
②		パターン2 （比例充電）	駐車している全車両に対して平等に充電を行い，すべての車両が「同時刻」にFullで充電されるよう制御する方式。
③	条件指定方式	−	充電利用者によって設定された充電条件（要求充電%，充電完了希望時間）に合った充電を行う方式。
④	計画均等方式	−	すべての車両の充電計画をあらかじめ決めておく。充電の配分パターンは，均等充電とする。

小SOC車充電優先方式（パターン1：小SOC完全優先）
※SOC: State of Change, 充電残量率

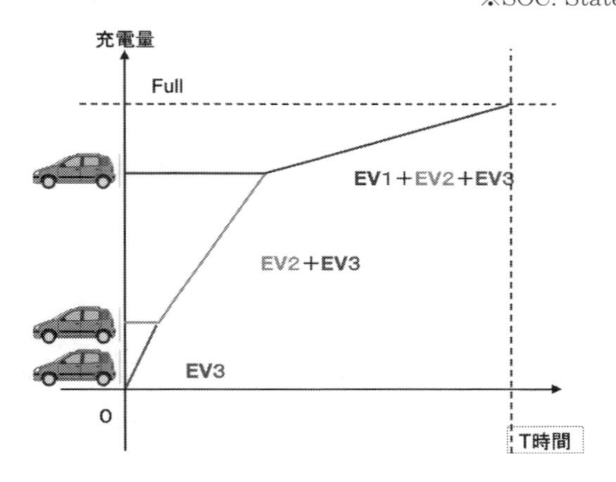

図3　小SOC車充電状況イメージ

保することができる（図3）。

2.3　夜間電力を活用

翌朝まで駐車されるEVについては，夜間電力を利用しコストダウンを図る。

3　構成

スマート充電システムの構成は，スマート制御盤と認証機能付きコントロールパネルを駐車場に設置し，KDDIの有線サービスであるWVS，PENまたは，無線サービスである3G，及びWiMAXなどを利用して，データーセンターへ利用状況，及び個人情報等を伝送している（図4）。

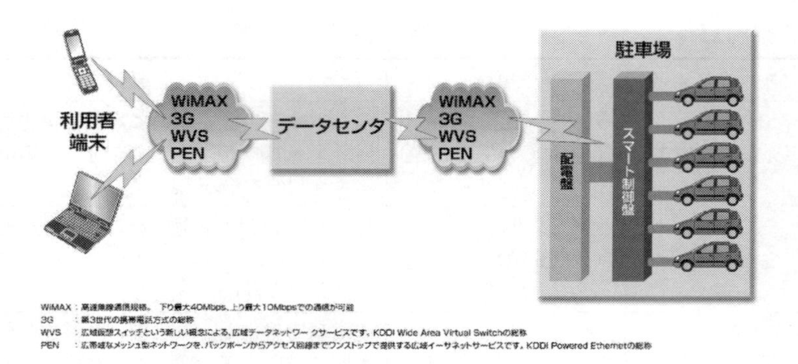

図4　構成図

管理者や利用者は，データーセンターに伝送された情報を利用して，EV の充電ステータスを確認できる。また，管理者は充電パターンの変更も遠隔操作で可能となる。

4　実際の充電例

図5は，7台同時充電可能であるが，実際には4時までに充電が完了しており夜間時間帯を最大限利用できていない。

同時充電可能台数を絞り込んで，より長い時間をかけて交互に充電していくことによって，契約電力増加を極力抑えた。

図6のグラフは約 40A の電流抑え込み（約 8kW）に成功しており，低圧電力契約の場合には8,568円/月，業務用電力の場合には13,104円/月の基本料金削減につながった。

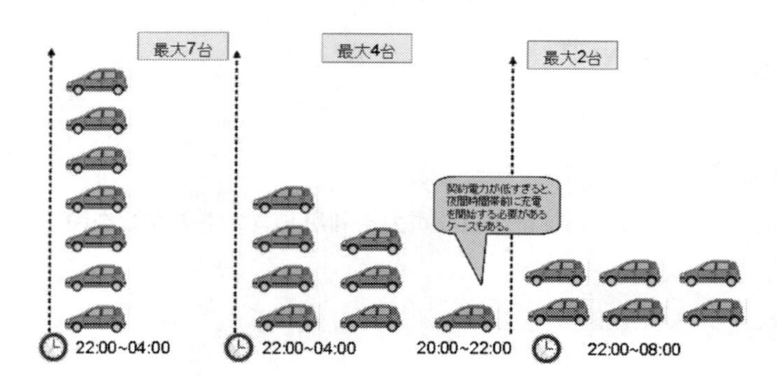

図5　充電例

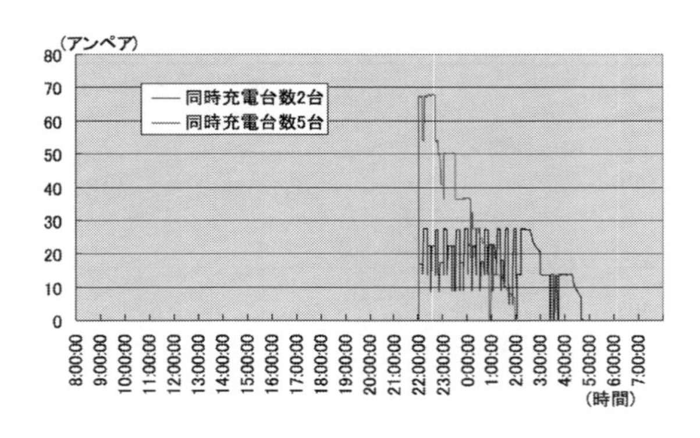

図6　消費電力量比較

5　利用シーン

表2は，駐車場の利用シーン毎の特性を検証したものである。

100V/200Vの充電の為，短時間の駐車よりも比較的長く駐車する利用シーンに適している。例えば，独立駐車場，事務所，ホテル，集合住宅などである。

大型スーパーなどで，1～2時間駐車する場合でも時間を無駄にせず充電を少しでもしたい方には，利用価値がある。

6　事務所の駐車場におけるビジネスモデル検討

自家用（業務用を含む）の車両の平均走行距離は30km／日前後であり，事務所施設の自家用車両はEVの有望な導入分野である。

事務所施設の電力需要については，昼ピークかつEV充電需要と比較して大きいケースが多いため，EV充電による夜間電力需要増大が契約電力増加につながるケースはまれであると考えられる。

参考までにその他の業務用施設の電力負荷パターンのイメージを図7に示す。各施設とも昼間に電力負荷ピークがあり，特に事務所や店舗は，昼間の照明・空調等の消費電力が比較的多いため，昼間と夜間の電力負荷の差が大きい（一方，ホテルや病院は比較的一日の電力負荷の差が小さい）。

事務所の駐車場では，充電マネージメントシステムにより，EVの充電を夜間時間帯に集中的に行うようにすれば，施設全体の契約電力を増加させることなく，かつ安価な夜間電力を使うことができると考えられる。

表2　駐車場利用シーンの特性

充電負荷と施設電力負荷の特性	利用者の属性	駐車時間（充電可能時間）	駐車場の種類・利用シーン等（例）	充電マネージメントの適用性			充電マネージメントの主な機能
				利用者の観点	充電可能時間の観点		
Ⅰ	不特定	短	・独立駐車場（時間貸し） ・スーパー（買い物客） ・事務所（時間貸し）	△ （いつ何台充電するか分からないため，マネージメントしにくい）	△ （充電可能時間が短いため，マネージメントしにくい）	△	−
	不特定	中	・大型ショッピングセンター（買い物客） ・ホテル（来場者） ・レジャー施設（来場者）	△ （いつ何台充電するか分からないため，マネージメントしにくい）	○	○	契約電力の低減
Ⅲ	特定	長	・独立駐車場（月極） ・事務所（専用／月極）	◎ （利用者や利用形態が事前にわかっているため，マネージメントしやすい）	◎ （充電可能時間が長いため，マネージメントしやすい）	◎	夜間時間帯への充電シフト
	不特定		・ホテル（宿泊客）	△ （いつ何台充電するか分からないため，マネージメントしにくい）	◎ （充電可能時間が長いため，マネージメントしやすい）	○	夜間時間帯への充電シフト
Ⅳ	特定	長	・集合住宅（共用部分）	◎ （利用者や利用形態が事前にわかっているため，マネージメントしやすい）	◎ （充電可能時間が長いため，マネージメントしやすい）	◎	契約電力の低減

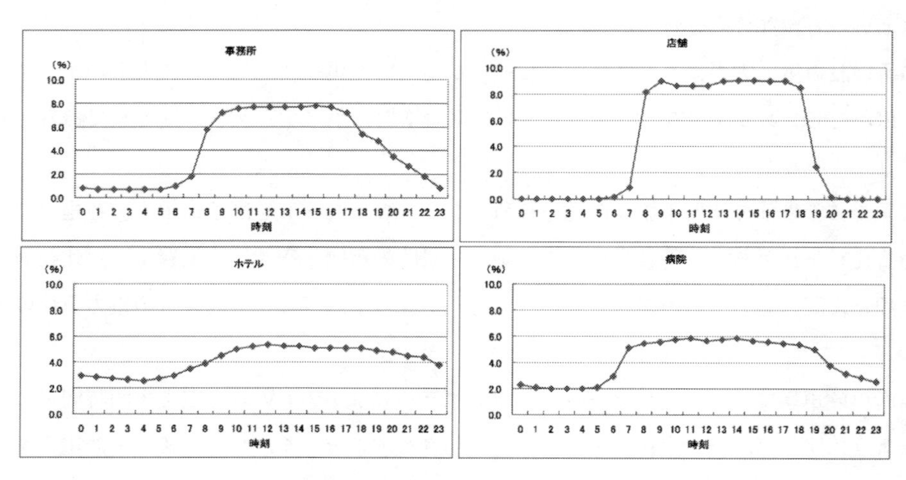

図7　電力負荷パターン，イメージ例

第8章　カーシェアリング

高山光正[*]

1　はじめに

日本最初のカーシェアリングは，経済産業省の外郭団体である㈶自動車走行電子技術協会（現在の日本自動車研究所）が，横浜市で電気自動車共同利用実験として1999年9月に開始した。この社会実験を引き継ぎ2002年4月に事業を開始したのがCEVシェアリング社（現在オリックス自動車に吸収合併）である。日本のカーシェアリングは，まさに電気自動車（以下EV）の普及のためにスタートしたのである。

カーシェアリング利用は短時間・短距離利用が中心であり，EVの短所といわれている航続距離の短さをカバーしやすい。加えて，CO_2排出抑制効果をうたうカーシェアリングは，低公害車であるEVと，環境問題対策に関しての共通点もあり，最も有効な普及策のひとつと言えるだろう。

2　カーシェアリングとは

「カーシェアリング」を一言で表せば「多数のクルマを複数の利用者で使用する」というものである。1台のクルマを固定された複数の人々で利用すると誤解されることも多く，“クルマを使った新しい交通システム”と考えてもらったほうがわかりやすい。貸出しは15分や30分といった細かい単位で短時間利用を基本としており，会員制を取っているため，無人貸出しによる24時間利用が可能である。

一種の共済制度的な仕組みで，駐車場代，燃料代，保険費用，税金等が全て利用料金に含まれている。即ち，車に関わる費用の全てを使った分に応じて負担するという考え方である。車を「所有」せずに「借りる」という意味では一種のレンタカーであるが，カーシェアリングは，よりマイカーに近い感覚で利用できるのが特徴である。

カーシェアリングの起源は古く，1948年にスイスで車の共同保有の形（Sefageという団体で，当時高価な車を共同購入するのが目的，後に消滅）で始まったと言われている。現在のカーシェ

＊　Mitsumasa Takayama　オリックス自動車㈱　カーシェアリング企画部　部長

アリングビジネスの形になったのは，1980年代後半のスイスからであり，現在では，欧州や北米など全世界で推定60万人の利用者がいるといわれるまでに成長してきた。日本においても，石油価格の高騰などが引き金となり，自動車を個人所有するのではなく，複数の人々で共同所有・共同利用する「カーシェアリング」という考え方が広まってきている。

カーシェアリングの概念を大雑把に整理すると，(a)公共機関や企業が所有して一般に貸し出すもので，パブリックカー，シティカーなどと呼ばれる「公共レンタカー型」と，(b)複数の個人が会員制組織を作り，マイカーの共同所有と利用をおこなう「共同保有型」の2つのコンセプトに分類される。

最近はカーシェアリング事業者の狙いもさまざまで，共同保有的な性格だけでなく，公共交通的な性格や無人レンタカー的な機能など，コンセプトが多様化するだけでなく，それらの複合的性格を持つものなどがあり，「公共レンタカー型」と「共同保有型」の区別が次第に難しくなっている。両者の機能を併せ持ち，複数の車を多数の利用者で使用する交通システム的な展開が進んでいるように思われる。

カーシェアリングは，パーソナルでありながら公共交通を補完する交通手段であり，複合的な環境問題，交通問題の解決，ひいては地球温暖化対策としてCO_2削減にも貢献できることから，大都市における交通手段として定着していくと考えられる。

3　利用方法

オリックス自動車のシステムでは，会員登録すると，1人1枚の非接触ICカードが配布される。実際に利用する際には，利用したいステーション（カーシェアリング車両が配置されている駐車場）と車種を選択し，インターネット，携帯サイトを利用して予約する。インターネット上では，車両の予約・利用状況が図表化されて一目でわかるようになっている。

会員が予約した車両ステーションに行き，非接触ICカードを車両にかざすと，車両とデータセンター間で通信が行われ，予約情報と照合し，予約した本人と確認されると，自動的にドアが開錠される。車両の鍵は，グローブボックスの中から取り出し，通常の車両と同様に使用する。利用終了時に，車両の鍵をグローブボックスに戻すと，車両内のモニター（またはナビ画面）に利用結果と料金が表示される。車外に出て，非接触ICカードを車両にかざして施錠すると利用終了となる。

なおオリックス自動車のシステムは，EVの航続距離を監視し，バッテリの残量が半分になった時に貸出場所に戻れるように警告を行う機能を持っているので，運転者も安心して利用できる。

4　カーシェアリングの CO_2 抑制効果

4.1　無駄な自動車利用の抑止

マイカーの場合，購入時には値段を気にするのだが，一旦自分のものになると無料のような感覚になり，すぐ近くに行くときでさえマイカーを使用するようになりがちである。しかしカーシェアリングを利用する場合，車を使うたびに費用を意識するので，移動のコストを考え最適な交通手段を選択するようになり，結果的に車の無駄な利用が減る傾向が高い（図1）。

2009年12月にオリックス自動車会員に行ったアンケート調査結果（東京都内121人および名古屋市内91人）によれば，マイカー保有者は東京で42人から6人に，名古屋で51人から16人に減少している。車の走行距離では，入会前，東京で一人あたり2,744km/年・人だったものが，入会後は1,193km/年・人，名古屋で8,569km/年・人から2,950km/年・人となっており，削減距離は東京で1,551km/年・人（削減率：57%，車からの CO_2 排出量削減分試算：会員1人あたり0.37t），名古屋で5,619km/年・人（削減率：66%，車からの CO_2 排出量削減分試算：会員1人あたり1.36t）である。これは，カーシェアリング先進国であるスイス[1)]やアメリカ[2)]の調査報告と同様の傾向である。

4.2　モーダルシフト

カーシェアリングのステーションが，都市内の各駅に配備されると，クルマではなく鉄道で移動し，目的地の最寄り駅付近のステーションからカーシェアリング車両を借り出し，目的地に向

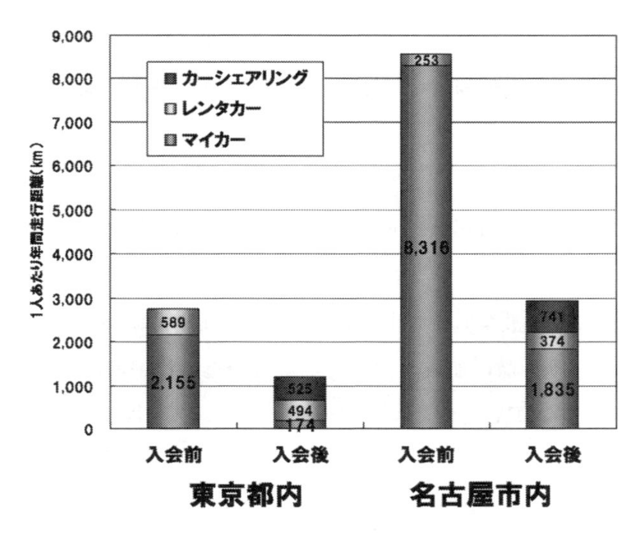

図1　カーシェアリング加入前後の自動車利用状況

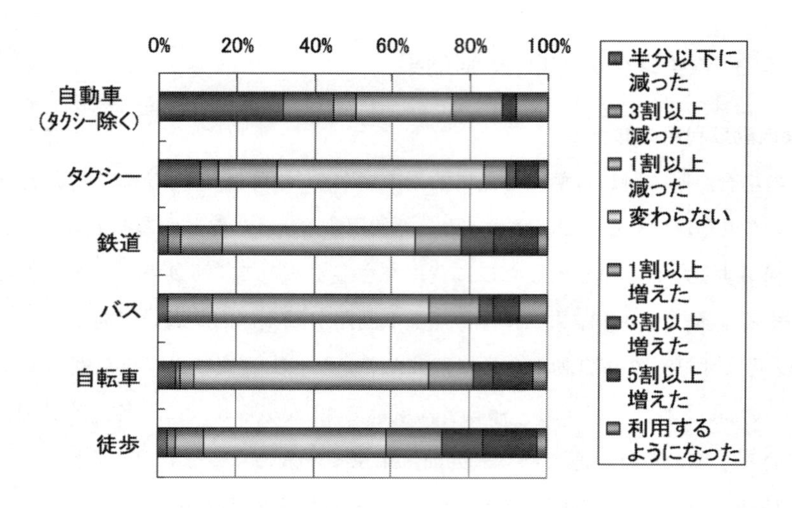

図2　カーシェアリング会員の交通手段利用状況の変化

かうという行動が可能となる。こうすることによって，利用者は，全行程をクルマで移動することに比べ，目的地への到着時間が確定できる上に現地ではクルマで自由に移動でき，さらに渋滞改善へわずかながらでも貢献できるということになる。

また，こうしたシステムが構築されると，それぞれの移動手段の費用比較が行われるようになるため，結果的にコストの安い鉄道などの公共交通機関の利用が増加する。

オリックス自動車が行った前述のアンケート調査（2009年12月）でも，図2に示すようにカーシェアリング加入後に，全体として車の利用が大幅に減り，鉄道や徒歩，バスの利用が増加している。バス，鉄道の利用が減ったと答えている会員もいるが，大半の会員は利用を増加させたと回答している。これはブレーメン[3]やスイス[1]などの調査結果と同様の傾向を示す。公共交通の利用が増え，マイカーによる長距離利用が削減できれば，CO_2削減への効果が高い。

4.3　低公害車の利用

カーシェアリング車両は共同で費用負担するため，最新の低燃費車両を導入しやすく，1台あたりの使用頻度も高いので効果も大きい。また，マイカーはカーシェアリング車両と比較すると高年式車が多いのでマイカーを放棄して入会した場合はさらに効果が上がる。EVは，排出ガスが出ないことや静粛性という特徴に加え，原子力や水力発電の比率の高い国ではCO_2排出量が少なくなるという利点があり，EVを使えば，カーシェアリングの環境貢献度はさらに上がることになる。

5　カーシェアリングとEV

カーシェアリングは，都市内で，子供の送り迎えや土日の買い物といった短時間・短距離利用が主体であり，EVの“長時間の高速走行や長距離走行には不向きである”という欠点はさほど問題にはならない。このことは，1999年の実証実験から事業化した今日に至るまでの利用実績で確認されている。

現在のカーシェアリング利用者の距離別分布（2010年4月，図3）を見ると，50km以下の利用が全体の80%，80km以下の利用が全体の89%を占める。しかし，300km以上走行するニーズもわずかながらあるので，ガソリン車も同時に同じステーションに配備することが望ましい。

また，EV利用頻度が高まってきた場合，利用と利用の間の時間間隔が課題となる。この時間間隔が小さいと充電にあてる時間が少なくなるが，EVの航続距離が150km程度であれば1日3回転させることが可能である。

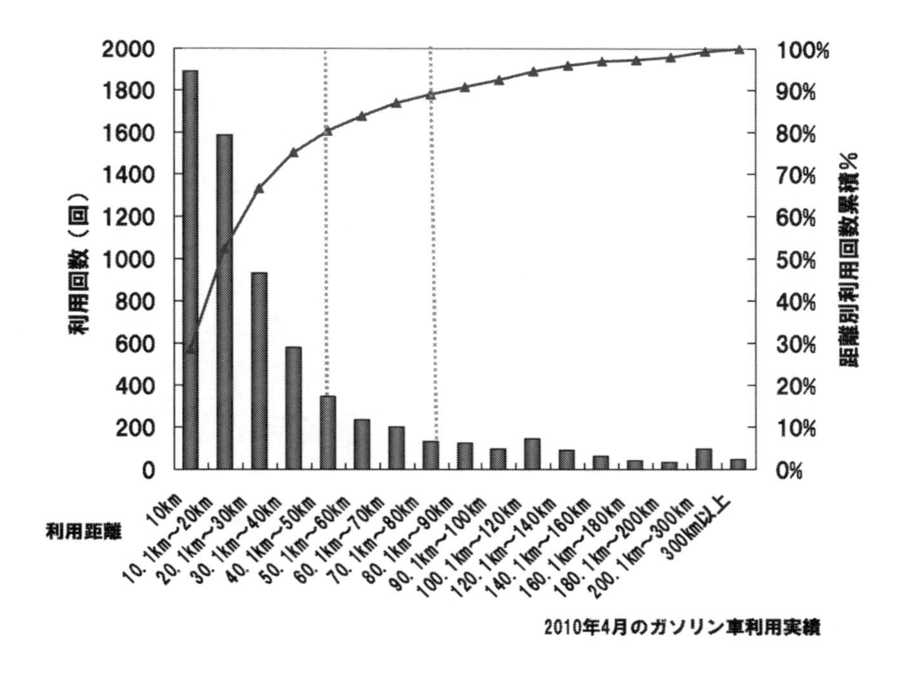

図3　カーシェアリング利用者の移動距離

6　利用者の評価

6.1　EV

動力性能・快適性などの自動車の基本性能部分に関しては，非常に満足度が高い。

「軽自動車であるにもかかわらず普通車並みの性能があり，特に課題は感じない」，

「今回試乗した車は充分に実用的である」，

「走行上はガソリン車と変わらない」

などの声が寄せられた。

一方で，課題としては，従来から言われている「一充電あたりの走行距離の短さ」を指摘する声が多かったが，これまでのように「EVは使えない」というよりも，「急速充電設備，充電スタンドの整備」といったインフラ整備を期待する声が大きかった。また，「静かすぎて歩行者が気付かない」など，実際に使う際に障害となる点も強く指摘された。

6.2　急速充電器

1990年頃にはなかった急速充電器が配備されたことが，利用者に安心感を与えている。まだ設置場所の数は少ないが，神奈川県，大阪府，京都府などで進められている急速充電器のネットワークは，利用者の不安材料を解消するのに役立てられるし，また利用者からの設置希望も多い。

ただし課題も多い。急速充電器の利用の面では，充電ケーブルが重いため，女性や高齢者などにとっては車両への接続が非常に難しい作業となる。また，コネクターのレバー操作がわかりにくく，これらの点は改善が必要と思われる。

また，急速充電器の設置にあたっては電源として高圧電力契約（50kwh以上500kw未満）が必要で，電力会社の供給電圧が高いことからキュービクル式高圧受電設備の設置が必要となり，設置のための費用が高くなる。そのため，ショッピングセンター，オフィスビルなどの大規模事業所などは設置しやすいが，コンビニなどでは設置が難しいので最近は中速充電器の開発が進められている。

7　EVの運用事例

7.1　EVによるカーシェアリング

オリックス自動車では，2009年10月より，東京都鍛冶橋駐車場にて三菱i-MiEV，2010年2月より西新宿第四駐車場にてスバル プラグイン ステラのカーシェアリング運用を行なった。両方の駐車場には，東京都道路整備保全公社により急速充電器，中速充電器も設置されており，実

写真1　荒川区の実施する公用車EVのカーシェアリング

際の利用ニーズや使い勝手などの意見を収集することを目的とした。実際に触れる機会の少ないEVに試乗する機会を提供しているということの意味も大きい。

また，新日本石油が展開する「ENEOS　EVチャージステーション・プロジェクト」（ガソリンスタンドにおけるEV向けビジネスモデルに関する実証プロジェクト）に協力し，新日本石油が急速充電器を設置するENEOSサービスステーション（以下SS）の3拠点（Dr.Drive小杉店・Dr.Drive白金店・Dr.Drive烏山店）でのEVカーシェアリングの共同実験を2009年10月より開始した。

オリックス自動車は，カーシェアリング事業の運営会社として，カーシェアリング車両の管理や新規入会者への説明会などを実施した。本共同実験を通じ，環境負荷低減につながるEV，エネルギー供給のみならずカーケアサービスまで同時に提供可能なインフラであるSS，および急速に普及しているカーシェアリングという組合せによって，SSにおけるEV向けビジネスの事業性について検証する計画である。

7.2　公用車の共同利用

オリックス自動車は2010年3月より東京都荒川区と共同でEVカーシェアリング事業を開始した（写真1）。荒川区が「環境交通」のまちづくりに取り組む一環として，あらかわエコセンター駐車場内に三菱i-MiEVを2台と急速充電器1台，普通充電器2台を設置した。平日は区民と職員が共同で利用し，休日は終日区民が利用できる。EVは導入初期ということもあってコストがかなり高いが，区が車両やインフラを負担することによって，区民は安い価格でEVを利用できる。

将来，EV のコストが下がってくれば，区の公用車費用の負担軽減も可能になり，費用・環境，両面での有効な施策となる。

8 電気自動車の事業的課題

カーシェアリングと EV は非常に相性が良いが，実際に EV をカーシェアリングに導入する場合は，航続距離の短さを補うために，ガソリン車との連携を行い，短距離は EV，長距離はハイブリッドなどのガソリン車というように，ニーズに合わせてサービスや動力源，車両サイズを使い分ける“新しいクルマの利用スタイル”に転換していくことが望まれる。

現在，EV ブームと言われ，国内各地で導入の動きがあるが，従来のブームと異なり，普及に弾みがつきそうな状況である。とはいえ，EV が大きく飛躍していくには課題もある。最大の問題点は，価格の高さである。国や自治体の補助制度を使用しても，EV でのカーシェアリングは，ガソリン車によるものと比べ約 2 倍のコストとなる。従って，利用者の料金負担額もガソリン車の 2 倍となってしまうが，それでも利用ニーズがあるのかとなると，なかなか難しい。

EV の普及策として，フランスのラ・ロシェル市では，官民一体で「LISELEC（リーゼレック）」プロジェクトと呼ばれる EV カーシェアリング事業を継続している。増加する都市の人口に対し，住民に公共交通を補完するショートトリップの交通手段を提供し，ラ・ロシェルの都市中心部の渋滞・駐車場不足の解消を目指している。また，EV の利用により，都市の大気環境を改善し，歴史的に古く道幅の狭い町並みの騒音問題の解消も狙いとしている。

LISELEC プロジェクトでは，バッテリーの交換費用を自治体が負担し，EV の運用費用は利用料で賄っており，環境のための取り組みという姿勢をはっきりと打ち出している。

日本において EV をカーシェアリングで使う場合は，国・地方自治体などの補充電場所の設置支援に加え，地域の法人や個人が利用したくなるようなしくみ（路上パーキングのような貸出ステーション，駅前ロータリーへのステーション設置，カーシェアリングの貸出カードと交通 IC カードとの連携拡大など）が望まれる。

9 おわりに

近年では，フランス・パリ市の積極的な取り組みが目立つ（写真 2）。2007 年 7 月，フランスのパリでレンタサイクルの「Velib（ヴェリブ）」がパリ市直営でスタートしたが，Velib の成功で，パリ市のドゥラノエ市長は，2008 年 10 月 7 日モーターショー会場で，EV4,000 台規模のカー

写真2　パリ市のカーシェアリング路上ステーション

シェアリング導入計画「Auto-Lib（オートリブ）」を発表した。考え方はカーシェアリングに似ているが，車両規格を統一し，借り出しと異なる場所への返却を可能とした点など，Velibとの共通項が多い。そのため公共自転車になぞらえて，公共自動車（コミュニティカー）と呼ばれることもある。最終的には，3,000台，1,000ヵ所（パリ市内700ヵ所）で2011年からサービスを開始する予定である。

欧米のこういった事例と比べると，日本の公共団体のカーシェアリングに対する支援は，まだまだ部分的なものにとどまっている，というのが現状である。海外の事例のように，日本においてもカーシェアリングに集中的にEVを投入して，大量生産によって車両価格を引き下げ，また，実際に使う場を提供することでEVの普及に弾みをつけることも重要と思われる。

文　　献

1) CarSharing - the key to combined mobility (Summary of the Synthesis), Energy 2000 (1998)
2) Second-Year Ttavel Demand and Car Ownership Impacts, Robert Cerevero (2004)
3) Christian Ryden, Emma Morin: Environmental assessment Report WP6, p16–21, moses deliverable D6.2 version 1.2 (2005)

〈自動車メーカーとインフラ〉

第9章　三菱自動車の充電インフラに対する電気自動車普及への取り組み

古川信也*

1　はじめに

三菱自動車工業㈱は，新世代の電気自動車「i-MiEV（アイ・ミーブ）」（写真1）を，2009年7月から主として法人向けに，また2010年4月からは一般のお客様向けに販売を開始した。

1世紀半ほどの自動車の歴史の中で，電気自動車は，製作の容易さや大気汚染対策などで何度かクローズアップされた。しかし，エネルギー源として石油はすこぶる優秀であり，特に移動体に好適な特性であることから，過去の開発において電気自動車は，内燃機関式の自動車市場を脅かすことはなかった。直近では，アメリカ・カリフォルニア州のゼロ・エミッション車法（ZEV法）に後押しされて1990年代に活発な技術開発が行われたことは記憶に新しい。

写真1　三菱自動車 i-MiEV

ZEV法対応の研究開発期において，レアアース系永久磁石を用いる交流モータとIGBTインバータによる自動車用モータシステムが出現した。このようなパワーエレクトロニクスの進化により，コンパクトで高効率の電動化動力系が完成し，内燃機関に組み合わせることで，実用的なハイブリッド車が出現した。さらには，携帯家電機器・情報機器のニーズとも相まってニッケル水素電池やリチウムイオン電池などの高性能な充電式電池が出現し，その後も継続的なニーズを受けて今日までその性能向上が続けられた。これらの要素に加え，地球温暖化防止と脱石油という社会的要求の高まりにより，電気自動車は自動車市場に再登場した。

現時点の電気自動車は，100〜150kmというコミュータレベルの航続距離であるが，同じ車格

* Nobuya Furukawa　三菱自動車工業㈱　開発本部 EV・パワートレーンシステム技術部 エキスパート

表1　電気自動車 i-MiEV の主要諸元

		i-MiEV	参考：i ガソリン車
全長×全幅×全高		3395×1475×1610mm	←
車両重量		1100kg	900kg
乗車定員		4名	←
発進加速	0-80km/h	10.3秒	11.4秒
	0-400m	20.1秒	20.9秒
最高速度		130km/h	146km/h
一充電航続距離（10・15モード）		160km	—
原動機	種類	永久磁石式同期型モーター	ターボ付エンジン
	最高出力	47kW	47kW
	最大トルク	180N・m	94N・m
駆動方式		後輪駆動	←
電池	種類・形式	リチウムイオン	—
	総電圧	330V	—
	総電力量	16kWh	—

の内燃機関自動車と遜色ない動力性能で，かつ極めてスムーズで静粛な動力系を備えるものが主流である（表1）。一方，特に日本の実情に限れば，ハイブリッド車を含むすべての自動車の中で，最も走行距離あたりのエネルギー効率に優れ，発電ソースに遡っても最も二酸化炭素の排出が少ない[1)]。さらに今後，発電ソースのうち，再生可能なエネルギー源の比率を上げれば，運輸分野における二酸化炭素排出を継続的に減らし続けることができる。このように，電気自動車は駆動用のエネルギーを充電により得ることで，地球温暖化防止と脱石油のニーズに対応できると言える。

2　i-MiEV と充電インフラ

電気自動車 i-MiEV では，長時間を要する100V充電，夜間就寝時に相当する8時間程度で満充電にできる200V充電，お出かけ先での急な不足に対応可能な200V三相50kWを使う急速充電の3方式を用意した（図1）。100Vは充電時間が長いが，日本全国で15Aコンセントが標準的・普遍的に整備されており，最もインフラの設備負担が少ないので，一日の走行距離が短いユーザや，充電設備の少ない場合にも利用したいというニーズに対応できる。200Vはコンセントの

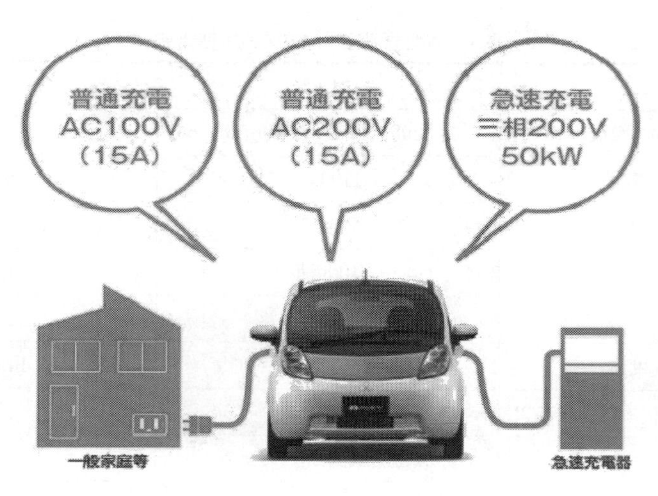

図1　i-MiEV の 3-Way 充電システム

設置こそ一般的ではないが，現在一般家庭を含むほとんどの需要家に対する，電灯線と呼ばれる低圧配電では，単相三線 200V が適用されている。コンセント配線を追加するだけで利用可能となることから，将来の家庭充電の主要な方式と考えた。一充電の航続距離は，一日の平均的な走行ならほとんどをカバー可能である設定だが，平均的なガソリン車と比べると短く，走行パターンによっては一日のうちでも電欠の可能性がある。これを補うため，30 分以内と比較的短時間で満充電の 8 割を回復可能な急速充電性能を設定した。航続距離については，過剰な電池を搭載しないことでコスト・重量を抑えるという側面があり，実用性とのバランスを見て設定している。代わりに，限られた航続距離であるので，普通のユーザでも年間に数日程度でも遠出をすると考えれば，急速充電の重要性は高いと言える。

急速充電の能力を見ればわかるように，i-MiEV の電池は 100A 以上の大電流の充電に耐える性能がある。家庭でこれを実現しにくいのは，50kW という，一般家庭より一桁以上も高い大電力を必要とするため，家庭への引き込み配線はもちろん，地域レベルを含む配電の見直しを要するなどインフラ再編への影響が大きく，また大きな車載充電器を必要とするからである。このように充電の方式や性能は，車両自体はもとより，電力インフラの実用性や経済性などのバランスにより決定すべきであり，現在の方式は，導入期を意識してインフラの追加負担を少なくするよう決めている。将来的に例えば今の 2〜4 倍の航続距離を持つ電気自動車に対するニーズもあると考えるが，このような開発は，車両，配電計画，公共インフラのあり方などを合わせて考慮されなければならない。

参考までに，ヨーロッパでは低圧配電として 400V 三相 4 線式を用いるのが普通であることから，これをそのまま充電用電源に使用する方法を考慮して充電用インターフェースを決める動きがある。しかし，日本や米国では三相配電は三相３線式（日本は200V，米国は208Vなど）が一般的でしかも，対地電圧を150V以下に制限されている屋内配線には使えないために，ヨーロッパと同じ方法を家庭用に使用できない[2)]。

ここまで見てきたように，電気自動車i-MiEVでは，EV導入期であることを考慮し，家庭用には現在の電力配電インフラのわずかな変更で導入可能であること，日本の電力事情に合わせた急速充電機能を装備すること，を主眼として製品スペックを設定し，また三菱自動車として公共インフラ整備にも参画してきた。急速充電のインフラについては，充電スタンドと車両のスペック整備，実証実験，さらには充電スタンドの設置までのすべてにおいて，共同研究先の電力会社に多大に後押しをいただいた。特にスタンドは電力会社のご主導で，多数を設置され，導入期の整備をリードして頂いており，この活動はCHAdeMO協議会コンソーシアムに引き継がれている。一方，家庭用相当の充電設備については，法人のお客様や戸建てのご家庭では大きな支障なく導入頂けるとしても，集合住宅や出先のちょっとした補充電のニーズにも新たな整備が必要であり，経済産業省の提唱する「EV・pHVタウン構想」に積極的に参画するとともに，住宅会社や大規模ショッピングセンター，コンビニエンスストア会社などとも共同作業を進めさせて頂いており，普及期に向けて取り組んでいる。

3　航続距離と充電インフラ

電気自動車を地球温暖化問題などの解決策にするために，外部電力からの充電が重要であることは上述したが，一方で限られた航続距離による頻繁な充電やインフラの制限による充電時間の長さにより，充電は煩わしい作業と見られる懸念もある。実際，ガソリン臭くない，ガソリンスタンドに行かなくて良いことを長所とする声も頂く一方，充電時間が長い，充電用のコネクタや電線が重く扱いづらい，手が汚れる，といった充電に関する短所の声も頂戴する。しかしながら，コネクタや電線・ケーブルの扱い性は，電力規模との兼ね合いであることも考慮しなければならず，特に急速充電を考える場合に影響は顕著である。仮に今の２倍の航続距離のEVを想定し，充電電流も２倍とすれば，電線の単位長さあたりの重量もおよそ２倍になり，これに応じてコネクタの端子も大型化する。このレベルになると，電線の支持やコネクタのかん合を補助する装置を付加する必要にも迫られるだろう。逆に航続距離を今より絞れば充電の頻度が増す。このように航続距離，利用可能な電力規模，充電の扱いやすさが，相互に影響しあうのが現実である。

充電の扱いやすさを改善する策のひとつが自動接続による充電であり，充電の接続と充電開始・停止の操作が自動化されれば，ユーザは煩わされることが無い。実際の展開に際しては，その設置のしやすさやコストを見たうえで，多数の充電スポットを設置して航続距離の小さな電気自動車としていくのか，少数の自動急速充電スポットを設置して，航続距離が長めの電気自動車とするかを考えていけばよい。本書で紹介されるワイヤレス給電は，充電の自動化を安全に行える技術として期待されるものであり，充電設備の充実と合わせて，電気自動車の普及期に向けての研究開発として取り組んでいる。

文　　献

1）㈶日本自動車研究所ほか，第1期JHFCプロジェクト報告書
2）原子力安全・保安院，電気設備の技術基準の解釈，162条など

第10章　トヨタ自動車のプラグインハイブリッド普及に向けた取り組み

朝倉吉隆[*]

1　ハイブリッド車開発への取り組み

1.1　自動車を取りまく環境

自動車の普及が始まってから約100年が経った現在，自動車は生活に欠かせない交通手段であり，また主要な陸上輸送機関となっているだけでなく，自動車産業は経済発展に重要な役割を担っている。そうした中，自動車が地球環境，社会と共生できるモビリティ社会「サステイナブル・モビリティ」の実現に向けて取り組みが求められている。

自動車の環境対応の取り組み課題は以下の3つになる。

①温暖化防止に向けたCO_2削減

②エネルギー多様化への対応

③大気汚染防止

このうち燃料の多様化に関して，燃料供給のインフラが整っていること，その扱いやすさ，エンジン技術の適応性から当面は石油が主流であると考えられる。ガソリン車・ディーゼル車については，車両の小型化・軽量化，エンジン・トランスミッションの改良，ハイブリッド化の推進等による燃費向上に力を入れ，課題への対応を幅広く対応して，各国の市場の要求に応えていくことが重要である。

化石燃料の長期的な展望でいえば，化石燃料はその生産がピークを迎え減少に転ずるオイルピークが到来することは確実である。燃費を向上させるなど「今ある石油を大切に使う」ことと並行して，「新しい燃料・エネルギーへの対応」も進める必要がある。代替燃料には，バイオ燃料，天然ガス，電気，水素など様々な候補があり，どの代替燃料のを採用するかは採掘から消費まで（Well-to-Wheel）におけるCO_2削減，自動車としての使いやすさ，各国・地域のエネルギー事情等を考慮して総合的に判断される（図1）。これらの代替燃料の中で，電気は将来的に有力な自動車用エネルギーの一つである。電気は様々な一次エネルギーからつくることができ，周波数，商用電力の電圧体系が異なるという利用上の違いはあるが，環境性能からいえば，発電エネルギー

＊　Yoshitaka Asakura　トヨタ自動車㈱　HVシステム開発統括部　企画総括室　主査

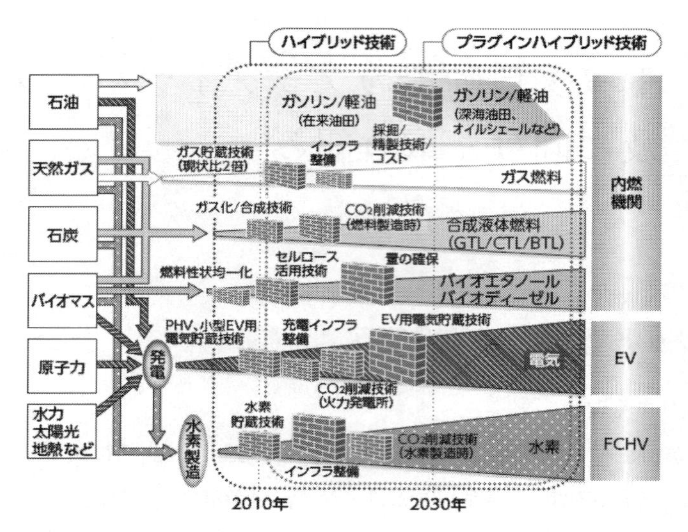

図1　環境エネルギー問題への対応シナリオ
（トヨタ自動車　Sustainability Report 2010）

の選択を適切に行うことでCO_2排出量が少ないエネルギーである。一方，電気エネルギーの利用には電池などの蓄電デバイスの性能に大きく依存することからエネルギー密度，パワー密度の画期的向上が求められることと，電池を充電するインフラの整備・拡充が必要であることが過去の普及への取り組みから学び得た電気自動車普及に向けた課題である。

1.2　トヨタハイブリッドシステム

自動車の環境課題への対応策としてトヨタ自動車はトヨタハイブリッドシステムを開発した。1997年に世界で初めて量産ハイブリッド車プリウスを市場に投入し，以後ハイブリッド車の拡充，ラインアップの充実を進めてきた。2010年4月末時点でハイブリッド車の世界累計販売台数は乗用車12車種で250万台に達した。現状モデルラインナップは商用車3車種含め15車種である。今後は，2010年代の早い時期にハイブリッド車の年間販売数100万台，という目標を掲げている。海外の生産拠点も増やし，アメリカ・中国・タイ・オーストラリア・イギリスでの生産を進めている。

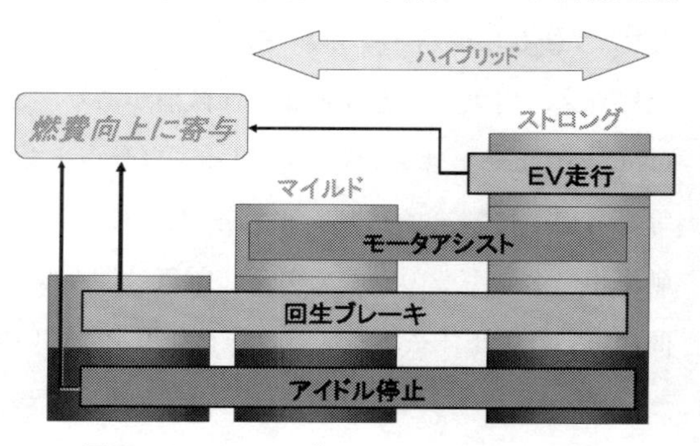

図2　トヨタハイブリッドシステムの特長

トヨタハイブリッドシステムは以下の4つの特長を持つハイブリッドシステムである。停車時のエンジン停止，減速時に駆動モータを発電機作動させ自動車の運動エネルギーを電力回収する回生ブレーキ機能，大きな加速

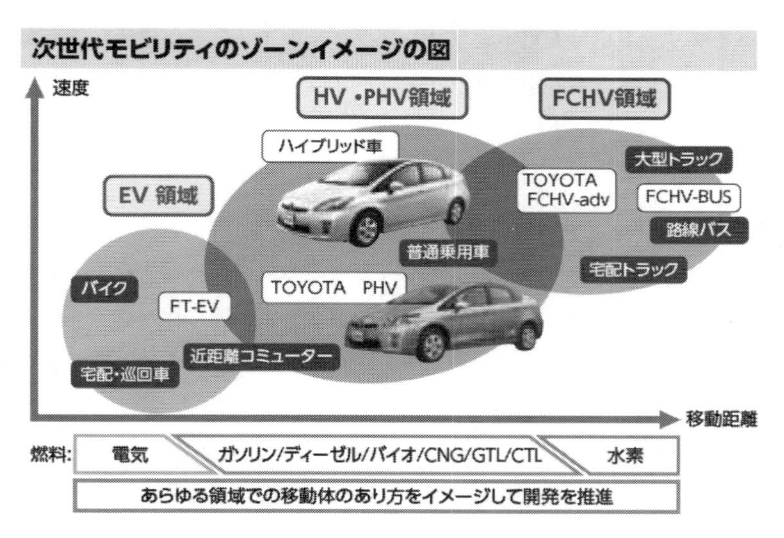

図3　次世代モビリティの棲み分けイメージ

力が必要な時にバッテリからの出力をエンジン動力に付加することで得られるスムースな加速性能，そしてバッテリからの出力だけでモータ走行できるEV走行機能である（図2）。

自動車の環境課題への対応として電力（電気）を利用することは自動車にとって必須の方向性であるが，将来の自動車用燃料は世界の各国，各地域や自動車の用途に応じて多様化し，パワートレーンもそれに対応していく必要があることから，電気利用のクルマを用途に応じて適用していくことが現実的である。図3は将来モビリティについての棲み分けについて，移動距離とクルマの大きさで整理したもので，将来のサステイナブル・モビリティの実現に向け，プラグインハイブリッドは中核的存在になると考えて開発を進めている。

2　プラグインハイブリッド車

2.1　プラグインハイブリッド

電気自動車は搭載した駆動電池を走行して使いきってしまうと路上停止してしまうことから，そのような場合に最低限の走行能力を供給するためのエンジンシステムを搭載する電気自動車が出現した。電気自動車の走行距離（レンジ：range）を伸長させる方式であることから，レンジエクステンダーEV（range extender electric vehicle）と呼ばれる。

2000年前後からガソリンエンジンをベースにしたハイブリッド自動車に外部充電機能を持たせる検討が米国のUCデービス校，EPRI（Electric Power Research Institute），NREL（the National Renewable Energy Laboratory）などにより取り組まれた。プリウス，インサイトなど米国市場での普及によりハイブリッド車は充電不要（ノンプラグ）のイメージが浸透してきたことから，外部充電を備えたハイブリッド車を逆にプラグインハイブリッドと呼ぶようになり，現在に至っている。

2.2　プラグインハイブリッド車の排出ガス・燃費試験方法

プラグインハイブリッドの走行モードは電池の充電電力で主に走行するモードとハイブリッド車としてエンジン動力により走行し，電池の充電状態が一定範囲に保たれるモードに分類される。前者をCharge Depleting Mode（CD走行モード）またはプラグイン走行，後者をCharge Sustaining Mode（CS走行モード）またはハイブリッド走行と呼ぶ（表1）。電池の充電電力を使って走行するCDモード走行で燃費試験モード走行時にすべて充電電力だけでモータ走行する状態をオールエレクトリックタイプ（All Electric Range）と呼び，加速などの走行動力が高い時にエンジン

表1　プラグインハイブリッド自動車の燃費性能指標

複合燃料消費率（km/L） （プラグインハイブリッド燃料消費率）	プラグイン燃料消費率とハイブリッド燃料消費率を複合して算出する代表燃料消費率
ハイブリッド燃料消費率（km/L）	ハイブリッド走行（Charge Sustaining 走行）時の燃料消費率
プラグイン燃料消費率（km/L） （充電電力使用時燃料消費率）	プラグイン走行（外部充電による電力を用いた走行。Charge Depleting 走行）時の燃料消費率
プラグインレンジ（km） （充電電力使用時走行距離）	外部充電による電力を用いて走行可能な距離
電力消費率（km/kWh）	プラグイン走行時の電力消費率

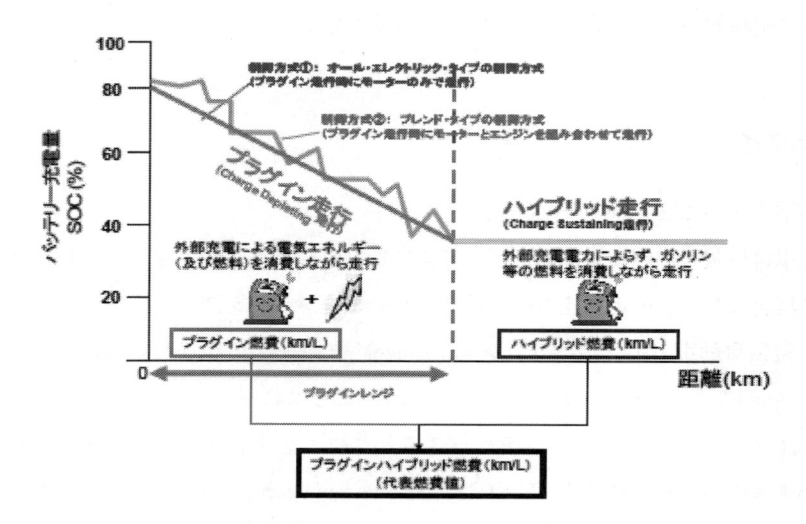

図4　プラグインハイブリッド自動車の特長

が作動し，動力の補完を行う状態をブレンドタイプと呼ぶ。この状態の違いはプラグインハイブリッドのエンジン作動条件の設計に依存するため，各国の排出ガス・燃費試験での走行モードの動力負荷によって作動状態は変わる。

日本においては平成21年7月にはプラグインハイブリッド車に対する排出ガス・燃費試験方法が追加，改正されている。図4は国土交通省より参考資料として掲載されているプラグインハイブリッド車の特長である。

2.3　プリウスプラグインハイブリッドの概要

家庭電源からの充電を可能としたプラグインハイブリッド（PHV）は，短距離走行では「電気自動車（EV走行）」として，急加速・登り坂走行など大きな動力が必要な場合や電池の充電量が低下した場合にはエンジンが作動し「ハイブリッド車（HV走行）」として走行する，EVとHVの双方の機能をもったクルマである。PHVの特長は電池の充電が低下した場合には，通常のHVとしてガソリンを使って走ることである。また電池容量がEVに比べて小さくできることから，電池の充電にかかる時間が短くできることである。家庭や出先の充電インフラの充電を行うことでEV走行のよさとHVとしての利便性が特長であり，電力を利用することで低燃費（経済性）と電力利用によるCO_2低減の有力な技術である。

トヨタ自動車は第2世代プリウスのベースにしたプラグインハイブリッドを改造試作し，2007年7月に国土交通大臣の認可を取得し，各種の公道試験を実施した。2009年12月には第3世代プリウスをベースとしたプリウスプラグインハイブリッドを発表し，日米欧の特定顧客を中心に約600台の導入を開始した。

ベース車からの主な変更部分は，駆動用バッテリにリチウムイオンバッテリーをトヨタとして初めて採用，さらに新開発の高効率充電器を搭載した。また，コンピュータの制御ソフトを大幅に変更し，インバータの電源設計にはバッテリ高圧化対応で小変更を加えている。表2にハイブリッドシステムの主な仕様をまとめた。EV走行性能はプリウスより大幅に拡大されているが，EV走行の動力となるモータは，ハードを一切変更していない。プラグイン化することにより，プリウスのハイブリットシステムの持つEV走行性能のポテンシャルを最大限に引き出したともいえる。図5にあるように，充電リッドは車両左フェンダーに設定し，家庭用コンセントにつなぐことで充電できるようになっている。充電は交流100V，200Vのいずれにも対応しており，100Vを使用した場合で3時間，200Vでは100分で充電が完了する。

JC08モード走行でのEV走行（電池の充電電力を使ったモータ走行）は23.4kmで，最高速度100km/hまでモータ走行が可能である。プラグイン燃費は57km/Lでハイブリット燃費すなわち充電していないときの燃費は，30.6km/Lでベース車同等である（表3)。

表2　プリウスプラグインハイブリッドの主な仕様

システム名称			THS II Plug-in （リダクション機構付）
エンジン			1.8L ガソリン 2ZR -FXE：高膨張比
	最高出力	kW[PS]/rpm	73[99]/5,200
	最大トルク	N・m[kgf・m]/rpm	142[14.5]/4,000
モータ			交流同期：3JM
	最高出力	kW[PS]	60[82]
	最大トルク	N・m[kgf・m]	207[21.1]
駆動用電池			リチウムイオン
	容量	kWh	5.2
	定格電圧	V	345.6
	充電所要時間	AC100V	約 180 分
		AC200V	約 100 分
システム最高出力		kW[PS]	100[136]
システム電圧			最大 650V に昇圧
EV 走行距離		km	23.4
EV 走行最高速度		km/h	約 100

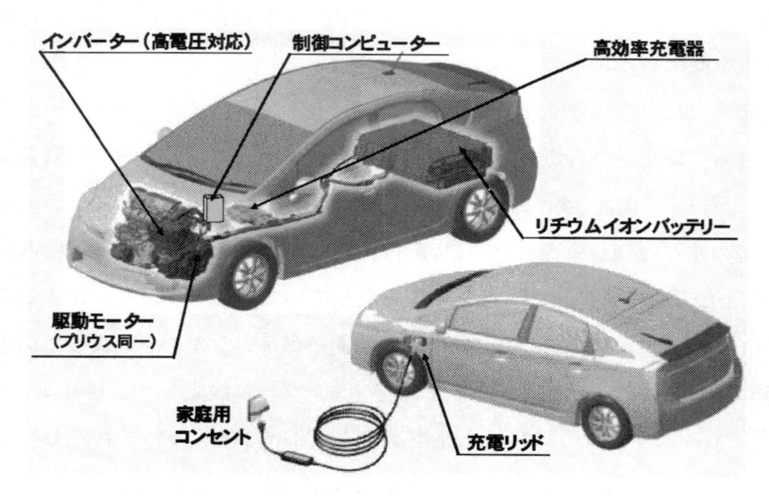

図5　プリウスプラグインハイブリッドの主要部品配置

表3　プリウスプラグインハイブリッドの環境性能

平成17年基準排出ガス低減レベル		75%低減レベル
①充電電力使用時燃料消費率	km/L	－
（プラグイン燃費値）*1		（専ら外部充電による電力により走行）
②ハイブリッド燃料消費率	km/L	30.6（CO_2排出量 76g/km）
③プラグインハイブリッド燃料消費率*2	km/L	57.0（CO_2排出量 41g/km）
④充電電力使用時走行距離*3, *5	km	23.4
⑤電力消費率	km/kWh	6.57
⑥EV走行換算距離*4, *5	km	23.4
⑦一充電消費電力量	kWh	3.56
2015年度燃費基準		達成レベル

＊1　充電電力使用時燃料消費率（プラグイン燃費値）
・外部充電による電力を併用した走行時の燃料消費率

＊2　プラグインハイブリッド燃料消費率
・外部充電による電力で走行した燃料消費率と，外部充電による電力を消費した後にハイブリッドで走行した燃料消費率とを複合して算定された，平均的な燃料消費率

＊3　充電電力使用時走行距離
・外部充電による電力を併用して走行可能な距離

＊4　EV走行換算距離
・外部充電による電力のみを使用した走行に相当する距離

＊5　プリウスプラグインハイブリッドの場合，「充電電力使用時走行距離」と「EV走行換算距離」は一致する。

図6左は国土交通省が平成17年度に実施した交通センサス調査結果で縦棒グラフは一日あたりの走行距離毎の頻度分布を示している。 一日の走行距離で20km未満が全体の50%を占めている。図6右はプリウスプラグインハイブリッドでの実際の燃費測定結果である。エアコンの使用状態や走行状態の違いなどによりばらつきは認められるが，充電一回の走行距離が短い時は非常に良い燃費が得られており，距離が長くなるにつれて通常のプリウスに近づいていることがうかがえる。

このようにプラグインハイブリッド車は充電を上手に行うことにより，電気自動車の短所である走行距離の短さを気にすることなく，電気を積極的に利用のクルマであると言えよう。

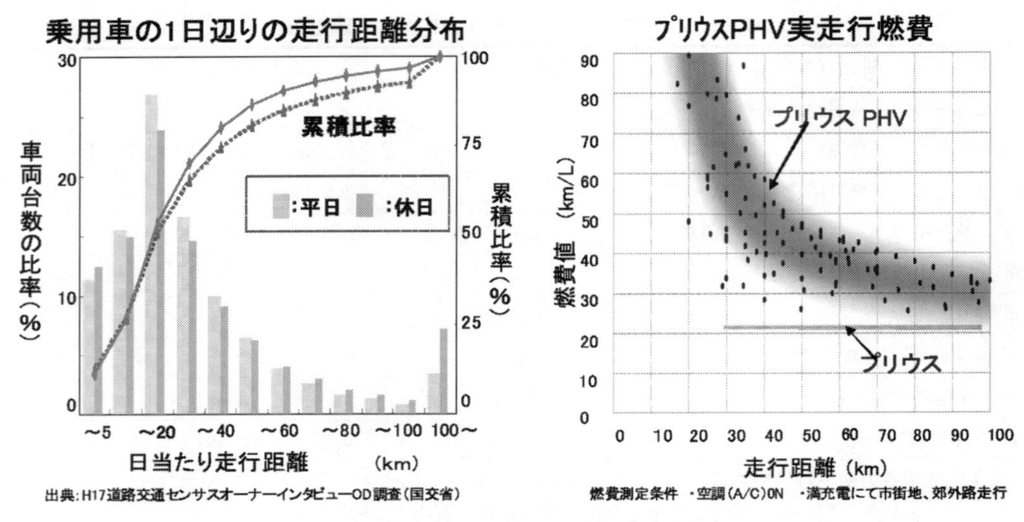

図6　プラグインハイブリッドの燃費性能例

3　普及への取り組み状況

将来にわたって持続可能なサステイナブル・モビリティを実現するには，車両技術の研究開発だけでは不十分である。たとえば電気自動車・プラグインハイブリッドのための充電スタンドの拡充，公共交通の高度化を含めた交通システムの変革など，社会的な受け入れ態勢整備も不可欠である。サステイナブル・モビリティの社会的基盤づくりに向け，国内外で実証実験や取り組みを着実に進めていくことが必要であり，プラグインハイブリッドへの理解を深めていただくことと，スマートコミュニティでの新しいモビリティ社会の在り方を実証研究するため，各地域での取り組みを進めている。

2010年4月より豊田市で「『家庭・コミュニティ形』低炭素都市構築実証プロジェクト」を開始した。このプロジェクトでは地方都市型の低炭素社会システム構築を目標に，自動車からのCO_2低減，車の蓄電池の有効活用，公共交通を含めた次世代自動車の導入と利用促進などの実証実験を行うものである（第13章参照）。

図7は青森県六ケ所村での風力発電と太陽光発電による「100%CO_2フリー」の電力供給と利用を行う実証実験である。風力発電会社である日本風力開発株式会社を中核として，日立，パナソニック電工およびトヨタ自動車の4社による完全民間型のプロジェクトとして運営されている。実証用の住宅が6棟，その住宅向けにはPHV車が合計8台による比較的小規模の実証実験に当たるが，電力系統とユーザーサイドをつなげるトヨタスマートセンターを導入し，スマートハウスとの連携や，プラグインHVの運行充電管理，実証エリアのコミュニティ電力管理の実証など，

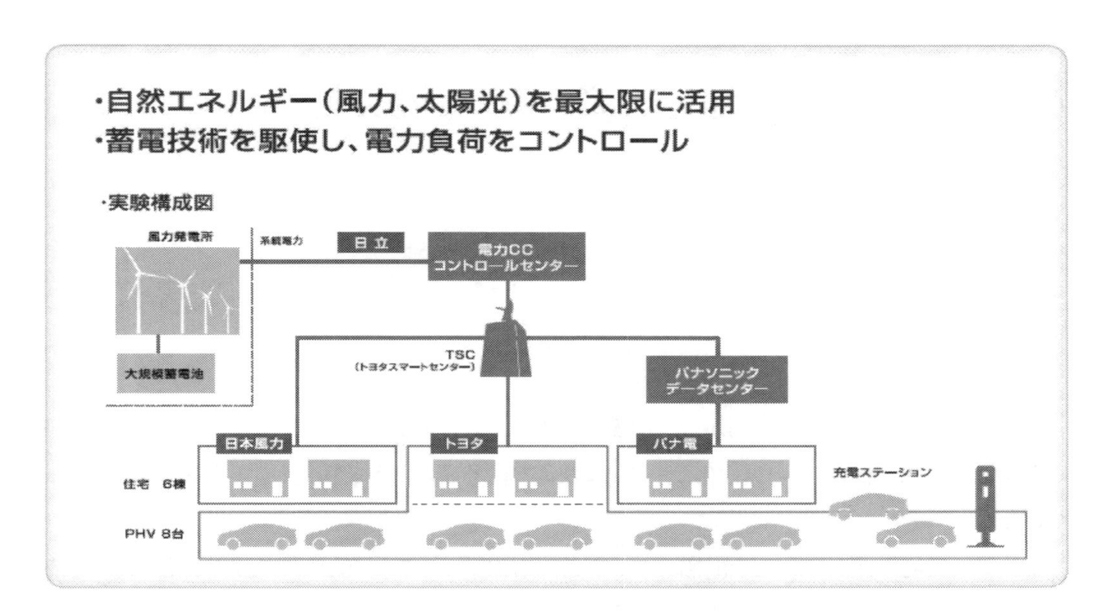

図 7　プラグインハイブリッド車普及への取り組み例（青森県六ケ所村）

次世代技術へのチャレンジに積極的に取り組んでいる。

海外においては，米国コロラド州ボルダーでのスマートシティプログラムに参画するほか，フランスストラスブール市ではフランス電力会社の EDF との実証実験を開始した。プラグインハイブリッド車約 100 台が投入されるのを機に，EDF は市内に約 150 基の充電スタンドを設置し，車両の研究開発とともに充電インフラの検証を行い，プラグインハイブリッド車の将来の普及に向けた取り組みを進めている。車両の研究開発に加え，こうした社会的実証実験や基盤づくりを通して，トヨタはサステイナブル・モビリティをできるだけ早く実現させるべく今後も研究開発に注力していく。

〈地域・自治体での取り組み〉

第11章　大丸有地区における環境交通導入の取り組みについて

水口雅晴*

1　はじめに

2009（平成21）年1月に，国から「環境モデル都市」に選定された千代田区は，「経済と環境の調和」という政策テーマの具体化と，安全で快適な賑わいのあるまちづくりの推進が課題となっている。

千代田区環境モデル都市実行計画においては，交通について「運輸部門でも交通量の減少や燃費の向上によりCO_2削減を見込むこととし，千代田区独自の環境負荷の少ない自動車交通システムの整備（電気自動車の導入促進の基礎整備）等を実施することにより約12.9トンの削減を図る。」と明記されている。

東京駅周辺の大手町・丸の内・有楽町地区（以下「この街」という。）は，日本経済の中枢である。丸ビル建替えや東京駅舎・駅前広場再整備に始まった「丸の内再構築」は順調に推移し，丸の内パークビルの建て替えからは「第2ステージ」がスタートした。

この街では，23年前の1988（昭和63）年に，ビルオーナー等の地権者が将来イメージを共有する形で推進するため，「大手町・丸の内・有楽町地区再開発計画推進協議会（大丸有協議会）」を結成した。PPP（官民協調）による街づくりの成果として，特例容積制度や用途地域の見直し（容積上限等）等が実施された。

このように，街としての求心力は，当初はビル建替えというハードに力点が置かれていたと言える。特に，2000年代に入ってからは，地方分散よりも「都心再生」が，国際的都市間競争で勝ち残るための街の魅力付けや価値創造として主たる関心事となった。

国をあげて都市セールスに取り組む新興国の強烈な上昇志向を目の当たりとすると，やや遅きに失したかの感慨も禁じえないが，少なくとも明治以降の経済成長と歩調を合わせて発展してきたこの街が，現在は「環境」によるブラッシュアップを求められていることに異論はない。

---

*　Masaharu Mizuguchi　大丸有地区・周辺地区環境交通推進協議会　副会長；
三菱地所㈱　都市計画事業室　副室長・副理事

2　この街の交通の出発点とその後

写真 1　丸ノ内ガラーヂ

そもそもこの街に自動車が現れたのは，100 年余り前の 1906（明治39）年であり，「三菱一号館」（創建当時を忠実に復元し，2010 年 4 月美術館として開館）のテナントが所有していた自動車であったとされる。モータリゼーションにより台数が急増し，1927（昭和 2）年の三菱社の調査によると 400 台を数える状況となったため，地上 6 階地下 1 階，駐車台数 250 台の駐車場ビル「丸ノ内ガラーヂ」（写真 1）を建築・開業した。

戦後になると，モータリゼーションは更に進み，各ビル建替えに合わせてビルの地下にもガレージが整備されるとともに，路上駐車の削減という公共的使命も帯びて，1960（昭和 35）年に東京駅前の行幸通り地下に 2 階建て式駐車台数 520 台の「丸の内駐車場」を建築・開業させた。

現在，この街の駐車場台数は，ビル地下駐車場を中心に約 13,000 台にも達し，しかも稼動率は 4 割程度という充足率（駐車場が多すぎる）であるため，この街独自の付置義務駐車場ローカルルールを適用し，過剰な駐車場台数とならないよう配慮しているという実態であるから，まさに隔世の感である。

加えて，国道，都道，区道が縦横に接続し，幹線からビル間の小街路まで至便な交通網が形成されている。来街者が利用する交通手段は，分担率調査によると約 8 割が電車・バスによる公共交通である。

このように，道路が整備され，公共交通が発達し，交通至便であるこの街では，従来，交通対策への関心が必ずしも高かったとはいえない。そのひとつの典型例が「自転車」である。120ha もあるこの街の中で，自転車の活用については，従前よりまともに顧みられることはなかった。

エコモビリティが唱えられはじめたここ 3〜4 年間に，コミュニティサイクルや駐輪場のあり方の検討のため実証実験を 5 回も行い，今までの勉強不足の巻き返しに努めているあり様である。

将来的には，三環状道路（圏央，外環，中央）の整備により，この街を含む東京都心の通過交通の負荷が劇的に軽減される。地域内交通の負荷軽減という恩恵を，どのようにまちづくりで活用すべきか，そこも知恵の出しどころとなっている。

ちなみに，環境対策はもちろんのこと，「街の

写真 2　丸の内シャトル

更新」による来街者の増加に伴う観光，買い物，イベント参加といった来街目的の多様化に対処し，街の回遊性，賑わいといったまちづくりの視点から，無料でこの街を循環するHV（ハイブリッド）バス「丸の内シャトル」（写真2）が2004（平成16）年から導入されている。

3　物流から環境交通実験へ

大正～昭和のこの街のモータリゼーションから時代はずっと下り，交通対策が新しい課題に直面したのが，2000年代初めの丸ビル新築に始まる本格的な「超高層ビル」時代の到来である。大規模小売店舗を抱える丸ビル再開発を前にして，トラックなどの商用車対策が重要な課題として浮上した。

従来からの書類や事務用品等のオフィス街らしい「ドライ貨物」に加え，飲食店・物販店向けの食料品や衣料品等をスムーズに搬入するシステムの構築が急がれた。

2004（平成14）年に，旧運輸省と建設省の「連携施策」として支援を頂き，当時少しずつ広まり始めた「社会実験」により，いわゆる「共同物流」の導入可能性の実証を行った。

すなわち，この街のここ10年間の交通上の課題は，まずは「物流効率化」として意識されたのである。

さらに，近々数年間は，CO_2環境対策という新しい課題意識が加わった。環境交通のソリューションとして，実験を通じた試行・検証のプロセスを経つつ，この街を走る自動車を，ガソリン車やディーゼル車から電気自動車（EV）やハイブリッド車（HV），さらには自転車といった環境車両へ転換したいというのがこの街の想いである。

2008（平成20）年より国の支援策を得て，環境交通の実証実験を開始したが，総じてスムーズに実験主体を組成するとともに，道路管理者や交通管理者との協議を進めることができたと考えている。

それは，前記の通り，すでに1999（平成11）年から，あるいはそれよりも古く1970年代（昭和50年代）から，関係者が「物流の効率化」に地道に取り組んできた積み重ねによるものである。

警察や道路管理者も含む関係行政機関と企業が，PPP（官民協調：Private・Public・ Partnership）の精神で「大丸有地区・周辺地区環境交通推進協議会」を結成し，電気自動車（EV：三菱自動車工業製「i-MiEV」（アイ・ミーブ））を活用した新たな移動サービスの実験（コミュニティタクシー，カーシェアリング）を行うことにより，EVの普及・導入の可能性を検証することとした。

本稿では，2009（平成20）年9月29日（火）から10月12日（月・祝）までの間に，延べ200

余名のモニターの参加を得て実施された①EVの活用（コミュニティタクシー，カーシェアリング），②HV循環バス，③マルチポート型コミュニティサイクルの活用に係る実験のうち①EVの活用について記載する。

この街の（環境）交通に対するスタンスの一端をお示しできれば幸いである。

4　実験のポイント

（1）　実験主体

大丸有地区・周辺地区環境交通推進協議会

（2）　実験フィールド

東京大手町，丸の内，有楽町およびその周辺地区，並びに横浜みなとみらいとの高速道路走行

（3）　使用したEV

実験車両は，三菱自動車工業社製の「i-MiEV（アイミーブ）」である。これは三菱商事様のご協力により提供頂いた。

（4）　参加モニター

一般公募のモニター，延べ200余名

（5）　検証項目

①　EVカーシェアリング

- 東京都心部におけるEVを活用したカーシェアリングの利用ニーズと転換可能性（CO_2削減量の推計）の把握
- 実現化（有料化）した場合の利用意向の把握

②　EVコミュニティタクシー

- 一般のタクシーとは異なり，軽四輪のEVを活用し，千代田区内など近距離移動を支援するタクシーに係る利用ニーズとCO_2削減量を推計
- システム運用上（運賃等）の課題把握

③　急速充電インフラのネットワーク化

図1　実験イメージ図

・広域的な移動に対応した急速充電器の運用上の課題，利用ニーズの把握

(6) まず，全体に共通するEVへの意識については，モニターアンケート調査の結果から，次の2項目を示す。

EVの普及意向については，「積極的に普及させるべきだと思う」が61.1%，「都市部など一定の範囲で普及させるべきだと思う」(33.3%) と合わせると，9割以上がEVの普及に前向きの回答である。

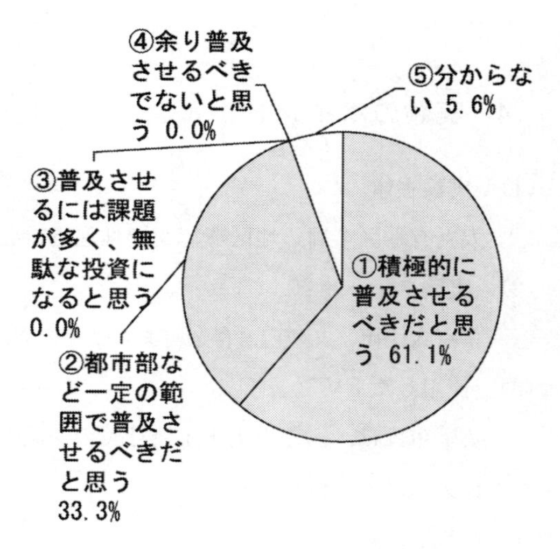

図2 EVの普及意向

EVの購入意向については，「購入したい」と「普及状況を見て購入したい」とで88.9%に達しており，一般の関心の高さがうかがえる。

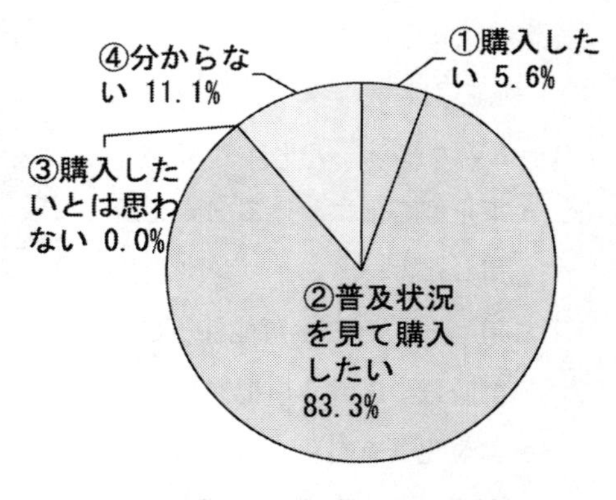

図3 EVの購入意向

5 EVカーシェアリング実験

すでに東京駅周辺では，レンタカーやカーシェアリングがビジネス化しているが，ガソリン車ではなく，EVというめずらしさや新規性によるユーザー意識等について，次の通りの結果を得た（回答者36人）。また，実験の様子を写真3，4に示す。

①使用車両	「i-MiEV（アイミーブ）」（2台）
②乗降方法	日本ビル（千代田区大手町2丁目：JR東京駅の北東側隣地）地下駐車場3階・急速充電器前より乗降車
③利用時間帯	AM11：00～AM12：00，PM1：00～PM3：00
④利用時間制限	1時間以内に帰着（午前1回転，午後2回転（合計3回転））

写真3　EVカーシェアリング①

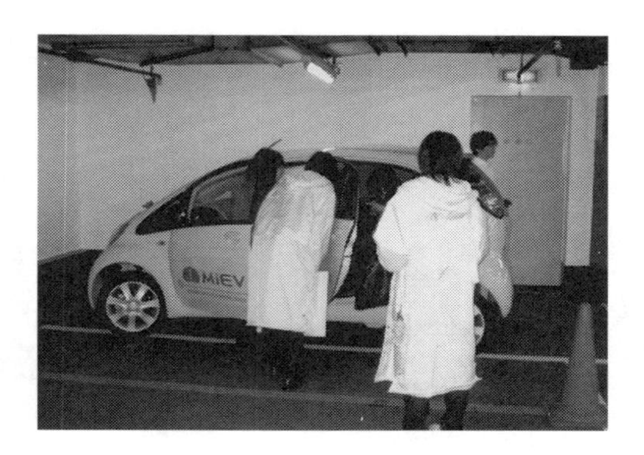

写真4　EVカーシェアリング②

まず，ガソリン車との比較では，EVの方が「良い」と「どちらかといえば良い」との回答が，「静粛性」で全員（100%），「振動」84.6%，「パワー」と「加速」各々76.9%となった。

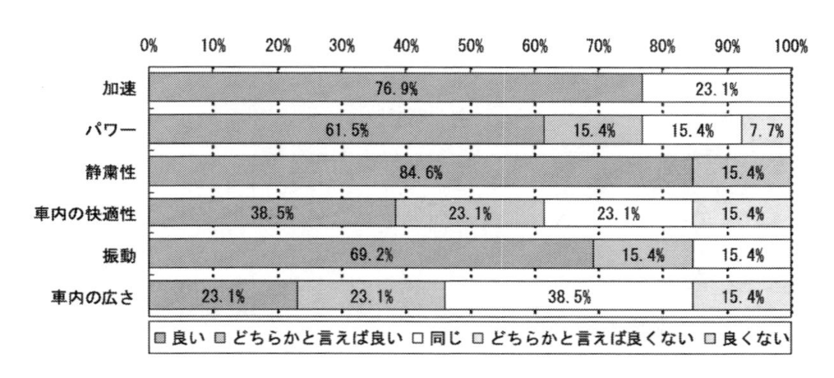

図4　EVの感想（ガソリン車との比較）

EVカーシェアリングの感想としては，総じて予想以上に好評であった。マイカーの駐車場確保などを考えると「自宅そばで営業開始すれば，マイカーを手放す」との意向も聞かれた。

（感想例）

・今回，社会実験でのEVカーシェアリングを体験できて大変良かったと思う。

・ストップ＆ゴーが多い，道路が狭い，駐車場が少ないという条件において，都心でのカーシェアリングは，ガソリン車よりもEVの方が向いていると思う。

・EVは，とても運転しやすく，実用・普及は時間の問題だと改めて感じた。もし自宅の近くでEVカーシェアリングのサービスがスタートすれば，自家用車を手放すかもしれない。
・東京駅のようなターミナル駅付近にあれば断然利用すると思う。例えば，東京駅の八重洲口から丸の内口まで徒歩だと負担が大きいが，EVカーシェアリングがあれば有効に利用できる。
・交通の便があまり良くない地方でも，エコに有効な手段だと思う。ショッピングセンターや総合病院と，地方の集落を結ぶなどの案が考えられると思う。

ただし，利用料金との関係では「ガソリン車と同程度(92.3%)」が条件であり，わざわざ高い料金を支払ってまで利用したいとする回答は少なかった（7.7%）。

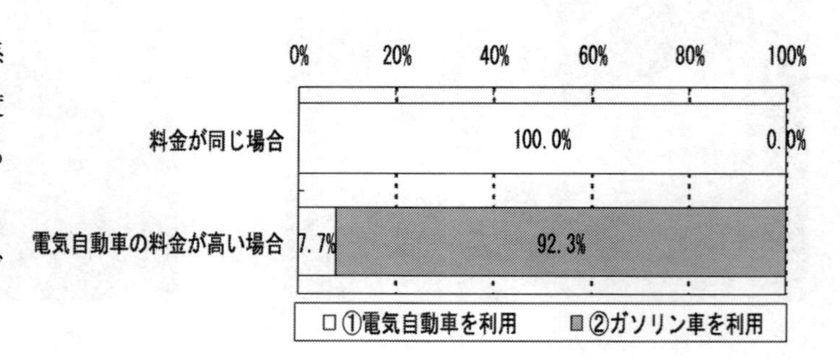

図5　利用選択

都心部でのEVカーシェアリングの必要性について，「必要」が76.9%に達し，その理由として，「利便性」「（マイカーの）維持費，駐車場問題」「環境にやさしいから」等が聞かれた。

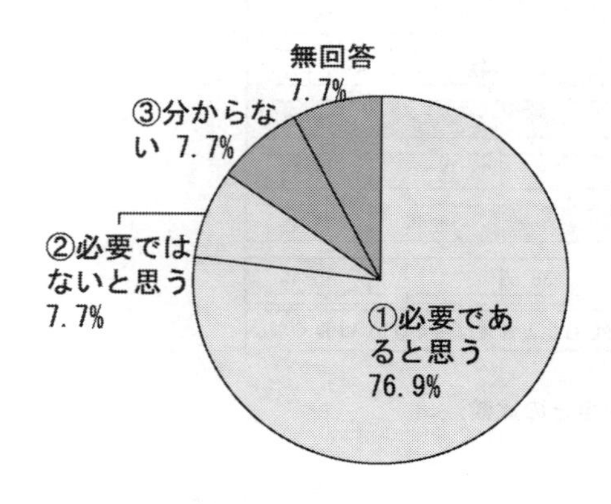

図6　都心部での必要性

〈主な理由〉

・利便性の面でも必要。
環境にやさしくエコにもなる。
・維持費，駐車場の問題など，都心では自家用車を保有するよりも，短時間だけ自分で運転できる車がある方が便利である。
・近距離移動など鉄道を利用した場合と比べて便利だと感じるような場合に，必要であると思う。
・マイカーの駐車場を探すのが大変だから。
・都心は交通網が発達しており，渋滞も多くタクシーも多いので，EVを利用する方が良いと思う。
・CO_2の削減のため，地球温暖化防止になるから。
・タクシーより割安に使えそう。（使いたい。）

利用し易いと思う場所については，「鉄道駅周辺の駐車場」(92.9%) とほぼ全員が選択し，次いで「コインパーキング」(30.8%) 等がみられた。

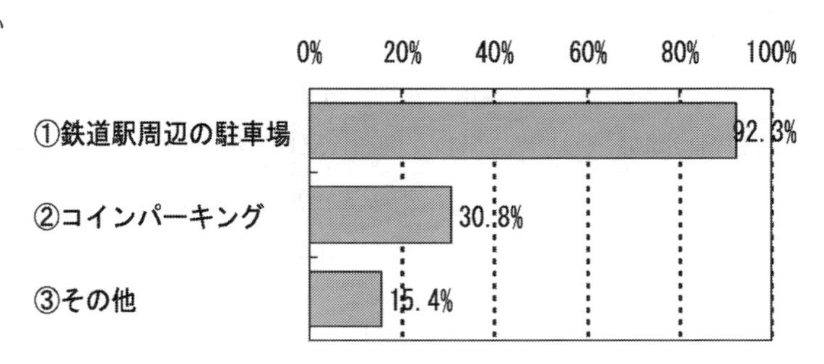

図7　利用し易いと思う乗車場所

GPSデータにより，モニターの走行ルートを検証すると，貸出し時間が1時間に限定され，発着点の大手町・日本ビルに1時間以内で戻るという条件であったにもかかわらず，積極的な走行が見られた。

大手町を発着点として，人気の皇居一周にはじまり，後楽園，飯田橋，赤坂，青山，芝公園，大川端，勝どき，銀座，両国，浅草などなど，概ね走行距離は10Km前後で，都心部のさまざまな箇所を走行したことが把握された。

EVカーシェアリングがこの街で本格稼動した場合のCO_2削減量の推計値は，「23.3トン/年」である。これは，35台のEVタクシーが稼働し，鉄道，通常タクシー，自家用車から利用が転換した場合を想定したデータである。

6　EVコミュニティタクシー

i-MiEVを活用してEVタクシーを営業化しているのは，実験時（2009年）に全国で未だ3例（愛媛県松山市，新潟県柏崎市，岡山市：各1台）があるのみで，この街のように丸の内オフィス街と皇居等の国際的観光拠点を抱える都心での実験は今回が最初であった実験の様子を写真5，6に示す。

i-MiEVは軽四輪であるため，現行法規上，車内スペース等の規格でタクシーとして使用できないため，実験による特例扱いとされた。

①使用車両	i-MiEV（1台）
②運行方法	日本ビル地下駐車場3階・急速充電器前より乗車
③利用時間帯	AM11：00～AM12：00，PM1：00～PM3：00
④1回当り利用時間	30分（午前2回転，午後4回転（合計6回転））
⑤利用の多い場所	●鉄道駅（秋葉原駅，銀座駅，神田駅，霞ヶ関駅等） ●エリア（丸の内，銀座，日本橋） ●名所（日比谷公園，帝国ホテル，国会議事堂等）

写真5　EVタクシー①

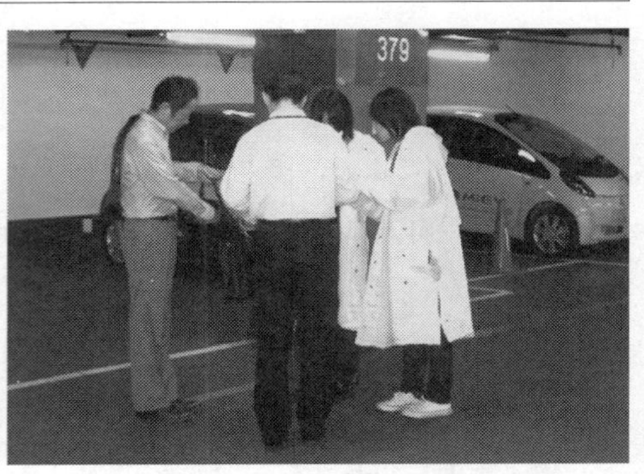

写真6　EVタクシー②

利用目的は56.5%が「EVを利用したいから」であり，多くのモニターが，端的に言えば，EVがどのようなものか試乗したということが分かる。実験ならではの回答と言えよう。

これに，「買い物」（21.7%），「観光」（13.0%），「ビジネス」（8.7%）といった実ニーズが続く。この街では，ビジネスを超えて，買い物と観光がかなりのウェイトを持っていることが分かる。

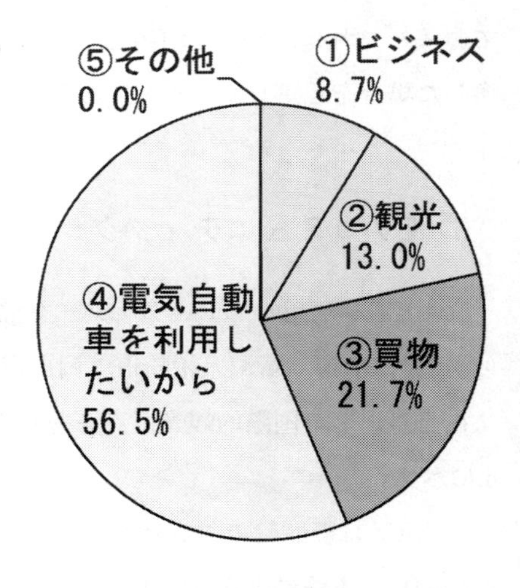

図8　利用目的

一般のタクシー車との比較では，カーシェアリングと同様に，「静粛性」「振動」の順で好評であったことが分かる。軽四輪のため車内スペースへの評価に懸念があったが，「車内の快適性」で「良い」と「どちらかといえば良い」が86.9%，「車内の広さ」自体も65.2%が「良い」と「どちらかといえば良い」との回答となっており，予想外に居住性への満足度がうかがえた。

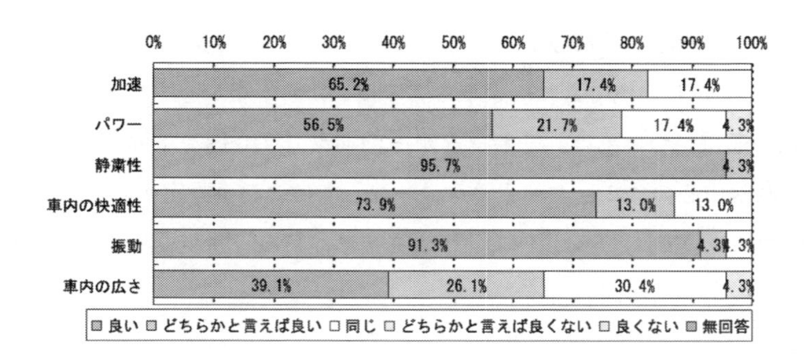

図 9　電気自動車の感想（通常のタクシー車との比較）

EV タクシーの都心部での必要性については，87.0%が「必要である」としており，理由として，区内など 2km 以内の近距離走行では有効といったものと，環境への配慮をあげる回答が多かった。

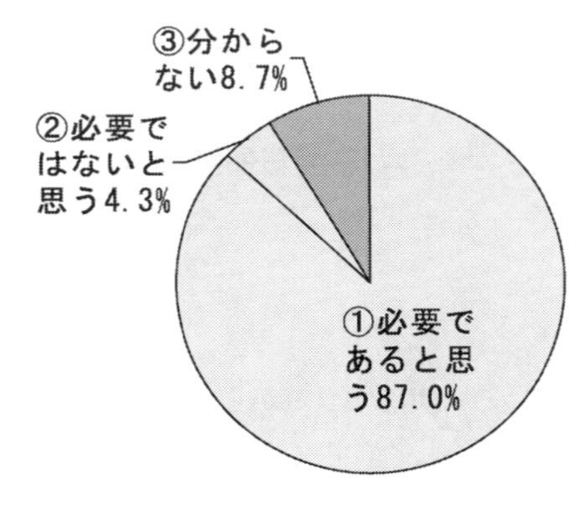

図 10　都心部での必要性

〈主な理由〉

- 環境に優しい。排気ガスによる環境破壊の防止になる。
- 信号待ちなどが多いから，発進力のある EV は便利
- 買い物や遊びならば需要があると思う。
- 乗り心地がよく，好んで乗るニーズが多く存在すると思う。
- 近距離の移動をまかなう公共交通手段が不足しているから。（タクシーでは高すぎる，地下鉄では駅間が長すぎる。）
- 広く利用されるのが理想だが，まず都心部で広報的に認知してもらうのがいいと思う。
- 一般タクシーの減車による省 CO_2 効果
- 2km 未満の近距離移動が多い場合に有効
- ビジネス上，特定エリア間で移動が多いケースがありえる。千代田区のみや新宿区と渋谷区のみなど。

また，EV タクシーの利用意向については，「乗車したいと思う」（82.6%）が多く，EV タクシーへの期待感が現れている。

その理由としては，前記の「都心部での必要性」と同様に，環境への配慮，乗り心地の良さをあげるものが多く，「新しい車であり，乗車してみたいから」というものもみられた。

ただし，支払い運賃については，一般タクシーの初乗り710円を下回る希望が多く，「ワンコイン」など，近距離中心のコミュニティタクシーならではの料金設定への期待感がみられた。

可能な待ち時間については，5分以内で47.8%を占め，待ち時間が短く気軽に利用できるコミュニティタクシーへのニーズが高い。

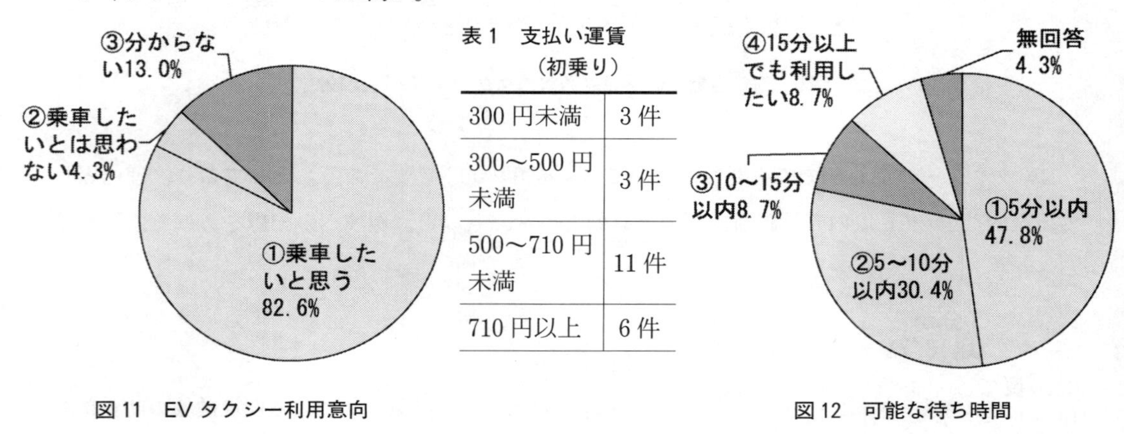

表1　支払い運賃（初乗り）

300円未満	3件
300～500円未満	3件
500～710円未満	11件
710円以上	6件

図11　EVタクシー利用意向

図12　可能な待ち時間

〈主なEVタクシー利用意向の内訳〉

- 通常車両に比して環境負荷を増やさないことに貢献していると実感できるから。
- 乗り心地がよく，環境に貢献しているから。
- 通常のタクシー（ガソリン車）に乗るよりは，ずっとよい事をしているような気分になれる。
- 利用料金にもよるが，排気ガスの弊害を考えると有益であるし，振動が少なく快適だと思う。
- 新しい車であり，乗車してみたいから。
- 値段が安ければ選ぶと思う。
- 走行時に車内が静かで快適であるため。
- 振動が少なかった。環境にやさしい。
- 環境に優しい交通手段であり，環境に貢献できるから。

EVタクシーがこの街で本格稼動した場合のCO_2削減量の推計値は，「12.3トン/年」である。これは，10台のEVタクシーが稼働し，鉄道や通常タクシーから利用が転換した場合を想定したデータである。

7　社会実験の成果としてコミュニティタクシーが運行スタート

実験メニューの1つであったEVコミュニティタクシーは，車両デザインや愛称等について地元で働く女性グループの意見を取り入れるなど，地域に根ざしたマイ（私達の）タクシーとして事業化されることとなり，㈱日の丸リムジンが2010（平成22）年3月より，大手町・丸の内・有楽町エリアでサービスを開始した。愛称が「ZeROTAXI（ゼロタクシー）」（写真7）の2台である。この街の環境貢献となるので，少しPRさせて頂きたい。

なお，参考までに，日の丸自動車興業㈱は，2003（平成15）年8月より，丸の内・大手町・有楽町地区及び日本橋地区において，日本初のハイブリッド電気バスである「丸の内シャトル(2.で記載)」，「メトロリンク日本橋」の運行の実績を持ち，バス事業において先駆的に環境問題に取り組んでいる。

〈ゼロタクシー（ZeROTAXI）について〉

- ゼロタクシーの「ZeRO」とは，環境配慮である走行中排出ガス・ゼロ（zero emission：ゼロエミッション），そして生活者目線での公共交通の原点（zero）に戻るという意味
- ゼロタクシーは，丸の内・大手町・有楽町地区の女性就業者の方々との，安心して乗りやすいタクシーサービスを作り出そうというワークショップやアンケート調査を参考とし，地域で働く人々と協議をして実現

写真7　ゼロタクシー

- 地域のタクシーとして，タクシー車内では丸の内エリアに設置されているハイビジョン映像ネットワーク「丸の内ビジョン」から映像提供を受け，店舗紹介など丸の内地区情報を放映
- ドライバーは，安心してご利用頂ける接客サービスと共に，地域や観光に関する情報の提供ができる「女性ドライバー」を専任，車内はアロマオイルで気分爽快
- 2010年3月25日運行開始，当初2台の運行
- 運行日は平日，運行時間は8時30分～18時30分まで（需要により変更の可能性あり）
- 丸の内・大手町・有楽町地区の流し運行（営業範囲は山の手線沿線地域）

※走行距離に制限のあるEVのため，長距離の要望に際しては利用できない可能性もある。

8　EV 運転による急速充電器活用（東京・大手町〜横浜・みなとみらい）

1 時間以内に大手町・日本ビルに戻る前記の EV カーシェアリング試乗に加え，大手町〜みなとみらい間の高速道路の走行と，途中の EV 急速充電器の操作体験を検証した。

EV 急速充電器を写真 8，9，10 に示す。

①使用車両	i-MiEV（1 台）
②利用方法	AM11：30〜PM1：00（大手町→みなとみらい） PM 1：30〜PM3：00（みなとみらい→大手町） ※1 回当り利用時間：1 時間 30 分　※必ず 1 回は充電体験する。
③利用時間帯	AM11：30〜PM3：00

写真 8　EV 急速充電器①

写真 9　EV 急速充電器②

写真 10　EV 急速充電器③

図 13　大手町〜横浜みなとみらい走行ルート図

使用された急速充電器は，①首都高・大黒PA，②発着点の日本ビル・パーキングセンター，③もう一方の発着点の横浜ランドマークタワー地下駐車場，④首都高・平和島PA（上り）の4箇所である。

※この街内には，日本ビル・パーキングセンター，新丸ビル，鍛冶橋駐車場の3箇所に公開の急速充電器が設置されている。

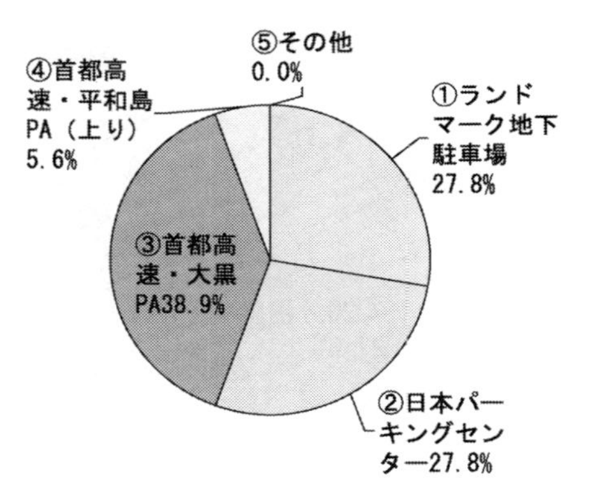

図14　利用したEV急速充電器

急速充電器の操作性については，「問題なく操作できた」は38.9%にとどまる一方で，「分かり難かった」は半分以上（55.6%）に達しており，不慣れもあるがよく指摘される通り，急速充電器の操作性の改善について注文がついた形となっている。

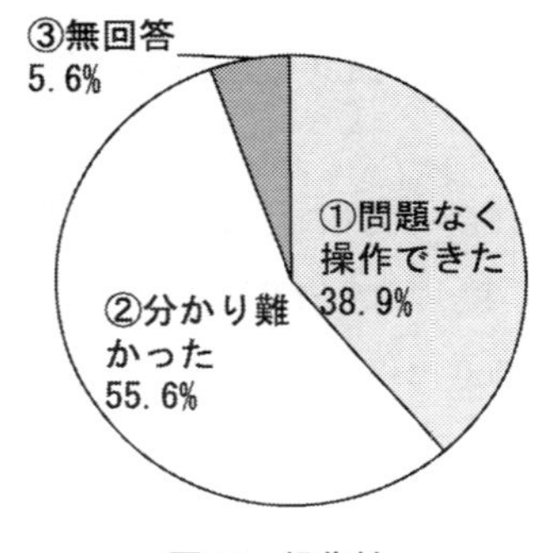

図15　操作性

充電時間は，20分間以内で83.4%を占めており，30分間以上は5.6%にとどまった。大手町～みなとみらい間の約30kmの片道では「満充電」の必要がなく，「継ぎ足し充電」であったことが分かる。ガス欠ならぬ「電欠」の不安は感じなかった人が61.1%となっているが，半面，「不安を感じた」が3分の1（33.3%）に上った。ガソリン車では不安を感じることのない距離であり，「思ったより充電メーターの減少テンポが早かった」との感想も聞かれた。

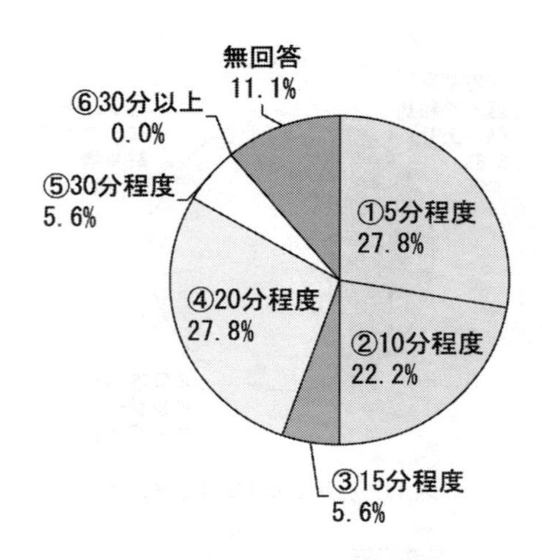

図 16　充電時間

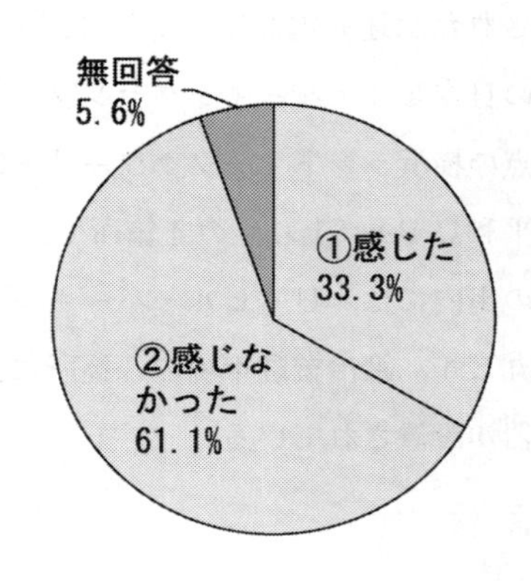

図 17　電欠に対する不安

充電料金の支払い意識としては，500 円程度～1000 円程度で 61.3% に達したが，一方で 1500～3000 円程度とする意見も聞かれた。

ガソリン料金との見合いでの回答となっていると思われるが，EV の充電費はガソリンよりかなり安価との一般的な情報を意識しているものと思われる。

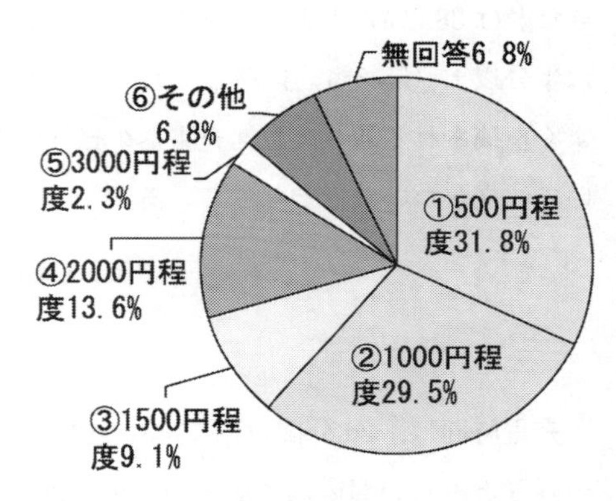

図 18　充電料金の支払い意識

EV は，航続距離の関係で，高速道路による遠距離走行にはなじまないと一般に考えられているが，「充電箇所が増えれば利用したい」(79.5%)，「充電機器の性能が改善されれば利用したい」(52.3%) とする意見が多く，EV による高速道路走行のため充電器整備への期待感がうかがえた。

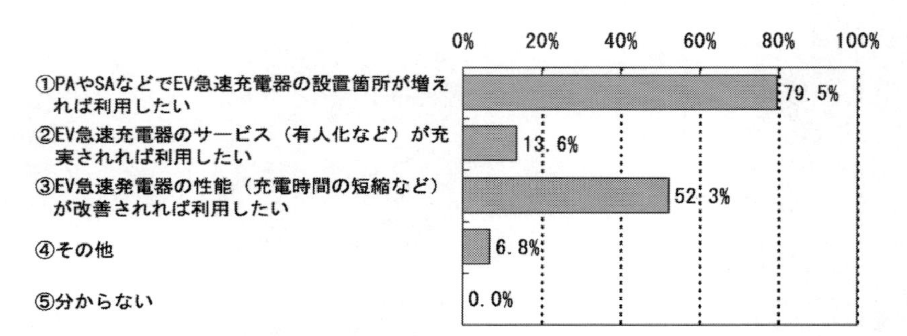

図 19　首都高速道路等高速道路における EV 急速充電器の利用条件

充電時間については，「長く感じた」「長く感じることもあると思う」で77.8%に達し，よく指摘されることだが，充電待ち時間の短縮，買い物などでの活用方策が要検討である。

充電インフラの設置間隔は，10～20km間隔とするものが多く，100km程度とされる実際の航続距離にかかわらず，高速運転時の利便への配慮要望がうかがえた。

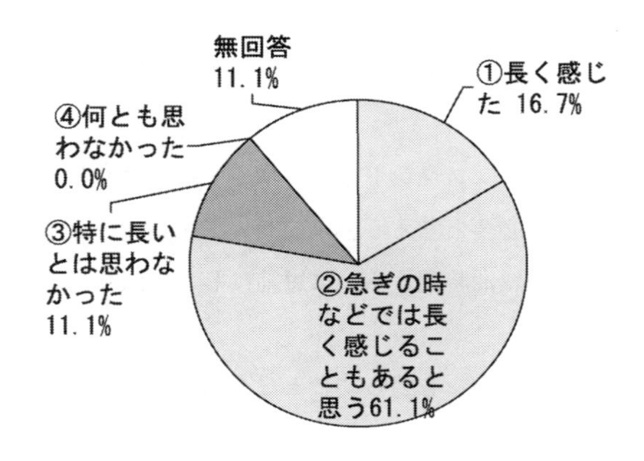

図20　充電時間の感想

表2　EV急速充電器設置間隔

5km間隔	1件
10km間隔	4件
15km間隔	2件
20km間隔	4件
30km間隔	1件
40km間隔	1件
無回答	3件

急速充電器を設置して欲しい場所については，「高速道路のPA，SA」(88.9%) が最も多く，次いで，「コンビニエンスストア」と「ガソリンスタンド」がともに61.1%，「鉄道駅周辺の駐車場」「ショッピングセンター」「スーパー」がいずれも50.0%であった。

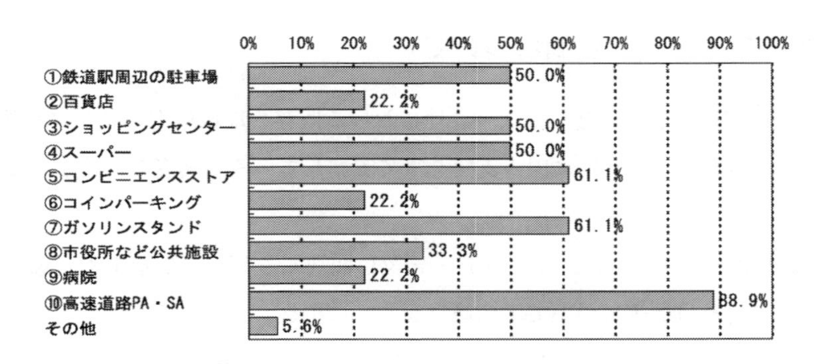

図21　EV急速充電器を設置して欲しい場所

急速充電器に対する感想・意見としては，「充電車の専用枡が必要」「屋根付きにして欲しい」「300km程度の航続距離と，充電時間の短縮，充電箇所の増設が必要」「台数が増えた場合に何台もの充電待ちが懸念される」といったものがあった。

特に，充電箇所の増設や経費負担に関わる意見，充電時間・待ち時間の短縮といった技術的な面の意見が聞かれたが，いずれもEV普及には根本的で必須の課題である。

〈感想・意見〉

- 急速充電器脇の駐車升は充電車を優先にして欲しい。また屋根が欲しい。
- 300 キロ程度の走行距離と充電時間の短縮，充電器の設置場所の拡大が必要だと思った。
- 現時点で活用できるのは，近距離に限られた運用方法をしている事業者や公共機関等に限定されるのではないかと思う。
- EV 普及が進めば何台もの充電待ちが予想される。今の充電時間では，複数台並んでいる場合に，何時間も待つことになりそう。
- 充電待ちをなくすためには，充電箇所を現在のガソリンスタンド数まで増やすことはもちろん，充電時間を給油待ちレベルまで短縮することが必要と考える。
- 充電にしろ，電池交換にしろ，現在のガソリン車の給油時間ぐらいに短縮にしない限り，普及は難しいと思われる。
- エンジン音が無く，歩行者に気づいて貰えず危険。ホーンを鳴らすことなく驚かさず気づいて貰う仕組みが必要だと思う。
- 山手通り内側は，電気自動車のみ乗り入れ可能とするなど，環境優先の施策が普及のために同時に必要だと思う。
- 電気自動車は，ガソリン車に比べて，どのような計算に基づいてエコだと言っているのかの詳細について，もっと宣伝をして欲しい。

9　今後の充電インフラ整備について

当協議会（環境交通推進協議会）では，各地における既存の地域版充電インフラ整備・EV 普及事業の調査を，本年度（2010）に国の支援を得て実施している。調査の目的とするところは，次の通りである。

(1)　地方公共団体等が取り組む EV・PHV 普及に関連するデータを踏まえ，現状～数年後の EV・PHV の普及目標等について，広域（面的）に把握

(2)　地域特性・業態に応じた充電インフラ及び EV・PHV 利用方法のあり方の検討

(3)　充電インフラを，地域特性・業態を踏まえて類型化し，モデル的に利用形態をとりまとめ

(4)　統計調査，関連事業者へのインタビュー調査等を通じ，EV への転換の需要を推計

(5)　各地域における EV 普及のための促進策及び都市間移動を可能にするインフラ整備・連携のあり方の検討

・地方公共団体における都市計画や環境施策への積極的な盛込みを目指し，今後実施が求め

られる施策，方策について検討

(6)　CO_2 の削減シミュレーションと「EV・PHV 広域連携計画」の方針検討

・EV・PHV が既存のガソリン車等から転換される可能性について推計を行い，地域ごとの CO_2 の削減シミュレーションを実施

10　おわりに

現在，この街では，EV にとどまらずいろいろな環境系交通普及のための取り組みが進められている。グリーン物流，循環 HV バス，コミュニティサイクル，EV 超小型貨物車などである。

また，地域エネルギーの効率的運用や生グリーン電力導入によるスマートコミュニティや地域 EMS（Energy Management System）の実証も進められている。

個々の充電インフラが，自然由来の電源から配電を受けるスキームでは，地域特性も加味した各種のマッチングが期待される。

そして，こうした個々の取り組みの全体像を示す「マスタープラン」の策定も検討している。

2011（平成 23）年度は，EV に加え「舟運」，つまり「電気船」による「4K」，環境，観光，貨物，危機対応（防災）を目的とする実証も計画している。

また，効率的で安全な交通システムの構築のため，「ITS（高度道路情報システム）」の活用も検討中だ。

まだまだ，実験途上のものが多いが，この街の取り組みにご注目をお願いしたい。

第12章　電気自動車普及に向けた神奈川県の取り組み

斉藤仁司*

1　はじめに

地球温暖化の影響は既に世界中で観測されており，その原因物質であるCO_2等の削減に向けた取り組みが喫緊の課題となっている。そうした中で，燃料のほぼ100%を石油に依存し国内のCO_2排出量の約2割を占める自動車については，CO_2排出量の低減など優れた環境性能への転換が求められている。

現在，自動車メーカーでは環境負担の少ない自動車の開発が進められているが，特に，2009年7月に市販が開始された，リチウムイオン電池を搭載した次世代電気自動車（EV）は，現在走行している自動車の中で最も環境性能に優れている「究極のエコカー」と言える。

神奈川県では，この「究極のエコカー」であるEVを「環境・資源問題」解消の切り札として，その本格的な普及を推進するため，2006年11月には，県・自動車メーカー・電池メーカー・電力供給者・大学・ユーザー・市町村など産学公からなる「かながわ電気自動車普及推進協議会」を設立し，EV導入支援や充電インフラの整備等について，協議を進めてきた。2008年3月には，協議会での議論を踏まえ，「2014年度までに県内3,000台のEV普及」を共通の目標とし，協議会に参加する各主体の取り組みを「かながわ電気自動車普及推進方策」としてとりまとめるとともに，同年4月には，同方策において県の役割と位置づけたEV導入時の優遇策等を「EVイニシアティブかながわ」（2008年3月発表，2009年7月改訂）として発表し，これに基づくさまざまな取り組みを進めている。

◆「EVイニシアティブかながわ」（2008年3月発表，2009年7月改訂）概要

1　導入時の優遇策

（1）導入補助：国の補助金の半額を上乗せして補助

（2）税の軽減：自動車取得税および自動車税を全額免除

2　利用時の優遇策

（1）有料駐車場の割引：一部の県所管の有料駐車場において50%程度の料金割引

（2）高速道路料金の割引：高速道路料金の50%程度の料金割引

---

*　Hitoshi Saito　神奈川県　環境農政局環境部　交通環境課　電気自動車グループ

3　充電インフラの整備

（1）急速充電器を2014年度までに100基整備

（2）100V・200Vコンセントを商業施設や公営駐車場等に合計1000基整備

4　その他の率先した取り組み

（1）公用車への率先導入：2014年度までにEVを100台公用車として導入

（2）県民意識の醸成に向けたイベント・モデル事業

・EVの展示や試乗会などによる普及啓発活動

・レンタカーなどとして利用するモデル事業の実施

EVの特徴

CO_2の排出量はガソリン車の1/4

発電所で電気を作る際のCO_2を勘案してもガソリン車の1/4，ハイブリッド車の1/2以下

走行時の排出ガスゼロ，音も静か

走行中の排出ガスはゼロ。エンジンのかわりにモーターで走るため，大変静かで，振動が少ない。

化石燃料への依存を低減

多様なエネルギー資源から作られる電力を使うため，ガソリン車よりも石油への依存度が下がる。夜間に充電すれば深夜電力の有効利用にも。

家庭用コンセントでも充電が可能

現行の市販EVは家庭用100V・200Vコンセントでも充電が可能。急速充電器なら15〜30分で80%充電できる。

2　EV導入に対する補助

リチウムイオン電池を搭載し，急速充電器に対応することで今後の普及が期待できる次世代EVが，すでに自動車メーカーより発売されているが，通常のガソリン車と比較して，数倍高い価格となっている。

それでも，過去にイベント等において，一般の県民の方を対象に実施したアンケートの回答や意見の中には，EVの価格がガソリン車相当の価格で販売されることを望む声が非常に多く，神奈川県では，次世代EVを多くの方に普及させたいとの思いのもと，次世代EVの市販初期段階での需要の創出を図るため，国の補助金の半額を，上乗せする形で補助を行うこととした。

加えて，2008 年 4 月に 90%軽減を実施すると発表していた自動車税・自動車取得税について，全額免除に変更し，導入時の負担をより軽減することとした。

また，県内の市町においても独自に軽自動車税の免除を実施するところも出てきており，今後の EV 普及のために，その動きが波及していくことを期待している。

表 1　電気自動車（EV）導入補助金（平成 22 年度）

●対象者

●県内に 1 年以上在住する個人
●県内に事務所又は事業所を有する法人
●県内の事業者や個人に貸与するリース事業者

●募集期間

	平成 22 年度募集期間	募集台数
第 1 期	平成 22 年 4 月 14 日～平成 22 年 6 月 30 日	75 台
第 2 期	平成 22 年 7 月 1 日～平成 22 年 11 月 30 日	85 台
第 3 期	平成 22 年 12 月 1 日～平成 23 年 1 月 31 日	460 台

●申請台数が各期の募集台数に達した時点でその期の募集は終了します。なお，各期の募集台数に満たない場合には，次期募集に繰り越して募集します。
●事業者のうち大企業は 1 期 1 台までの申請とします。（リースの場合はリース先の事業規模で判断します。）

●補助対象車両

●リチウムイオン電池を搭載している四輪車以上の EV で，EV 用急速充電器の利用が可能なもの（富士重工業㈱「プラグイン　ステラ」，三菱自動車工業㈱「i-MiEV（アイミーブ）」，㈱光岡自動車「雷駆（ライク）」及び日産自動車㈱「リーフ」の 4 車種が対象）

●補助金額

EV の銘柄	本体価格（税込）	国補助額（1 車両ごと）	県補助額（1 車両ごと）
富士重工業㈱ 「プラグインステラ」	4,725,000 円	1,380,000 円	650,000 円
三菱自動車工業㈱ 「i-MiEV（アイミーブ）」	3,980,000 円	1,140,000 円	570,000 円
㈱光岡自動車 「雷駆（ライク）」	4,280,000 円	1,140,000 円	570,000 円
日産自動車㈱ 「リーフ」(※)	3,764,250 円	780,000 円	390,000 円

(※)「日産　リーフ X」の場合

●さらに補助を受けられる市町もあります。
● 補助金交付申請の交付条件や手続き等に関するマニュアルや申請書の様式は県のホームページからダウンロード可能

不況で高価な自動車に手が出ないと言われるが，景気が悪いからと言って環境性能の高い自動車が普及しないようでは，環境改善は前に進まない。ガソリン車と遜色のない価格で環境性能の高い自動車を購入できる環境を作り出すこと，販売当初にEVの普及を後押しし，初期需要を創出することが，今後の普及拡大にとって肝心と考えている。

3　有料駐車場及び高速料金の割引

自動車を使用するには，送迎，買い物，旅行，通勤などの目的がある。

近距離で短時間の送迎などを除けば，買い物や旅行など，目的地では必ず駐車が必要であり，経路によっては，高速道路などの有料道路も使用する場合がある。自動車は，購入するときだけに限らず，購入した後も，日常で使用する上で，経費が掛かってくる。

神奈川県は，このような負担も軽減して，EVをより利用しやすくするため，ETCを利用しての県内有料道路の利用料や一部駐車場の使用料の割引等，様々な優遇策を講じることとした。

表2　駐車場使用料や県内有料道路通行料の割引

●県内駐車場使用料の割引

県の補助を受けているEVを使用し，登録カード（要申請）を提示すると一部の県立施設の駐車場（下表）で使用料が約半額になります。

施設名	住所
かながわ県民活動サポートセンター	横浜市神奈川区鶴屋町2-24-2
青少年センター	横浜市西区紅葉ヶ丘9-1
フラワーセンター大船植物園	鎌倉市岡本1018
足柄上病院	足柄上郡松田町松田惣領866-1
循環器呼吸器病センター	横浜市金沢区富岡東6-16-1
由比ガ浜地下駐車場　（H22.4.1～）	鎌倉市由比ガ浜4-7-1
片瀬海岸地下駐車場　（H22.4.1～）	藤沢市片瀬海岸2-19

※今後，割引実施駐車場を拡大していきます。

●県内有料道路通行料の割引（平成22年度）

県の補助を受けているEVで，利用区間が県内となる有料道路をETCシステムを使って利用した場合，使用料金の半額を最高で月5,000円までキャッシュバック方式で補助します。

※ETCシステムが利用できない有料道路は，対象外です。

4　最近の主な取り組み

4.1　太陽光発電による充電システム稼働

神奈川県庁新庁舎正面玄関前に，太陽光発電でリチウムイオンバッテリーに蓄電しEVに充電できる装置を設置した（図1)。

【仕様等】

● 太陽光パネル（シャープ製ND－VOL7H）
  - 発電容量2,100W
  - パネル面積16.4m^2

● 蓄電池（エリーパワー製リチウムイオン電池）
  - 電池容量5,760Wh
  - 寿命10年以上

● 充電ユニット（EV用200Vコンセント）
  - 表示ディスプレイ（EV充電電力，太陽電池発生電力，バッテリ蓄電量）

図1　太陽光発電による充電システム

4.2　EVシェアリングモデル事業

EV体験の機会創出のため，平日は県の業務で使用しているEVを土・日・祝日（一部平日含む）はレンタカーとして気軽に試乗できるモデル事業を実施している。

【貸出場所・料金】（平成23年1月現在）

●ニッポンレンタカー横浜駅東口営業所，新横浜駅前営業所，鎌倉営業所

車種：スバル　プラグインステラ（図2）　レンタカー料金：3時間まで3,150円，6時間まで4,725円

●マツダレンタカータイムズステーション横浜関内店

車種：三菱　i-MiEV（図3）　レンタカー料金：6時間まで6,000円

カーシェアリング料金：15分200円（会員入会，カード発行，月額基本料金は別途）

●日産レンタカー横浜みなとみらい店，本厚木駅前店，横須賀中央店，小田原新幹線口店

車種：リーフ（図4）　レンタカー料金：6時間まで8,925円，12時間まで9,975円，24時間まで12,600円

図2　ニッポンレンタカーで貸し出しているプラグインステラ

図3　マツダレンタカーで貸し出している i-MiEV

図4　日産レンタカーで貸し出しているリーフ

5　充電インフラの整備

5.1　充電インフラ整備の取り組み

充電インフラの整備は，EV の普及には欠かせない。イベントや実証試験で，参加者等にアンケートをとっても，充電に関わる質問や意見が必ず出され，それだけ関心が高いことが示されている。

現在，神奈川県では，急速充電器を県の施設に 6 か所設置している（図 5）。また，民間の事業者においても，急速充電器設置の動きが進んでいる。例えば昭和シェル石油㈱，コスモ石油㈱，JX 日鉱日石エネルギー㈱や出光興産㈱のガソリンスタンド，首都高速道路の大黒 PA，横浜横須賀道路の横須賀 PA（上下線），第三京浜道路の都筑・保土ヶ谷 PA，東名高速道路の海老名 SA（上下線）には，すでに急速充電器が設置されている。

県民の方が抱く EV の不安材料の一つは，航続距離にある。一定のルート，近距離での使用に限られている場合は問題ないが，ガソリン車の感覚での運転を考慮すると，例えEVで走行できる距離であったとしても，充電箇所が近くにないことは，不安の種になると考えられる。

神奈川県では，平成21年度に市町への補助を実施し，平成22年度には，民間事業者への補助を行って，20基以上の急速充電器の整備を進めてきた。また，民間レベルでの急速充電器設置の動きも進んでおり，本県では，ユーザーの利便性向上と，不安解消を図るため，「2014年度までに100基」の目標を立て，整備を進めており，平成23年1月には70基となった。

急速充電器以外にも，100V・200Vコンセントを，神奈川のEV充電ネットワークとして，民間の事業者などの協力を得ながら，整備を進めている。

充電器の設置場所については，実証試験やイベントの参加者などに，何度かアンケート調査を実施したが，ショッピングセンターやガソリンスタンド，コンビニエンスストアへの設置を望む声が非常に多いことがわかった。

神奈川県では，EVの充電ネットワーク構築に向けて，様々な事業者，団体等に設置の協力を呼びかけた結果，EVを販売する自動車ディーラーはもとより，ショッピングセンターやデパートなどと提携している公共の駐車場，コインパーキング等実に多くの事業者の協力を得られ，平成23年1月には，277箇所となった。

5.2 「EV充電ネットワーク」の構築

EV普及のためのさまざまな取り組みの中でも，充電インフラの整備はEV普及に欠かせない。神奈川県は全国でも最も充電インフラの整備が進んでおり，平成22年度末までには88基の急速充電器が整備される予定だが，EV利用者が安心して県内を走行できる環境を整えるため，「2014年度までに急速充電器を100基，100V・200Vコンセント1,000基設置」を目標に，「EV充電ネットワーク」の構築を進めている。

5.3 「EV充電ネットワーク」の具体的な取り組み

EV利用者の利便性向上を図り，外出先での充電切れに対する不安を解消するため，県施設に充電施設を設置するとともに，民間や市町村にも急速充電器の設置（図6）や100V・200Vコンセント（図7）といった充電施設の一般開放を働きかけている。

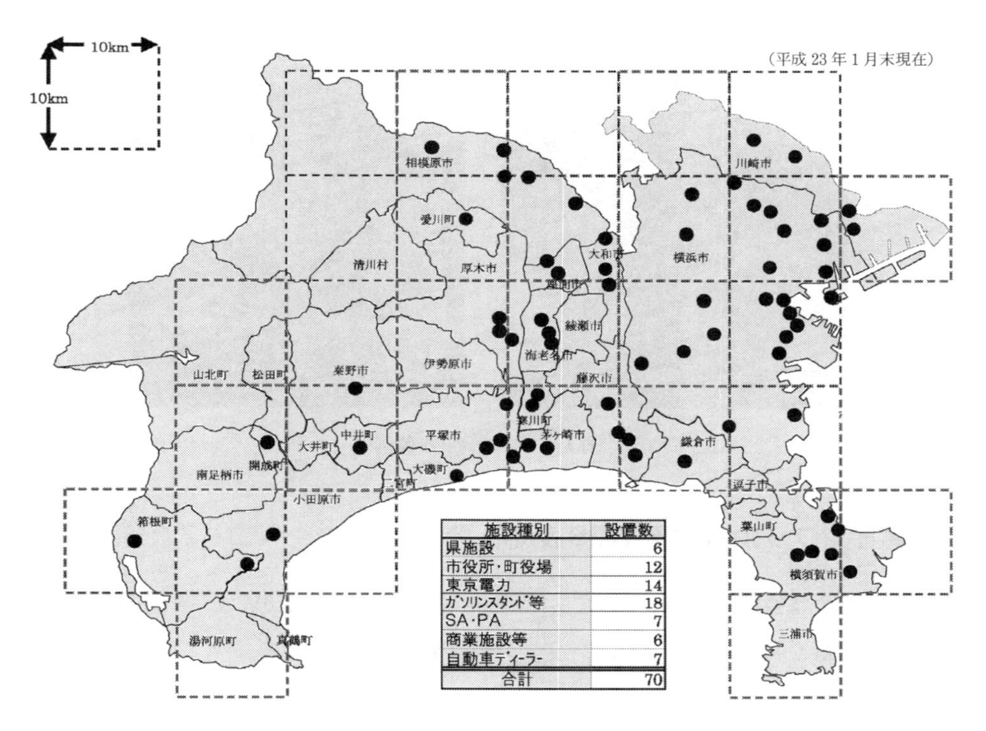

施設種別	設置数
県施設	6
市役所・町役場	12
東京電力	14
ｶﾞｿﾘﾝｽﾀﾝﾄﾞ等	18
SA・PA	7
商業施設等	6
自動車ﾃﾞｨｰﾗｰ	7
合計	70

図 5　急速充電器設置状況

図 6　急速充電器設置例

既存のコンセントを利用

専用の充電スタンドを設置

図7　コンセント設置例

6　充電インフラ情報検索WEBサイト開設

充電インフラの整備拡大を図る一方で，「急速充電器」「100V・200V コンセント」といった充電インフラの位置や利用条件などを，パソコンや携帯電話で検索できるWEBサイト（図8）を開設している。

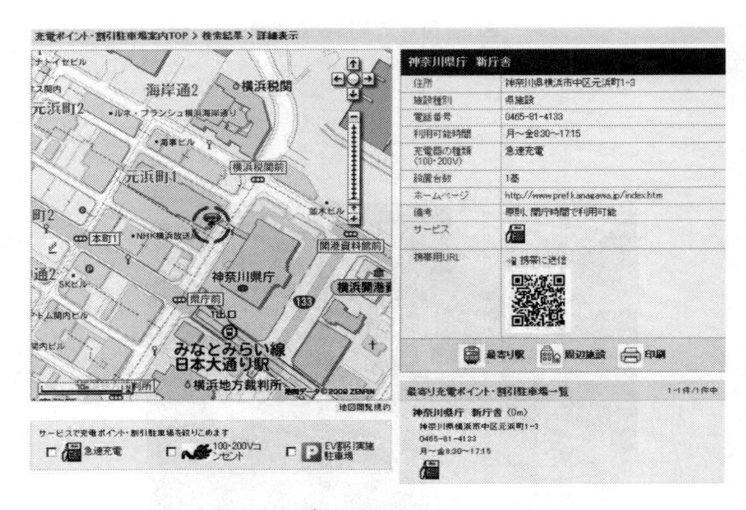

図8　PC版WEBサイトイメージ

7　「EVサポートクラブ」の設立

EV利用者と，充電インフラ設置者の協力により，EVや充電インフラの利用実態及びニーズ・要望等を調査・把握し，これらの情報を会員に還元し，今後のEVの開発や充電インフラの整備・運営に役立てることを目的とした，「EVサポートクラブ」（図9）を平成21年11月から設立し

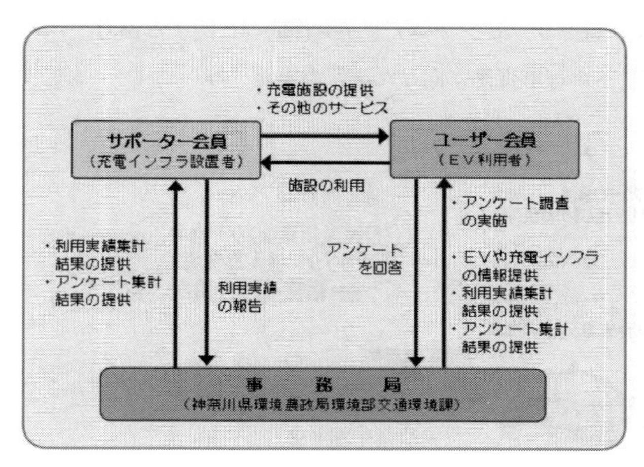

● ユーザー会員
・サポーター会員の充電設備を利用できます。
　サポーター会員等からＥＶや充電インフラに関する情報提供が受けられます。
・各サポーター会員が独自に定めるサービスが受けられます。
● サポーター会員
・ユーザー会員に対して実施するアンケート調査の集計結果（ユーザー会員の個人情報は除く）や充電施設の利用状況に関する調査結果など、今後の充電インフラの整備や運営に役立つ情報を提供します。
・神奈川県が提供する充電インフラ情報検索サイト「充電ポイント・割引駐車場案内」（携帯サイトも対応）で、施設情報を広く県民の皆様にお知らせできます。

図 9　EV サポートクラブ

ている。

8　神奈川県における新たな取り組み

8.1　「地球と人に優しい」かながわ EV タクシープロジェクト（図 10）

EV（電気自動車）タクシーの本格普及を目指す「かながわ EV タクシープロジェクト」の実施に向けて，県・社団法人神奈川県タクシー協会・日産自動車株式会社は，平成 22 年 4 月 23 日に三者による「かながわ EV タクシープロジェクト協議会」（以下「協議会」という。）を立ち上げ，EV タクシーの導入及び利用拡大に向けて取り組んでいる。

○　プロジェクトで取り組む内容

（1）　県主体の取り組み

- EV タクシー導入補助及び急速充電器整備補助の実施
- 国内クレジット認証委員会で承認された EV 導入による CO_2 クレジット削減方策を本プロジェクトでモデル的に実施　等（図 11）

（2）　社団法人神奈川県タクシー協会主体の取り組み

- 社会実験としての EV タクシーによる障害者割引の拡大（2 割，平成 25 年 3 月まで）
- 県，日産自動車株式会社との連携による乗務員向けケア講習の実施　等

（3）　日産自動車株式会社主体の取り組み

- 「地の利」を活かした EV タクシーのアフターサービスの強化
  （県内タクシー向け整備拠点の EV 重点整備工場化，巡回専任担当者の配置）

質量　・　協議会で進めるEVタクシー統一ラッピングのデザイン作成等に関する協力
・　EVタクシー事業者に対するEVへの理解促進に向けた講習の実施　等

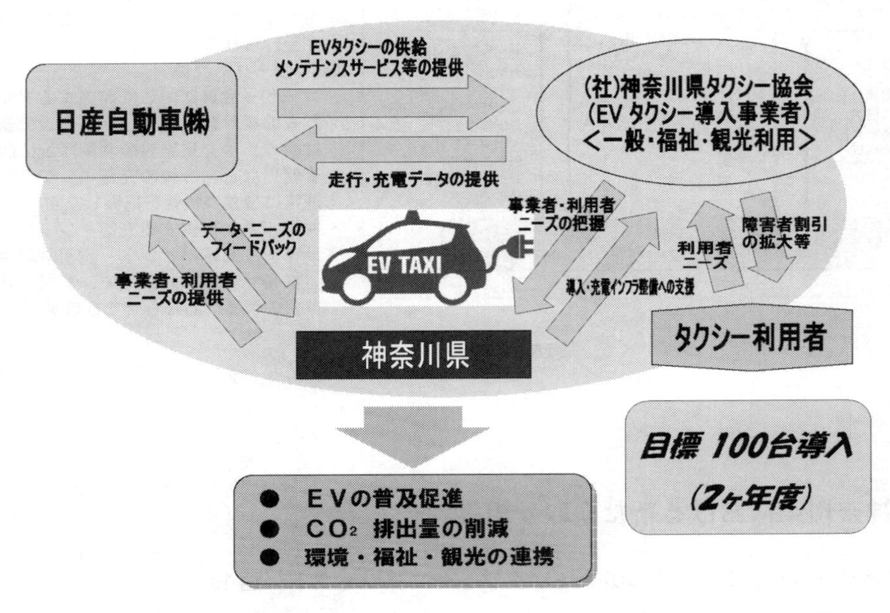

図10　「地球と人に優しい」かながわEVタクシープロジェクト

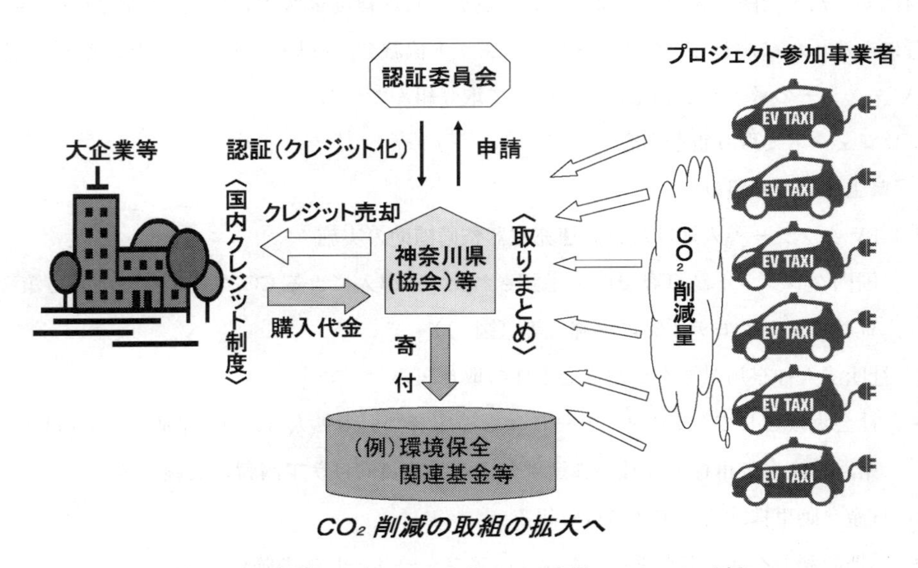

図11　CO_2削減分のクレジット化モデル事業のスキーム（案）

8.2　箱根 EV タウンプロジェクト（図 12）

箱根における観光振興と連携した EV の利用拡大に取り組むことで，EV 普及の加速化を図るとともに，CO_2削減による「環境先進観光地　箱根」の実現を目指す。

○　プロジェクトの柱・内容

（1）　モビリティの EV 化

・EV シェアリングモデル事業

平日に県が業務で使用する EV を，原則，土・日・祝日に観光客等をターゲットに，レンタカーとして貸し出した。（平成 22 年 7 月 30 日から 11 月まで）

・EV バイクレンタル

観光客向けに EV バイクのレンタルを行った。（平成 22 年 8 月から平成 22 年 11 月まで）

・充電インフラの整備

設置（予定）施設：ザ・プリンス箱根，富士屋ホテル，箱根小涌園ユネッサン，箱根美術館，箱根カントリー倶楽部，富士屋仙石ゴルフコース

・EV レンタカー，EV 観光タクシー活用など，観光向け交通手段の電動化を推進する。

「箱根EV普及推進ネットワーク」構成メンバー

会長	箱根町長
メンバー	神奈川県、日産自動車（株）、三菱自動車工業（株） （財）箱根町観光協会、箱根温泉旅館協同組合、神奈川県旅館生活衛生同業組合、 箱根プロモーションフォーラム、小田急箱根ホールディングス（株）、 （株）日本総合研究所

図 12　箱根 EV タウンプロジェクト構想（イメージ）

(2)　モーダルシフトの促進

・新旅行商品の開発など，EV と鉄道などの公共交通機関との連携を図る。

(3) 再生可能エネルギーの導入拡大

・太陽光発電の導入促進とともに，再生可能エネルギーと EV との連携を検討・実施する。

9　その他の取り組み

2011 年 11 月までに発売された次世代 EV は，軽自動車タイプだったが，12 月から普通乗用タイプの EV が発売された。

しかし，CO_2の削減という観点からすれば，大型車両やバイクからの CO_2削減も見逃せない。そこで，当然大型車両やバイクの電動化も検討する必要があると考え，大型車両のうち，公共交通機関であるバスの電動化を目指し，2010 年 5 月に「かながわ次世代電気バス開発・普及検討会」を設置し，大学やバスメーカーなどと協力して EV バスの開発に取り組んでいる。

また，EV バイクについてもメーカーやレンタカー会社等と連携し，平成 22 年度に「かながわ EV バイク普及推進プロジェクト」として，EV バイクを使って，モニター調査やレンタバイクのモデル事業の検証，試乗会などを実施している。

10　おわりに

EV 普及への取り組みは，次世代 EV の販売開始より，一つの区切りを迎えたが，まだ本格的な普及に向けて，第一歩を踏み出したところだ。今後も 2014 年度までに県内 3,000 台の普及を目指し，神奈川県の挑戦は，まだまだ続けていく。

※　神奈川県の取り組みは，神奈川県のホームページに随時紹介している。

（ホームページアドレス）

http://www.pref.kanagawa.jp

／神奈川県環境農政局環境部　交通環境課電気自動車グループ

第13章　ハイブリッド・シティとよたの取り組み

宇佐美由紀*

1　はじめに

本市は，愛知県のほぼ中央に位置し，モータリゼーションを背景とした自動車産業の成長とともに発展し，平成17年の周辺6町村との合併により，県下最大の市域（約918km^2）と愛知県下2番目の人口（約42万人）を有する中核市となった。

また，自動車産業を中心とする我が国屈指の産業都市であると同時に，森林面積が市域の70%を占める豊かな自然に恵まれた都市でもある。

2　クルマのまちの課題

本市の発展を支えた車社会の進展により，本市の市民生活における自動車交通への依存度が極めて高く，自動車利用率は71.5%と，製造品出荷額だけでなく利用の面でも「クルマのまち」となっている。一方，平成21年に行われた市民意識調査においても，公共交通対策の重要度は高いとされているものの，満足度が低いという施策評価結果となっている。

3　交通まちづくりにおける「共働」[1)]

本市では，様々な課題に対して市民と行政がパートナーシップを発揮し，市民の意思や活動を施策に反映することができる仕組みづくりを目指している。また，まちづくりと併せて交通システムのあり方を考え，移動の円滑性，人にやさしく安全安心な交通環境を実現させるため，民・産・学・官による「交通まちづくり推進協議会」を組織し，市民・民間・大学と行政が一体となった施策の推進を行ってきた。

＊　Yuki Usami　豊田市　都市整備部　交通政策課　係長

4　クルマのまちならではの「先進的な交通まちづくり」

「クルマのまち」で知られる本市は，平成 21 年 1 月に，二酸化炭素排出量を大幅に削減し，低炭素社会の実現に向け先駆的な取り組みにチャレンジする「環境モデル都市」に認定された。現在，人と環境と技術が融合する環境先進都市「ハイブリッド・シティ　とよた」をキャッチフレーズに，産業界の先進的な技術を積極的に導入し，市民が環境行動を実施することにより，人類共通の課題である低炭素社会の実現に向けた取り組みを実施しているところである。

4.1　PHV 導入と充電施設の整備

これらの象徴的な取り組みが，プラグインハイブリッド車（PHV）の導入と，太陽光発電充電施設の整備である。本市では，「自然エネルギーでクルマが走るまち」を目標として，平成 21 年度に，トヨタ・プリウス PHV を国内最多となる 20 台を導入し，太陽光発電充電施設を市内 11 箇所 21 基整備した（表 1）。太陽光から作られたクリーンエネルギーで PHV により電気走行すれば，ゼロカーボンで市内移動が可能になる。これらの導入・整備は PHV の市販化に先駆け，かしこいクルマの使い方の提案として，市民に対し普及啓発することを目的としている（写真 1）。

表 1　充電施設一覧

地域	配置箇所	充電器数
市役所	市役所南庁舎駐車場	2
	市役所西庁舎駐車場	6
中心市街地	豊田市駅東駐車場	3
	豊田市駅西駐車場	2
	新豊田駅西駐車場	2
支所	上郷支所駐車場	1
	高岡支所駐車場	1
	松平支所駐車場	1
	高橋支所駐車場	1
	足助支所駐車場	1
	藤岡支所駐車場	1
合計		21 基

写真 1　トヨタプリウス PHV

4.2　PHV 選定理由

PHV はガソリンエンジンに電気モーターを組み合わせ，短距離は電気（EV）で長距離はガソリンとの併用（HV）で走行が可能である。電気走行距離が 23.4km の PHV の活用に至った理由として，市内自動車の平均トリップ長が 9km であり，全トリップ数の約 8 割が 10km 未満であることが挙げられる[2)]。日常移動においては，電気走行で十分だが，一方で本市は市域 918km^{2}と広いため，走行途中で電気がなくなっても，ガソリン走行になる PHV は，安心して運転できる自動車であると言える。

4.3　充電施設の配置

「自然エネルギーでクルマが走るまち」の象徴的なエリアとしての市街地を中心に，その周囲を囲むように地域核である各支所に太陽光発電充電施設を整備することで，自然エネルギーのみで走行可能な充電施設のネットワークを整備した。更に，平成 22 年度に商用電源を利用する充電施設を支所に 5 箇所追加整備している。その結果，市内概ね 10km 四方間隔で充電施設が配備されるとともに，市役所本庁舎と支所にはすべて充電施設が整備された（図 1）。

また，将来的には民間事業者による充電施設の設置と合わせて，市内の至る所で充電が可能となり，PHV の普及に貢献するものと考えている。現在の民間による設置例として，コンビニエンスストアのサークル K サンクスにより，9 箇所に充電施設が設置されている。行政による充電施設と，民間による充電施設が設置されることにより，本市全体として中心市街地はゼロカーボン，山間部はローカーボンなドライブを目指している。

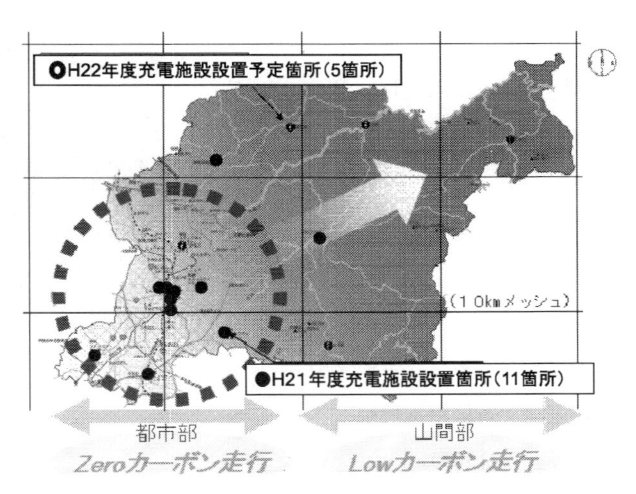

図 1　施設設置図

4.4　充電施設設計コンセプト

「自然エネルギーでクルマが走るまち」をテーマに市民に普及啓発していくためには，家庭における PHV と充電施設の設置がイメージできるコンセプトを提案していく必要がある。充電施設についてはカーポート型として，PHV1 台につき 1 つの太陽光発電施設と充電施設を 1 セットに配置した。また各施設の駐車場の一角に設置するにあたり，敷地の内外から見え，一目で PHV

の充電施設であることが分かるよう，エコを連想させる緑色をイメージカラーとした（足助支所については，歴史的景観地区への配慮により茶色としてある）。

本市で整備した太陽光発電充電施設の特徴は，下記のとおりである。

① 晴天時は太陽光発電の電気により充電

② 太陽光発電で発電した電気を蓄電し，夜間充電に活用

③ 蓄電能力はPHVが1日2回満充電可能

④ 太陽光発電及び蓄電池からの充電ができない場合は商用系統から充電

⑤ 非常用コンセントにより停電時の電気使用可能

太陽光発電と蓄電池を組み合わせることにより，天候・時間帯に左右されない安定供給が可能となっている。また，発電量等をリアルタイムでモニター表示し，見える化を行っている。1日2回の満充電能力については，公用車が午前と午後で市内を走行できるよう設定されている。

4.5 充電施設概要

給電方式：倍速充電スタンドAC200V 16A（PHV・EV兼用）

蓄電設備：鉛蓄電池　8.3kWh/基

太陽光発電施設：1.92kW

非常用コンセント：100V15A

建築面積：14.52m²/基

構　　造：鉄骨造

充電スタンド：豊田自動織機・日東工業製

太陽光パネル：シャープ製

蓄電池：新神戸電機製

設　計：日建設計

図2　充電施設概要図

4.6 充電システムの特徴

太陽光で発電した電力は充電や蓄電に利用され，余剰電力は庁舎で利用している。また中心市街地など庁舎に隣接していない充電施設においては，余剰電力を電力会社へ売電している。この電力の潮流システムにより，ゼロカーボンドライブをサポートしている。

(1) PHV・EV充電していない時（蓄電池空状態）

太陽光パネルで発電された電力を蓄電池へ充電し，余剰電力は売電する。蓄電池が満充

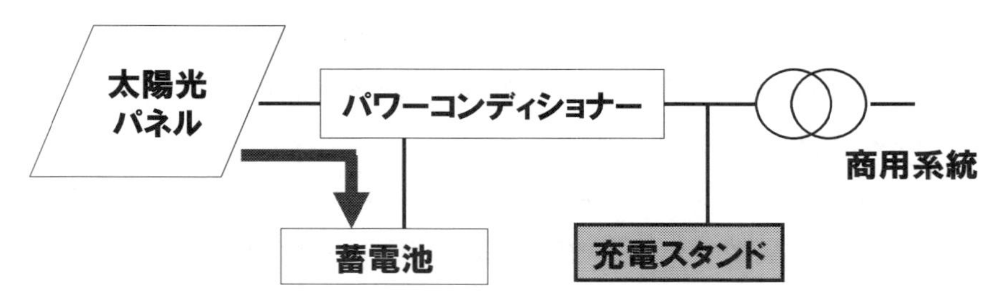

図3（a）　PHV・EVが充電していない時（蓄電池空状態）

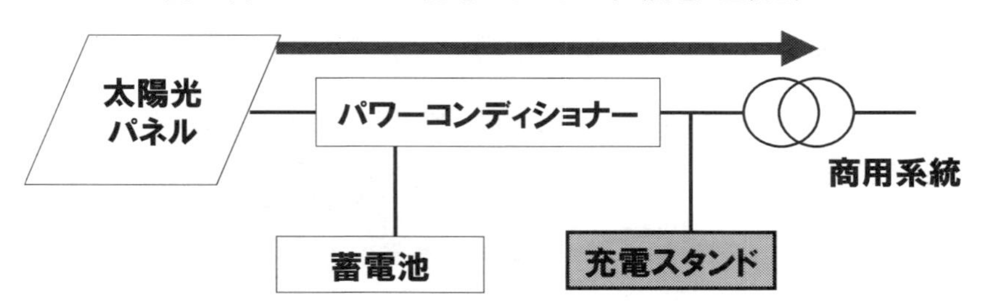

図3（b）　PHV・EVが充電していない時（蓄電池満充電状態）

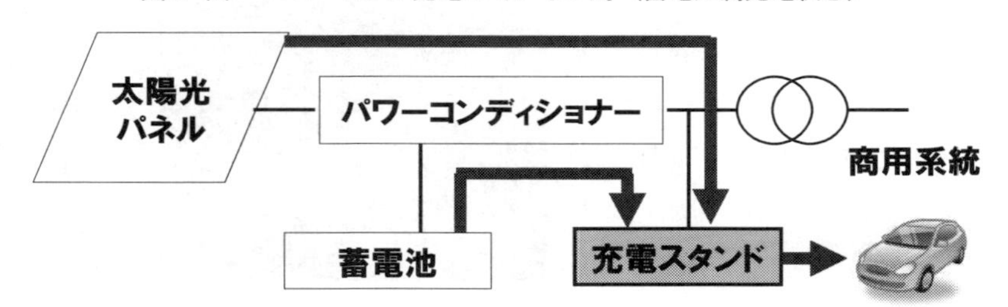

図3（c）　PHV・EV充電時（蓄電池満充電状態）

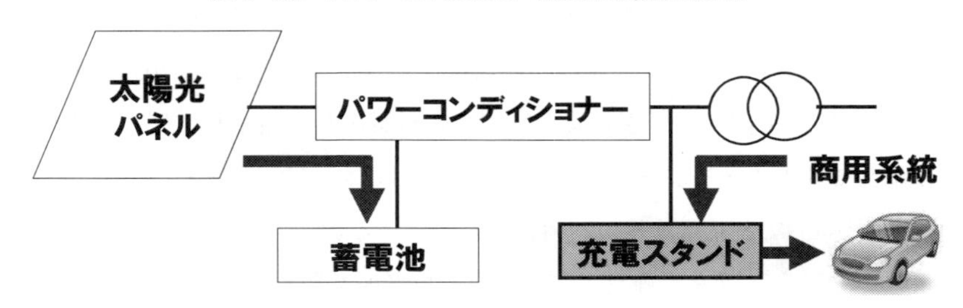

図3（d）　PHV・EV充電時（蓄電池空状態）

図3（a）～図3（d）（シャープ株式会社ソーラーシステム事業本部資料より作成）

電状態に至るまで蓄電充電を優先する（図3（a）参照）。

(2)　PHV・EV充電していない時（蓄電池満充電状態）

太陽光パネルで発電された電力はすべて売電する（図3（b）参照）。

(3)　PHV・EV充電時（蓄電池満充電状態）

充電スタンドへ太陽光パネルで発電された電力と蓄電池の電力を供給する。天候により太陽光パネルで発電がない場合は，蓄電池の電力のみを供給する（図 3（c）参照）。

（4） PHV・EV 充電時（蓄電池空状態）

商用系統から充電スタンドへ供給し，太陽光パネルの発電電力は蓄電池へ充電する。天候により太陽光パネルからの発電がない場合，蓄電池への充電はしない（図 3（d）参照）。

5 普及啓発活動

PHV は 13 台を公用車として活用するとともに，豊田商工会議所との共働で，7 台を市民・市内事業所を対象に利用体験を実施している。PHV 納入直後の，平成 22 年 3 月 20・21・22 日の 3 日間において，中心市街地のイベント開催にあわせ，市民向けの試乗会を実施した。「世界初 市民が運転できる PHV 試乗会」として，市民が実際に運転した。このイベントを皮切りに，5 月，10 月，12 月に開催されたイベントで，試乗会を実施してきた。

写真 2 試乗会の様子

また，並行して 3 月から 9 月の半年間で，事業所を対象に PHV の無料貸出しをした。この事業目的は事業所の営業活動を通じて PHV の PR を実施するためである。3 ヶ月ごとの貸出し期間により，延べ 14 企業が参加協力した。そして 10 月から一般市民，市内事業所を対象として，無料貸出しを開始している。市民は 3 時間，事業所は 1 日単位で利用できるようになった。また貸出しも電話予約で行うことができ，多くの市民，市内事業所が PHV と充電施設の利用体験をしている。

また 7 月より，太陽光発電充電施設を市民，市内事業所を問わず，PHV・EV を対象として，無料開放をしている（写真 2）。充電施設で公用車や所定の PHV が充電していない場合のみ，市役所，支所に連絡して利用することができる。

6 地方都市型低炭素社会システムの取り組みを世界へ

また平成 22 年 4 月に本市と企業との共同提案である『家庭・コミュニティ型低炭素社会構築実証プロジェクト』が評価され，「次世代エネルギー・社会システム実証地域」として経済産業省から認定された。8月には，市と企業19社[3)]で協議会を発足し，マスタープランを策定した。この取り組みにより，家庭・交通両セクターにおいて，交通システムや生活者のライフスタイルの変革への取り組みを進め，家庭で20%，交通で40%の二酸化炭素排出量削減を可能とする地方都市型の低炭素社会システムの構築を目指している。

そして，民・産・学・官が共働して，低炭素型のまちづくりやエネルギーの最適化に向けたライフスタイルの見える化と情報発信を行い，実社会への普及につなげたいと考えている。将来的には国際標準化や海外への展開戦略の検討を行っていくことを目標としている。

このプロジェクトの中で，低炭素交通システムを構築するために，PHV，FC（燃料電池自動車）等の次世代自動車の導入を促進する。既に4月に導入したPHV20台のほか，10月から1台の燃料電池バスを新規基幹路線に導入した。更にハイブリッドバスも増やしていく計画である。将来的に市内でEV・PHVを4000台普及させ，バス優先レーンや公共交通優先信号の検討も予定している。また，導入に対するインセンティブを拡充するため，ハイブリッド車購入への市独自の補助金を継続しながら，「とよたエコポイント」制度の拡充も考えている。

7　今後の取り組みと課題

今後のPHVの市販開始や，EVの普及が進むにつれ，充電設備は市民によってより活用されると考えている。現行利用では充電施設に行かないと，利用できるかどうか分からない状態となっている。今後は充電施設の利便性を向上させるため，通信機能の付加とICカード対応型に再整備することにより，将来の課金対応や個人認証に向けての準備を行っていく。まず第一段階として，平成22年度に5基の太陽光発電充電施設に通信機能を付加し，PHV充電量，利用時間を通信回線経由でデータサーバに集約することにより，PHV充電量およびPHV利用時間のデータが遠隔で入手可能の状態にする。その後，第二段階として，PHV充電量，利用時間に加え，太陽光発電量，蓄電量，売電電力量を集約するためのシステム整備を行う予定である。これは，「次世代エネルギー・社会システム実証実験」の一環として実施予定となっている。最終的に充電施設の満/空情報をカーナビゲーション等に表示できるようにするほか，充電予約やID認証や将来的な課金につなげていこうとしている。

8　おわりに

世界的な経済危機から2年経過したが，本市の地域経済や市民生活に今なお大きな影響を及ぼしている。このような状況の中，より良い未来を想像できるPHVや太陽光充電施設の整備は，

図4　低炭素モデル地区（イメージ）

市民の関心を集めている。また，環境技術による明日の快適な低炭素社会を提案する低炭素社会モデル地区の整備を計画している(図4)。今後も，環境モデル都市「ハイブリッド・シティ　とよた」に相応しい交通まちづくりの取り組みを一層積極的に進めていきたいと考えている（図4)。

文献および注記

1)『共働』：豊田市では市民と市が協力・連携する活動のほか，市民と市が共有する目的に対して，それぞれの判断に基づいてそれぞれ活動することも含んで，「共に働き，共に行動する」ことを意味する『共働』という言葉を使用している。

2) 平成13年中京都市圏パーソントリップ調査

3) 19社の構成は，エナリス，KDDI，サークルKサンクス，シャープ，中部電力，デンソー，東芝，東邦ガス，トヨタ自動車，豊田自動織機，トヨタすまいるライフ，豊田通商，トヨタホーム，ドリームインキュベータ，名古屋鉄道，富士通，三菱重工業，三菱商事，矢崎産業（五十音順）

第Ⅲ編
電気自動車が実現する低炭素な未来社会

第1章　スマートグリッドの展開

荻本和彦*

地球環境問題への対応としてスマートグリッド（「次世代送電網」とも呼ばれる）に対する関心や期待が高まっている。スマートグリッドは，様々な「時代の要請」と「技術革新」に基づく次世代のより優れた送電網全般を表す言葉であり，再生可能エネルギー発電を含む電源と需要の地理的分布や構成，既存ネットワークなどの電力システムの特性により様々な実現形態を有する。このスマートグリッドにおける電力技術としての革新的要素は，従来，専ら供給側で行われていた電力の需給バランスに関する調整を，需要側が協調して実施（集中／分散のエネルギーマネジメントの協調）する点であると考えられる。

本章では，エネルギー技術戦略と電力システムの変化に基づくスマートグリッドの位置付け，再生可能エネルギー導入とその電力システムへの影響，集中／分散のエネルギーマネジメントの協調・需要の濃度化の実現方法，電力システムのスマート化の展開について述べる。

1　エネルギー技術戦略

1.1　超長期エネルギー技術ビジョン

超長期エネルギー技術ビジョン[1]は，2004年8月から㈶エネルギー総合工学研究所に設置した「超長期エネルギー技術研究会」で原案を作成し2005年10月に資源エネルギー庁より公開された（図1）。

超長期エネルギー技術ビジョンでは2100年までを対象とし，2100年のあるべき社会像を設定し，そこから「バックキャスティング」手法を用いてあるべき姿を実現する技術戦略の検討を行った。検討は，想定された資源制約（石油ピーク2050年，天然ガスピーク2100年）および環境制約（CO_2/GDPを2050年に1/3，2100年に1/10）のもと，化石資源＋CCS（二酸化炭素貯留），原子力最大利用，再生可能エネルギー最大利用＋究極の省エネルギー実施の3ケースを設定して，民生，運輸，産業，転換の4分野について，設定された社会像を実現するために必要となる技術

*　Kazuhiko Ogimoto　東京大学　生産技術研究所　エネルギー工学連携研究センター　特任教授

スペックおよび時期等を整理した。これらの3ケースは，いずれも極端な想定であり，単独で実現する可能性は小さい。しかしながら，本検討では敢えて極端なケースを想定することにより，厳しめの技術スペックを明らかにし，将来どのようなエネルギー供給構造になっても備えられるよう技術を洗い出した。また，世界中には様々な条件の国・地域があり，そこへの技術移転等を通じて世界に貢献することにもつながると考える。

業務用建物が含まれる民生部門の技術戦略（図1）において注目すべきことは，省エネ，創エネに続いて，分散のエネルギーマネジメントにより，需要と創エネのマネジメントを行い，これにより，再生可能エネルギーの最大活用を図ることが必要であるとしている点である。すなわち，省エネ先行の後，創エネが進み，需給バランスを調整できるようになった住宅／建物から分散エネルギーマネジメントが始まる。地域大での創エネの導入に伴い，業務あるいは地域大のエネルギー管理が普及する。再生可能エネルギーの活用による自律的エネルギー管理では，利用時間をシフトできる需要およびエネルギー貯蔵が重要な役割を果たすとしている。

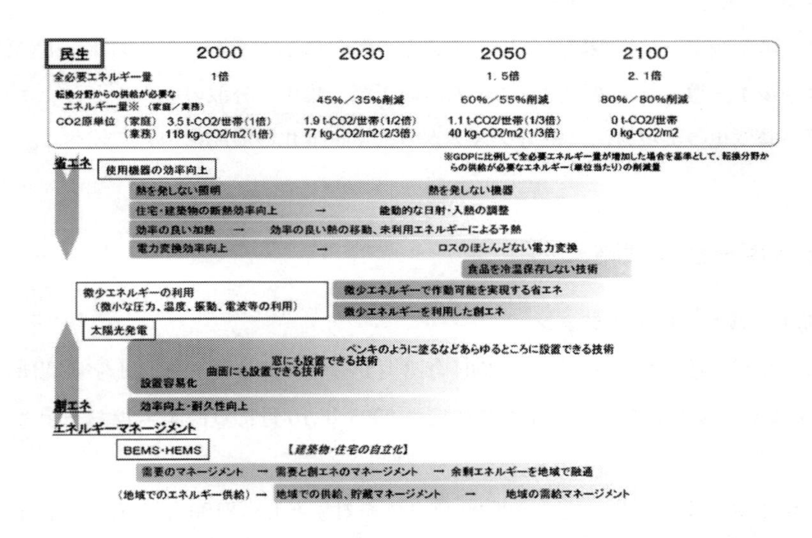

図1　住宅および業務部門のエネルギー技術戦略

1.2　エネルギー技術戦略マップ

エネルギー技術戦略マップ[2)]は，経済産業省研究開発小委員会の審議を経て公開される，現在から2030年までを対象とするフォアキャスティング手法によるエネルギー技術戦略である。

民生部門においては，住宅／建物そのものの対策である高断熱・遮熱技術，高気密技術，パッシブ換気・照明技術に始まり，主要なエネルギー用途である冷房用，暖房用，給湯用，厨房用，動力・照明他の省エネとして，ヒートポンプ技術による冷暖房・給湯機器，IH調理技術，LED・有機EL照明，高効率ディスプレイとしての液晶・有機ELディスプレイ技術，省エネ型冷凍冷蔵設備，省エネ型情報機器，横断的な技術として待機時消費電力削減技術など多様な技術が挙げられている。創エネとしては，太陽光発電を始めとし，エンジンコジェネ，燃料電池コジェネなどの分散電源技術が挙げられている。

さらに，太陽熱温水器，自然光利用，地中熱利用ヒートポンプなど，他の機器との組み合わせや選択に工夫を要する多様な技術も含まれている。

超長期エネルギービジョンで省エネ，創エネに次ぐ第3の要素とされた分散エネルギーマネジメントについては，新エネルギー開発・導入促進の共通技術としてHEMS，BEMS，地域エネルギーマネジメントが挙げられ，新電力供給システム・電力貯蔵として，需要システム技術，配電系統の分散電源連系技術，各種電力貯蔵技術が挙げられている。うち，HEMSの技術ロードマップには，家電制御標準化，再生可能エネルギー連系，需要／供給計測・予測技術，エネルギー貯蔵技術などが記載されている（図2）。

以上の通り，超長期技術戦略と技術戦略マップ2009の民生分野においては，省エネルギー，創エネルギーと並んで示された分散エネルギーマネジメントが，需要シフトや電力貯蔵の活用などによる需要の調整（需要の能動化）を通して住宅などに設置される出力の変動する太陽光発電の導入を支える技術として位置づけられている。そして，この考え方がスマートグリッドの電力技術としての革新的要素と言える。以下の各節では，電力システム発展の方向性と出力が変動する再生可能エネルギー（太陽光発電を例にして）の大規模導入を可能とする分散エネルギーマネジメントによる需要の能動化について述べる。

2　再生可能エネルギー発電導入と電力需給の長期的課題

2.1　電力システムの展望[3, 4]

今後の電力システムの変化を展望してみよう。低炭素化とエネルギーセキュリティの確保の要請のもとで，電力需給においては大きな変化が想定される。需要においては，住宅／業務用ビルで，既存の需要の省エネルギー化の進展と並行して，ヒートポンプ空調・給湯・加熱，プラグインハイブリッド／電気自動車に代表される新たな需要の増加と高齢化などに伴う電力化の進展により，民生分野のエネルギーの最終消費に電力が占める割合は着実に増加し，住宅に設置される太陽光発電を含む各種の分散電源の導入・普及も加わり，住宅／業務用ビルの電力需給の形態は大きく変化すると考えられる。産業においても，低温の加熱にヒートポンプがより広く用いられるようになるなど，一段の電力化が進むと考えられる。

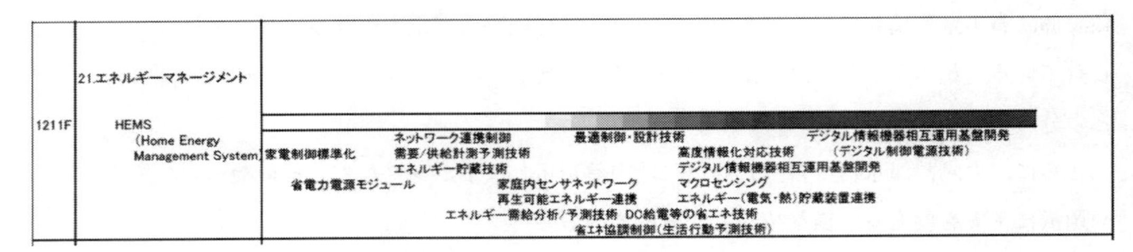

図2　エネルギーマネジメントの技術ロードマップ[2)]

表1　太陽光発電大量導入時の電力システムにおける課題

	課　題	現象の説明	対　策
配電系統	配電系統の電圧変動	PV 発電量が大きい場合，PV から系統側への逆潮流により，配電系統の電圧が上昇する。	＊配電系統の電圧制御 PV インバータの無効電力調整 配電電圧昇圧
	事故時の単独運転継続	系統側事故で，PV 発電量と需要がバランスして運転継続し，復旧が遅れる。	＊新しい制御・保護方式の適用
系統全体	周波数の変動	常時の PV 発電量の変動で電力需給のバランスが崩れ系統周波数が変動する。	＊PV の発電特性把握 火力・水力などの調整容量の活用 ＊蓄電池の充放電機能の活用
	需給運用の困難化，余剰電力の発生	低需要期での PV の最大発電時に，系統の火力発電機が減少し需給調整力が低下する，または余剰電力が発生する。	＊PV の発電量予測技術 揚水発電所の活用 ＊蓄電設備の設置 ＊PV の出力抑制
	火力機（同期機）の減少による系統安定度の低下	同期機の発電割合が減り，系統事故時など，系統全体の同期運転が困難になる。	＊現象自体の発生から検討が必要
	系統事故時の PV の一斉解列	系統事故による広域瞬時低電圧発生時に，多数の PV のインバータが運転継続できず，需給バランスが崩れる。	＊事故時運転継続機能を備えたインバータの開発 ＊単独運転防止装置の誤作動防止

＊今後の技術開発を伴う対策

これに対して供給側では，低炭素化に向け，火力発電については天然ガス複合サイクル発電のガスタービンの高温化，石炭ガス化複合発電の導入などにより一層の高効率化が図られる。原子力発電については現行計画に基づく着実な開発とともに，次世代軽水炉の技術開発が進められる。太陽光発電（以下，PV と略す），風力などの再生可能エネルギー発電は，エネルギー供給の低炭素化の目標のもと，今後の導入・普及が拡大する。特に PV については，2020 年頃に約 3000 万 kW，2030 年において 5000 万 kW を超える導入が目標とされている。この PV の導入は，利用率が 12%程度と低いことから，発電電力量に占める割合が小さい割に大きな設備容量（発電電力量のシェア6%に現在の発電設備の20%にあたる5000万kW程度）が必要であり，その導入は電力システムの供給構造を大きく変える。更に，PVの発電量は，季節，時間，天候の変化に伴い大きく変動するため，PVの大量導入は，電力システムに対し表1に示すような影響を与えることが指摘されている。

配電系統における電圧変動，事故時の単独運転については，導入の初期段階でも集中導入に伴い発生の可能性があり，NEDOの太田市における「集中連系型太陽光発電システム実証研究(2002-2007)」をはじめとする検討が進められている。また，単独運転防止，系統事故時のPVの一斉解列については，連系用インバータの技術開発，連系規定，機器の認証方法の検討などが進められている。

このような状況のもとで，将来の電力システムにおいては需要および火力・原子力など系統電源の特性の変化に加え，PVや風力発電など再生可能エネルギーによる発電特性を適切に反映した設備計画，運用計画，必要な対策の実施が必要となる。

2.2　再生可能エネルギーの発電特性とならし効果[5)]

PVや風力など出力の変動する再生可能エネルギー発電の個別システムの発電特性は，季節や時間に基づく規則的な変動に加え，設置場所での天候の変化に伴う不規則な変動を有している。しかし，表1の系統全体の需給バランスに与える影響を考える場合，再生可能エネルギー発電は小規模システムが広域に分散設置されるために，地域的な広がりにより個別の発電量の変動が相殺し合計の発電量の変動の速さと振幅が緩和される「ならし効果(smoothing effect)」が期待される。図3は，PVの場合について，それぞれの地点の日射による多数出力の合計をとることにより，変動の幅および速さともに緩和される「ならし効果」のイメージを示している。今後，PVなど再生可能エネルギー発電が一定規模以上導入された段階での電力システムに対する影響を把握し対策を検討するためには，ならし効果を含めた系統全体での発電特性を想定することが必要となる。

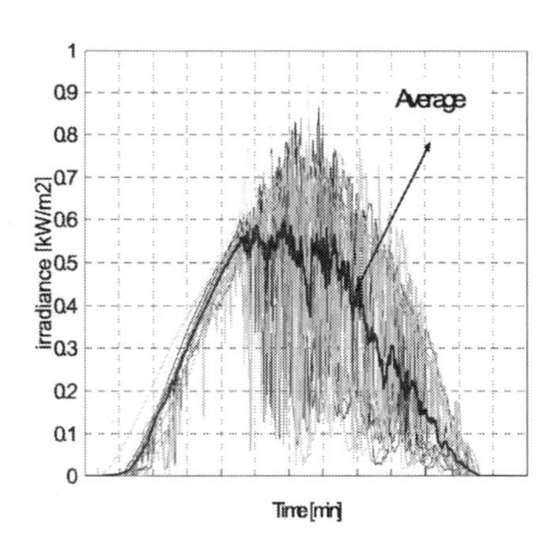

図3　ならし効果のイメージ

2.3　電力需給への影響

系統全体の周波数の変動，需給運用の困難化・余剰電力の発生など，系統全体の需給バランスの視点から，PVの電力システムへの導入に伴う課題についての分析例を示す。以下，最大需要約 60GW のモデル系統に 19GW の PV が導入された場合について，1 時間データに基づく電力需給に対する影響の試算結果を見てみる。ここでは，電力システムの本来の需要に対し，PV 出力と電力貯蔵の充放電を加除した需要（以下「等価需要」と呼ぶ）を，原子力，石炭，天然ガス，石油，水力，揚水という電源種別を背景に示している。

図 4 は，需要が低い中間期において比較的日射が強い 5 月の条件での等価需要の解析例である。毎時の需要，各 PV の導入レベルを 100%（19GW），80%，60%，40%，20%とした場合の PV 発電電力および等価需要を示している。需要の低いゴールデンウィークの期間に，等価需要がもとの需要の最低値より小さくなり，通常一定出力運転を行う原子力発電の領域近くまで低下し，需要の変動，電源の変動に対して需給調整を担っている火力，水力の運転が困難になり，必要な需給調整容量を確保できず，需給調整が難しい状況になる。

系統周波数を変動させる 10 秒～1 分の領域などより早い太陽光発電や風力発電の発電の変動の影響は，ならし効果による影響緩和が最も期待できる領域であり，今後 PV の短い周期の発電量の変動の特性が明らかになった段階で，その影響の大きさ，対策の必要性などを評価できると考えられる。

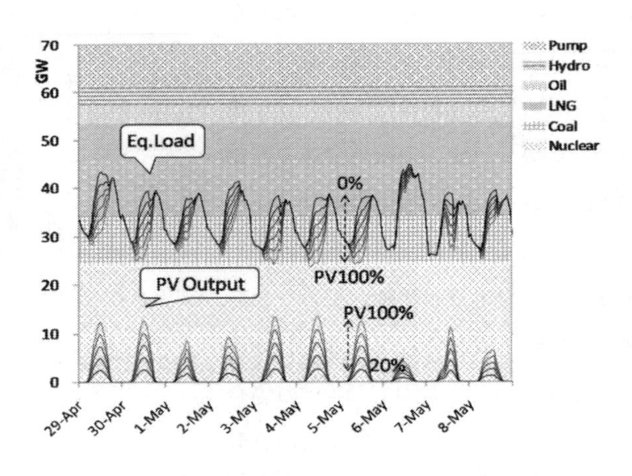

図 4　PV 導入時の等価負荷極性（5 月，中間期）

2.4　柔軟な需給調整に向けた系統および需要での取組み[5)]

電力システムの需給調整は，供給側では，一般水力発電，火力発電，揚水発電の運転スケジュールの調整や出力制御，さらにはナトリウム硫黄電池など新しい電力貯蔵技術など，需要側では，深夜時間帯の割引料金，系統事故時の契約に基づく負荷遮断など，様々な方法を組み合わせて行われている。実際の運用にあたっては，不確定な需給の予測に基づき年間から当日までのきめ細かい需給計画を策定し，需給調整，周波数制御などを火力・水力を主体とする系統側の電源により系統の需給調整能力を確保している。

PVや風力発電などの導入に伴う究極の課題は，その発電量が規則的，不規則に変動することにより電力システムの需給バランスに影響を与えることである。また，PVや風力発電などの導入量が増えると，発電量の変動の影響が大きくなると同時に「供給側」では自らが受け持つ等価的な需要が減少し運転量が減少することで，従来の確保されていた火力・水力発電による需給調整容量が減少するとともに，対策設備費や運用費も増大する。このような需給調整の課題の解決方法としては，火力，揚水，水力などの既設発電所の運用改善，設備対応などによる系統側調整力の最大活用，新たな電力貯蔵設備の活用，そして将来は次節で述べる需要の能動化などが考えられる。

3　集中／分散のエネルギーマネジメントの協調

3.1　需要の能動化と分散エネルギー貯蔵[6, 7]

「需要側」では，需給調整の改善のため，従来，深夜時間帯の割引料金，系統事故時の契約に基づく負荷遮断などが行われているが，この需要の調整を新しい技術と制度の導入の組み合わせにより積極的に活用し，需要を能動化しようという考え方がある。

家庭や業務ビルなどにおいて，建物の一般の空調，躯体蓄熱を利用した空調，冷蔵庫や洗濯機など適時性の要求が低い需要は，一定の電力需要シフトの可能性を持つ。また，現在導入が進んでいるヒートポンプ給湯システムは，貯湯槽があることから温水をつくるための電気の使用時間をある程度自由に選択できる。また，PV，燃料電池コジェネなどの分散電源の普及が進んだ段階では，需要側の需給調整能力はさらに向上し，「需要の能動化」が可能になると考えられる。

3.2　分散エネルギーマネジメントとスマートグリッド

住宅や業務用建物における電力需給を能動化し，電力システム全体の需給との協調運転を実現するためには，建物単位での需要機器の運転を総合的に管理する分散型エネルギーマネジメント技術が必要となる。すでに，建物単位のエネルギーマネジメント（HEMS/BEMS）が，電気の使用の「見える化」を中心に利用されている。今後は，建物において電力などの本来の使用目的である温度，湿度，明るさなどの快適性の維持，省エネルギーとコスト低減に加え，電力システムの集中エネルギーマネジメントとの協調という3つの機能を有した総合的な制御・管理を実現できる分散エネルギーマネジメント技術の確立が期待される。図5に，集中／分散エネルギーマネジメントの協調，建物内の分散エネルギーマネジメントとこれから機器への情報通信網の融合など，既存／新規の技術の活用，インフラの拡充による需要の能動化を含めた新たな電力需給の考

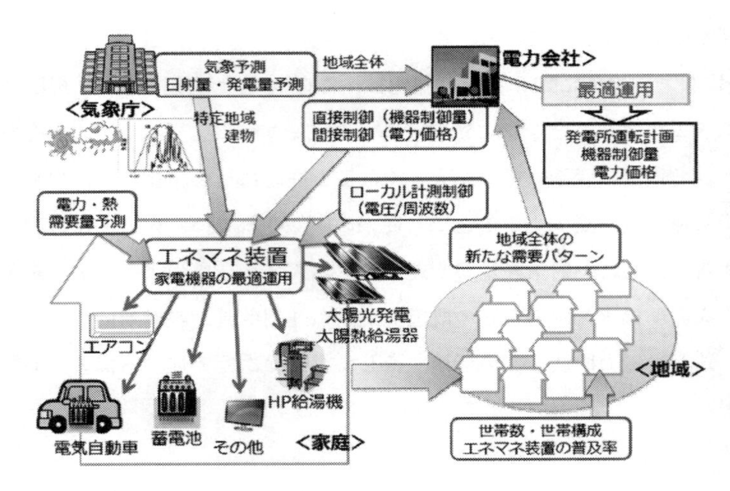

図5　集中／分散のエネルギーマネジメント

え方の例を示す。これらの実現には，これまで述べた太陽光発電システムのインバータ制御，発電特性分析・発電予測に加え，直接・間接制御のための情報通信技術，分散エネルギーマネジメントと対応機器の開発，それらを結ぶ情報通信技術を含め，広範な技術研究開発，標準化，そして新しい制度の導入が必要となる。

この集中／分散のエネルギーマネジメントによる需要の能動化を通して，再生可能エネルギー発電の大規模導入時の出力変動の調整能力を向上することが，電力システムの総合的な近代化（modernization）である「スマートグリッド」の電力技術上の核心部分であり，エネルギーマネジメント，双方向の情報通信を始めとした様々な技術が直接／間接の機器制御による需要の能動化を実現する。

再生可能エネルギー発電や原子力発電などのカーボンフリー電源の導入が段階的に増加すると，周波数変動に対応する火力・水力発電の調整量は減少。この周波数調整力に対する必要性と，ICT インフラの整備あるいは既存の系統発電機のガバナーフリー運用と類似の自律的制御法などによる分散システムの制御性の向上などの条件が整えば，負荷周波数制御の分野にも能動化された需要の貢献が期待される。

3.3　モデル解析例[8]

本項では，分散エネルギーマネジメントの検討のため，1 日前の電力価格信号を想定して，家庭内機器の運転時刻を混合整数計画線形計画法により決定する家庭内機器運転計画モデルによる解析例を示す。計算の対象となる機器は，PV（3kW），蓄電池（1.5kW，3kWh，入出力損失 15%），ヒートポンプ給湯器（3kW，COP は外気，湧きあげ，入水の各温度の関数），貯湯槽（40MJ，蓄熱損失0.2%/15分）とし，15分単位の電力および給湯の需要量，日射量，給水温度，外気温度，電力価格を入力データとした。系統電力を購入して充電することはできるが，蓄電した電力を売電することはできないという条件のもと，家庭内電気料金が最も安くなる運転方法を求めるものである。

電力需給バランス調整が最も難しくなると考えられる中間期の5日間（2003年5月1日～5日）を計算対象とし，電力需要，給湯需要および給水温度の15分データとして日本建築学会「住宅におけるエネルギー消費量データベース」より関東地区の住宅5戸のデータを利用した。全天日射量については，東京・埼玉・千葉の各都県のデータを，外気温度については住宅所在地最寄りの観測点における気象庁1時間データを用い，内挿して15分データを作成して入力データとした。

電気料金は，Case Iの夜間（23～7時）9.17円/kWh，昼間（10～17時）28.28円/kWh，朝夕23.13円/kWhという現行の電気料金および23円/kWhという売電料金を用いた場合と，Case IIの東京電力管内における電力システム負荷別の限界燃料費と各時刻における管内の電力負荷をもとに電力価格の基準価格を決定し，各時刻のPV発電量に比例した金額を基準価格から減じた価格を用いた場合の2種類とした。売電価格は買電価格より1円/kWh低く設定した。

住宅AにおけるCase IIの計算結果を図6に示す。深夜早朝に行われていたHPの運転が，電力価格の安い昼間に移動していることが確認できる。また，PV発電の余剰電力の一部を利用して充電が行われ，電力価格の高い夜間の需要を賄う運転が行われていることが分かる。

Case IとIIを比較すると，Case IIでは，HPの昼間の運転によりHPのCOPが向上し，また熱製造から消費までの時間が短くなったことから熱ロスが減少し，電力消費量が約25%削減され，売電量も38～62%減少，個別の住宅の時間最大逆潮流量も約4～13%低減させる効果が確認できた。

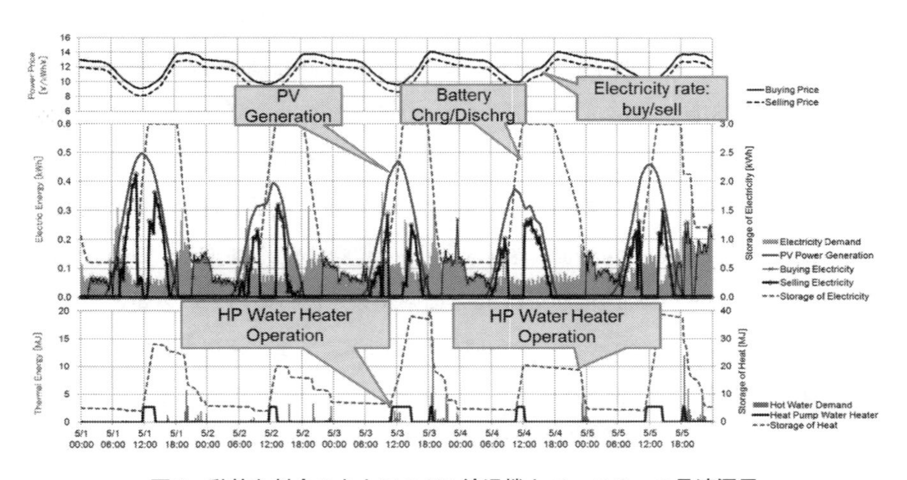

図6　動的な料金のもとでのHP給湯機とバッテリーの最適運用

4 電力システムのスマート化の展開

系統側の発電技術にも，先に述べた「柔軟な需給調整に向けた系統および需要での需給調整の協調」への貢献に向けた展開が期待される。

4.1 系統発電技術

再生可能エネルギー導入に向けたスマートグリッドの展開に向け，日本では宮古島なども実証試験が行われているが，海外では，実系統への影響／貢献を積極的に評価する実証試験が行われている[9]。また，米国ハワイ州の電力においては，風況のよいマウイ島やハワイ島などへの風力発電の導入が進み，加えて，全島での屋根置きを中心としたPVの急速な導入が進む中，現実の対応として既設存火力発電の出力調整速度の最大化が現実の対応として行われている[10]。

今後必要となる需給調整力の向上を期待することができる火力発電の分野では，天然ガス複合発電を中心に，高効率でCO_2排出原単位の少ない発電技術であることに加え，最低運転電力の削減，低負荷時の発電効率の向上，起動停止時間の短縮，負荷変化速度の向上などに着目した技術開発が期待される。

揚水発電の分野では，再生可能エネルギー発電により従来の深夜に限らない運用のほか，低負荷時間帯の揚水運転時の需給調整力を確保できる可変速揚水技術が既に実用化されている。水力発電については，最低運転電力の低減などに，運用，設備対応などの余地がある可能性がある。

4.2 電力システムの運用技術

電力システムにおいては，その規模が拡大し，構成機器が複雑化，多様化する中で，様々な構成要素の特性を最大活用し，経済性，信頼性，運用性を確保するために，計画，運用が階層化し，その機能を向上してきた。有効電力のバランスについては，回転機の慣性，発電機のガバナーフリー運転，負荷周波数制御，経済負荷配分，ユニットの起動停止，補修と燃料調達という多層の階層の計画・運用が相互に補完し合って，電力システムの不断の運転を成立させている。今後，需要の低い深夜から早朝にかけて揚水運転を行っている揚水発電所の昼間の揚水運転，需要の能動化，再生可能エネルギーの発電予測，翌日，週間の起動停止計画（Unit Commitment）・毎日の経済負荷配分（Economic Load Dispatch）などの系統運用技術の向上が必要となる。本稿では扱わなかった，電圧・無効電力についても，同様な階層構造により運用されている。従って，パワーエレクトロニクス技術に代表されるような高機能の単体技術があったとしても，これを全体の階層構造の中で活用しなければ，本来の機能を発揮することはできないし，逆に悪影響を与える可能性もある。

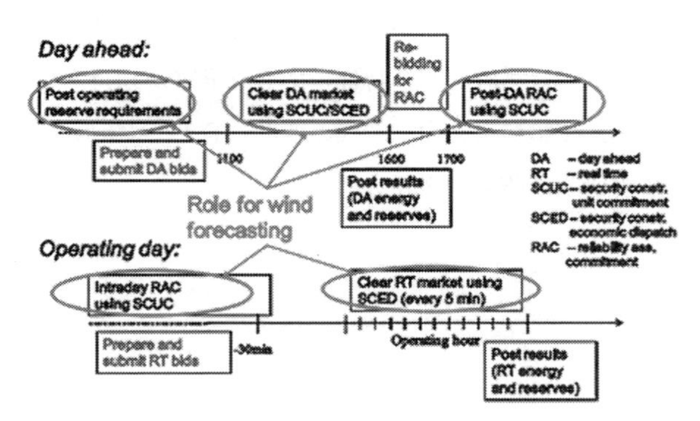

図7　Midwest ISO の市場運営スケジュール[11)]

しかし，出力制御不能な電源の増加などにより電力システムの需給運用の特性が大きく変化する場合には，従来の構造の中では解決できない場合も考えられる。また，再生可能エネルギー発電の出力の予測精度向上は，需給運用の難しさを一定割合低減する重要な役割を果たす。この結果，図7の米国の Midwest ISO の場合に示されるように，電力システムの計画・運用の構造を修正あるいは変化させる必要も出てくる。米国においては，電力系統の信頼度維持のための公的機関である NERC（North American Electric Reliability Corporation）が規制当局である FERC（Federal Energy Regulatory Commission）の諮問に対し，出力変動を有する電源の導入に対する考え方に関する文書を提出している。

さらに，現在，急速な要素技術，応用技術の技術開発が行われている蓄電池について，将来経済性，機能性が大幅に向上すれば，同時同量，運転予備力，需給調整力確保，負荷平準化などの概念を大きく変化させる影響を持つと考えられる。この場合，電力システムの計画・運用の構造は，最初は徐々に，最終的に大きく変化する可能性もある。

4.3　スマートグリッドへの展開

再生可能エネルギー発電の供給のシェアが次第に大きくなり，バッテリーの利用が短期から長期の需給調整に広範に適用できるまでには，様々な技術の開発と導入普及に数十年の期間を要する。火力発電を含む既存の需給構造は，再生可能エネルギーの供給力の変動への対応や，原子力などの一定運転の確保を通して，社会経済を支えるエネルギー需給および低炭素化社会への移行に必須の技術である。

今後，電力システムの構成要素の変化，対策技術の進展に沿って，電力システム全体の運用構造も，ニーズを先取りした技術開発，制度の整備が行われることで，より柔軟で高品質な電力需給を実現することが可能となる。新たに発展が期待される再生可能エネルギー発電の発電予測技術の発展とこれと連動した個別システム運用，電力システム全体の運用の高度化が期待される。

各国，各地域の電力システムはそれぞれの特性に応じた発展が期待される。スマートグリッド展開に向けては，世界で実証試験が進む中，時代の要請に合わせた，系統全体，需要側，そして個別機器など広範な技術の研究・開発が必要と考えられる。

文　献

1) 資源エネルギー庁 “超長期エネルギー技術ビジョン”，2005.10
2) 資源エネルギー庁 “エネルギー技術戦略マップ 2009”，2009.4
3) 資源エネルギー庁 “長期エネルギー需給見通し（再計算）”，2009.8
4) 荻本和彦：低炭素社会における電力システム，電気学会誌，Vol.87，No.10，特集解説，pp.16-19（2008）
5) 荻本和彦，大関崇，植田譲：太陽光発電を含む長期電力需給計画手法,電気学会論文誌，Vol.130-B，No.6,p575-583,2010
6) 荻本和彦：太陽光エネルギー利用の現状と将来展望，太陽光発電と電力系統，電子情報通信学会誌，特集解説，Vol.93，No.3（2010）
7) 岩船由美子，八木田克英，荻本和彦：分電盤データを用いた住宅内電力需要構造の把握―エネルギー実測調査の概要，電気学会全国大会，6-044（2010）
8) 池上貴志，岩船由美子，荻本和彦：電力需給調整力確保に向けた家庭内機器最適運転計画モデルの開発，電気学会論文誌，Vol.130-B，No.10（2010）
9) Intelligent Energy System on Bornholm（2010.9）
http://www.energymap.dk/Newsroom/Intelligent-Electricity-System-on-Bornholm
10) HECO，Renewable Energy “Clean Energy Scenario Planning” and “Our Renewable Energy Strategy”, http://www.heco.com/portal/site/heco
11) C. Monteiro, et al.: Wind Power Forecasting: State-of-the-Art, Argonne National Laboratory（2009）

第2章　スマートグリッドと電気自動車

荻本和彦*

本章では，スマートグリッドと電気自動車の関係につき，電力需要としての電気自動車，電気自動車に充電のための電力供給，電気自動車の充電のスマートグリッド的側面，電気自動車からの放電も視野に入れたスマートグリッド応用について述べる。

1　スマートグリッドと電気自動車

環境問題への対応や石油生産量の減少といったエネルギー制約の高まりの中，2010年に電気自動車（EV）が市販され，またプラグインハイブリッド車（PHEV）も2011年に市販の予定が発表されており，CO_2排出が少ない電気をエネルギー源とする自動車の普及が現実になりつつある[1]（以降PHEVとEVをまとめてEVと呼ぶ）。

需要技術の特性面で見ると，EVは電力系統に常に接続されてはいないこと，系統から接続解除して移動する時に放電されるという使われ方が第一に想定される。このため，EVのスマートグリッド応用において，G2V（Grid to Vehicle）の充電制御は，前章で述べたヒートポンプ給湯器の場合とは異なる特性を持つ。また，V2G（Vehicle to Grid）で充放電両方向を利用する場合でも，定置用蓄電池とは異なった特徴を持つ蓄電池と考える必要がある。

電力需要としての電気自動車の特性は，蓄電容量（kWh），充電容量（kW），電費（km/kWh）といった自動車自体の技術特性に加え，自動車が用いられる用途・走行パターンに関係する。EVとPHEVを比較すると，バッテリーの容量が前者の方が大きいという違いばかりではなく，利用者の意識として，EVは必要な充電量を確保する必要性が強いのに対し，後者は燃料による走行が可能で満充電の必要性が緩和されるなどの違いがあり，これらの要素は，充電インフラの整備状況と利用者の心理的な要因にも依存する。

スマートグリッドとのかかわりで考えると，EVは，上記のような電力システムに対する大きな影響の可能性と特別な特性を持つ。従って，EVをスマートグリッドとの関連において考える

*　Kazuhiko Ogimoto　東京大学　生産技術研究所　エネルギー工学連携研究センター　特任教授

場合には，第一には新規の大きな電力需要である電気自動車の必用に応じた確実な充電，第二には電気自動車の充電を，能動化可能な需要として電力システムの需給調整に活用するG2Vの活用を検討するべきであると考えられる。また，第一，第二を段階的に実現した上で，さらに一歩踏み込んで第三の課題として，自動車のバッテリーに充電した電力の放電も組み合わせて電力システムの需給調整のための電力貯蔵装置とする使い方V2Gが視野に入ると考えられる[2~4]。

2　電気自動車の充電の電力システムに関する課題

次世代自動車戦略2030による新車販売台数に占めるEVの割合（政府目標[5]）である20-30%と国内乗用車販売台数400万台/年からEVの台数（ストック）を1000万台と仮定し，1台あたりの走行距離1万km/年，EV走行比率80%，電費7km/kWhとすると年間のEVの充電量は114億kWhとなり，これは現状の電力量の約1%にあたる。最大電力需要への影響は，普通充電について，夏季ピーク時間帯である日中午後や冬ピーク時間帯の朝夕での普通充電利用率を5%とし，100V/200Vの充電方式の割合を50：50とすると，普通充電による電力需要は113万kW。急速充電について急速充電器設置台数を1万台，出力を50kW，平均稼働率を20%とすると13万kWになり，両者の合計126万kWは最大電力需要の1%未満であるとされる。この状況における系統への影響は十分小さく，中間期や休日の需給運用に若干ではあるがよい効果があるとされている[6]。

2010年3月の日本の自動車保有台数は7870万台（営業用／自家用，乗用車，軽，二輪，バス，トラックなど）で，年間の走行距離は6700億kmとされている[7]。この台数と走行距離に上記の7km/kWh，EV100%普及を想定とすると究極的な需要量，ピーク需要は1000億kWh，1000万kWの水準になると想定される。しかし，ピーク需要に与える影響は，EVの使用状況，電気料金など様々な要素に影響される。仮に，帰宅後の夕方などに充電が集中するような場合，その大きさは数千万kWとなる。すなわち，これらに対する充電が電力需要の日中のピーク時あるいは深夜早朝のオフピーク時のいずれで，どのような分布で行われるかにより，電力の需給運用ひいては電力の設備計画にも大きな影響を与える可能性がある。

電力システムの送電網，配電網に関しては，電気自動車の充電が従来の電力需要の発生パターン（大きさや場所）を大きく変えるような場合には，利用パターンに合わせた設備，運用に関する何らかの変更が必要となる可能性がある。住宅地で夜間の充電，商業施設などの駐車場での充電など充電が集中し，さらに1台あたりの充電入力が50kWなどと大きい急速充電が集中する場合は，受電設備，場合によっては配電設備の増強，契約電力を超過しないような運用上の工夫などが必要となる。

電気自動車の充電を制御するためには，電気自動車の走行パターンを分析し，その充電ニーズを把握することがその基本となる。走行パターンに関する基礎データとして国土交通省が調査するODデータがある。ODデータは車種別，事故区別，運行目的別の発生交通量を全国各地で平日と休日に分けて調査し，それらの日本全体の発生交通量を推定したものである。このデータから，通勤・通学，業務，娯楽などの目的と，平日のみ利用，平日・休日利用などの走行パターンに分類し，その必用充電量，系統接続の時間帯などにより，個別の自動車の特性を想定することができる。

3　電気自動車の充電調整（G2V）

3.1　戸建て住宅での電気自動車充電

戸建て住宅における電気自動車の充電では，走行によるバッテリーの放電分を，通勤・通学用であれば帰宅後，夜間に充電するという充電パターンが想定される。前章で紹介したヒートポンプ給湯器の場合と比べると，充電時間を調整できるという基本的な特性は同様である。しかし，ヒートポンプ給湯の場合は，気温，残湯量，貯湯中の温度低下などで，利用時点までの実効的な効率が変化するのに対し，電気自動車の場合は，効率は充電速度と充電レベルに依存するが，技術的には充電時間帯の自由度はより大きいと言える。

住宅では，HEMS（Home Energy Management）により電気自動車の充電を，太陽光発電システム，ヒートポンプ給湯器，一般電力需要と連動させる様々な技術開発，実証試験が進められている。電力システムからの要請で住宅のPVの発電抑制が求められる場合でも，電気自動車の充電などを調整して，抑制を回避し，住宅における再生可能エネルギーの最大活用にも貢献するHEMSも検討されている[8)]。

3.2　集合住宅，商業施設などでのEV充電

集合住宅の場合は共用部にあたる個別駐車場での居住者の所有するEV充電，商業施設の場合は不特定多数のEVの充電が行われる。対象とするEVの台数が多くなり，充電電力が施設の受電能力に影響を与えるようなレベルに増加すると，集合住宅や商業施設全体を管理するエネルギーマネジメントシステム（BEMS:Building Energy Management System）と連携して，契約電力を超えない範囲で，個別の自動車のニーズを反映した多様な機能を持つ充電サービス，決済の効率化のために多様な認証課金サービスが必要となる。

特に，商業施設などでは，不特定かつ多様な自動車に対する充電が求められ，様々な条件のもとで，より有利な充電サービスを提供できるよう，多様な料金メニューの設定を行うことも考え

られる[9]。

3.3 多数台のEV充電

個別の駐車スペースを超えた多数台のEVが普及した時の社会インフラとしての充電システムはまだ明確ではない。一般家庭，コミュニティーや商業施設の駐車場の充電設備をネットワークにより管理して，個別のEVの情報にもとづき充電制御を行い，電力需給と協調して低需要時間帯の充電を優先し，高需要時間帯の充電を抑制するモデルが考えられる。このモデルにおいては，一台一台のEVについて充電設備に接続された時刻から接続を解除する利用予定時刻までの間の充電について，充電時間，充電速度などのスケジューリングを行うことで，利用予定時刻に満充電になることを条件として，電力システムの要求と協調した充電量の調整を行う。

多数台のEVの充電においては，将来，自宅，自社，充電スタンド，駐車場など様々な場所で行われることが想定されることから，多様な認証・課金機能が求められる。認証機能により個別の自動車の利用パターンが登録あるいは推定できれば，より効率的な充電を工夫する余地が出てくる。さらに，電気自動車の充電は，次に利用するときまでに必要な充電量を確保すればよいことから，充電時間にゆとりがある場合には，電力システムの需給と協調した充電制御を行う余地も出てくる[10]。

1台あたり1.5kW，100万台の充電を調整することで，150万kW，再大規模の発電機1台に匹敵する需要の調整を行うことができる。ただし，充電調整は，EVが実際に走行しなければ満充電になり次第，調整に使えなくなることは注意が必要である。

多数台電気自動車充電の実証試験が計画されているデンマークBornholm島Edison Projectの資料[11]から，多数台電気自動車充電制御の考え方をみてみよう（図1，2）。電気料金が一定の場合（図2a），自動車は使用後すぐに充電されるため，通勤用の自動車の場合職場，自宅に着いた直後を中心に充電需要が集中する。このため，系統の発電機はこれらのピークに合わせて発電量を増加し，夜間の需要が小さい時間帯には風力の出力抑制が発生し，二酸化炭素発生量も増加する。1日前発表などの可変電気料金とした場合（図2b），料金が安くなる時点に需要が集中し，系統の発電機は大きな出力変動を強いられることから，このままでは需給バランスを保つことが難しい状態が発生する可能性がある。1日前発表の可変電気料金

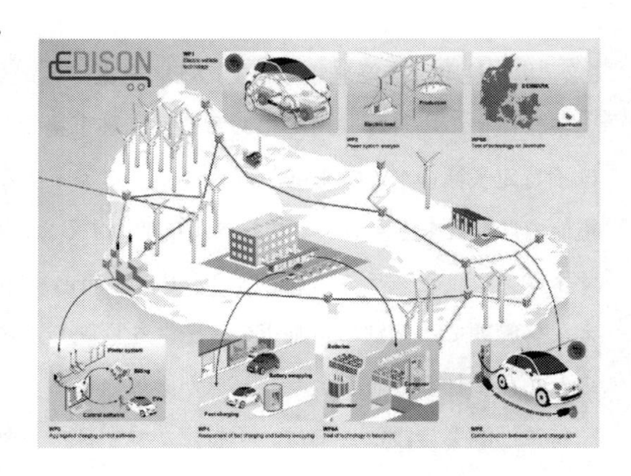

図1　Bornholm島Edisonプロジェクトのイメージ

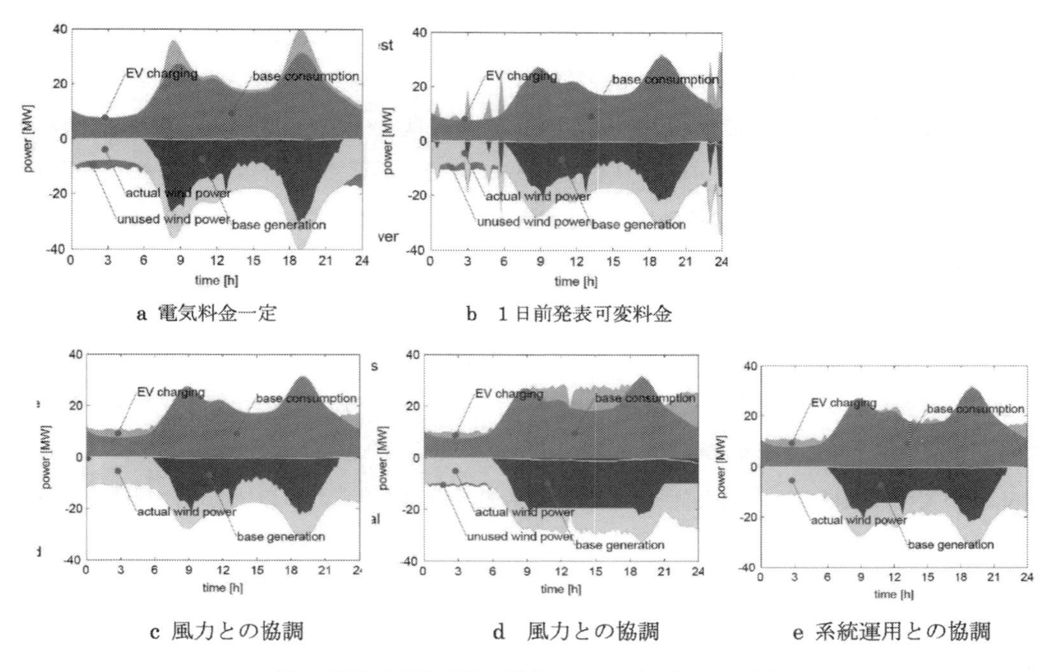

a 電気料金一定　b 1日前発表可変料金

c 風力との協調　d 風力との協調　e 系統運用との協調

図2　電気自動車充電の電力システムとの協調の効果

に需給調整要素を加えたEV充電を行った場合（図2c），料金の安い時間帯の需給バランスが改善され，風力発電の抑制を最小限に抑えることができる。ベース電源をベース運用とした場合は過度の充電が必要になる（図2d）が，さらに，系統発電機の運用を電気自動車充電調整と協調することができれば（図2e），発電機の起動停止，出力調整を併せて最適化することができ，燃料消費量最小化，再生可能エネルギー発電最大化，電力システムの安定化，二酸化炭素排出量の最小化を実現できる可能性がある。これらの実現のためには，電力システムの設備と運用の包括的な対応とICTインフラの整備，関連する制度改変などが必要となる。

4　電気自動車の充放電制御（V2G）とスマートグリッドへの適用の将来

自動車のバッテリーを電力システムのための電力貯蔵装置として使うV2Gについても様々な検討が進められている。多数台のEVの充放電を調整することで，系統の周波数の変動の改善[12]や電力システム全体の需給バランスの調整[13]を行うことができ，電源構成と電力供給における二酸化炭素排出量にも影響を与える[14]ことが検討・報告されている。また，再生可能エネルギー発電の出力変動に対し需給バランスを調整する技術として，風力などの導入可能量を拡大し，低炭素化に大きく貢献する技術としての期待も大きい[15]。

自動車のバッテリーを電力システムのための電力貯蔵装置として充放電を利用するV2Gは，充電のみを利用する場合に比べ調整量を飛躍的に拡大し，より大きな効果が期待できる。しかし，V2Gは電気回路としては可能であるが，実用化に向けてはいくつかの課題を解決する必要がある。まず，第一に，自動車本来の利便性を損なわないことが必要である。第二に，その充電量は，充電調整のみの場合は自動車の駆動に自らが消費する量に限られるのに対し，充放電を利用する場合，その量には限りがなく，バッテリーの特性の劣化をひき起こす可能性がある。第三に，必要とする需給調整ニーズは，電力システムによって，また現在と将来で，大きく異なり，そのニーズに適合した仕様の通信・情報処理インフラの仕様が異なる。第四に，本来の利用と異なる利用の割合が大きくなることに伴いEVあるいはEV用バッテリーの所有者と便益を享受する側の間で適切な関係をつくることが必要である。

V2Gの実現に向けては，電力システムのニーズの分析と併せこれらの技術的，制度的課題を解決することが必要である。今後，バッテリーへの負担が少ない充電時間の調整の可能な充電マネジメントの先行導入など，再生可能エネルギーの導入による出力変動の影響，他の調整手段との比較，集中／分散のエネルギーマネジメントの協調の考え方の進展などの要素を含めた総合的な検討が必要と考えられる。

文　献

1） 大野 栄嗣：低炭素社会における自動車技術と交通システム，電気学会誌，Vol.129，No.1，pp.20-23（2009）
2） 太田 他："ユビキタスパワーネットワークにおけるスマートストレージの提案"，電学論B，Vol. 130，No. 11，pp. 989 - 994（2010）
3） 高木 他："プラグインハイブリッド車の負荷持続曲線に基づいたボトム充電アルゴリズム"，電学論B，Vol.130，No.8，pp.727-736（2010）
4） 中上 他："利用パターンと電源構成を考慮したプラグインハイブリッド車導入とCO_2排出量の評価"，日本エネルギー学会誌，Vol.89, pp.249-258（2010）
5） 経済産業省次世代自動車戦略研究会："次世代自動車戦略報告書（2010）"，http://www.meti.go.jp/press/20100412002/20100412002.html
6） 丸田 理：電気自動車の充電システム：―EV普及の鍵を握る急速充電システム―，電気学会誌，Vol. 130，No. 12，pp.824-827（2010）
7） 国土交通省　自動車輸送統計年報，http://www.mlit.go.jp/k-toukei/06/annual/06a0excel.html
8） 東京電力プレスリリース「次世代送配電系統最適制御技術実証事業」の実施について

http://www.tepco.co.jp/cc/press/10052103-j.html

9) C. Hutson et.al.：“Intelligent Scheduling of Hybrid and Electric Vehicle Storage Capacity in a Parking Lot for Profit Maximization in Grid Power Transactions”, IEEE Energy2030, November, 2008

10) 栗林亮介，矢野仁之，工藤耕治，池上貴志，片岡和人，荻本和彦 :電力需給バランス応用へ向けた多数台 EV の充電制御技術―電力需要曲線への追随を可能とする型押し型スケジューリング―，電気学会全国大会（2011）

11) EDISON demonstration and workshop（2010）

12) 太田 豊，谷口 治人，中島 達人，Kithsiri M. Liyanage，馬場 旬平，横山 明彦：ユビキタスパワーネットワークにおけるスマートストレージの提案，電学論 B，Vol. 130，No. 11，pp.989-994（2010）

13) 高木 雅昭，岩船 由美子，山本 博巳，山地 憲治，岡野 邦彦，日渡 良爾，池谷 知彦：電気自動車の交換用蓄電池を用いた太陽光余剰電力対策，電学論 B，Vol.130，No.7，pp.651-660（2010）

14) 篠田 幸男，矢部 邦明，田中 秀雄，秋澤 淳，柏木 孝夫： プラグインハイブリッド自動車の前倒し市場導入による CO_2 削減効果，電学論 B，Vol.129，No.9，pp.1107-1114（2009）

15) Shinichi Inage：Modeling Load Shifting Using Electric Vehicles in a Smart Grid Environment, IEA Working Paper（2010）, http://www.iea.org/papers/2010/load_shifting.pdf

第3章　電気自動車に始まる二次電池の普及と環境対応型社会システムの構築

—沖縄におけるグリーン・ニューディールプロジェクト—

田中謙司*

1　はじめに

環境ビジネスにおける二次電池の重要性は，2010年に入り電気自動車（EV）が自動車各社から発表されるに伴い，そのエネルギー分野における潜在可能性が広く認識されるようになった。日本ではNas電池の電力貯蔵利用や二次電池社会システム研究会[1)]などで大学や民間企業を中心にその可能性に着目した実証的研究がなされてきたが，米国においても2010年に入り，2月に米Sandia研究所の電力における蓄電システム導入の可能性に関する報告書[2)]にはじまり，国立再生エネルギー研究所（NREL）で車載電池の再利用プロジェクト[3)]が立ち上るなど，急速に注目が集まりつつある。同様に，欧州においても再生可能エネルギーの大量導入の結果，時間毎の需給差で電力系統がひっ迫し緊近に対応を迫られている点から，電力会社やABB社[4)]をはじめとした大手企業が二次電池の電力グリッド利用を積極的に検討しはじめている。このように環境ビジネスにおいて急速に存在感を増している二次電池であるが，2011年以降EVの市場投入に伴い，大量に供給が始まるものの，未だにビジネスベースで中大型電池を導入することを実現した事例はなく，充電インフラ整備などのユーザーの不安に対し，社会システム，インフラが十分対応できているとはいえない。

そのような中，沖縄では，二次電池を活用した環境社会システムの先進地域となることを目指し，民間主導でそのEV普及に始まる二次電池の導入から脱炭素社会へ向けた電力エネルギーグリッドの構築の活動を開始した。以下その概要について説明する。

*　Kenji Tanaka　東京大学大学院　工学系研究科　システム創成学専攻　助教

2　沖縄グリーン・ニューディールプロジェクト

〈プロジェクトの経緯〉

沖縄では，2009年より民間を中心に二次電池を組み込んだ環境社会システムの構築を目指して沖縄グリーン・ニューディールプロジェクトを進めている（図1）。民間企業が主体となり行政が必要に応じて支援するという形をとっているがこれは，実証実験をこえていきなりビジネスベースで社会普及を行うという初めてのケースといえる。このプロジェクトにより，環境イメージに立脚した観光振興，更には成功事例として他地域へのモデルケースとなるといった様々な価値創造が期待されている。

プロジェクトは，2009年4-6月に沖縄を観光と環境における先進地域として確立することをテーマとして那覇商工会議所が開催した「沖縄OCEANエコプロジェクト研究会」によって開始した。座長に沖縄レンタカー協会会長の白石氏，またアドバイザーには東京大学大学院の宮田秀明教授，堀江英明准教授がそれぞれ就任し，ここにおいて東京大学宮田研究室の調査研究による環境ビジネス導入案である，EVレンタカーモデル[6]やリゾートホテルゼロエミッション化モデル等が提案された。これらを受けて那覇商工会議所がまとめたものが「沖縄グリーン・ニューディール」計画である。

本プロジェクトは大きく3つに分けられる。①電気自動車（EV）の普及，②スマートハウス・スマートコミュニティの実現，③スマートグリッドによる地域全体の環境化である。EVの普及モデルでは，レンタカー協会が，観光客の移動の主要手段である観光レンタカーにEVを導入し低炭素化を計る。それを那覇商工会議所メンバーを中心に設立した充電インフラ会社が急速充電機を設置し導入を支援する。次に，②③は定置用電力システム導入モデルで，定置用電力への自然エネルギーとともに二次電池を用いた効率的なグリッドを構成し，温暖化ガス排出を削減，ま

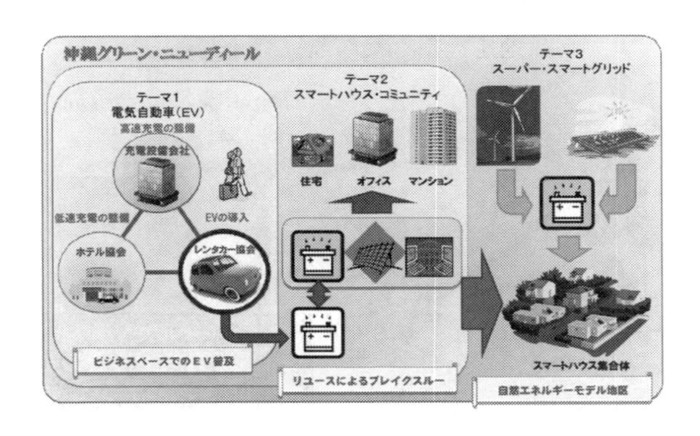

図1　沖縄グリーン・ニューディールプロジェクト[5]

たはゼロエミッション化することを目指す。スマートハウス・コミュニティでは，家庭，ビル，ホテル，コミュニティを対象に，スマートグリッドでは，離島全体，地域全体の電力系統低炭素電力グリッドを対象にしている。スマートハウスコミュニティは民間主導で行い，EV搭載の二次電池を定置用に再利用することにより調達コストを安く抑えることができ，一方で廃棄すべき電池が買い取られることで中古EV価格もかさ上げされ，EV導入負担を軽減することができる。スマートグリッドは，規模の点からも民間主導では限界があるため，行政や電力会社を巻き込んだ形になるよう進めていく構想で，まずは，発電コストの高い離島において，自然エネルギーを円滑に導入することを目指し，需要と供給の変動を二次電池によって吸収することで地域全体を低炭素化する。

以下，3節でレンタカーへのEV導入モデルを，4-5節では本件に対する東京大学の研究の取組みを紹介する。

3 レンタカーへのEV導入モデル

沖縄グリーン・ニューディール計画をうけ，那覇商工会議所を中心に，民間および県が具体化の検討を行った。EV社会のショーケースとすることを当面の目標にしている（図2)。2010年度で220台の体制でEVレンタカーサービスを開始し，旅行代理店の協力を得てアピールを行っている。このプロジェクトの経緯は，まず，沖縄レンタカー協会が，2010年第4四半期までに最大100-300台のEVを導入することを決め，2009年10月には那覇商工会議所の次世代エネルギー検討委員会で充電インフラ整備を民間主導のオール沖縄体制で支援することとした。翌2010年3月には，沖縄県内外の企業26社が出資して充電インフラ設置会社であるAEC社を設立し，2010年下期において急速充電インフラの整備を進めている。同時に低速充電機の整備も同時に進められ，ホテル協会が設置促進を担当している。冒頭で述べたとおり，プロジェクト全

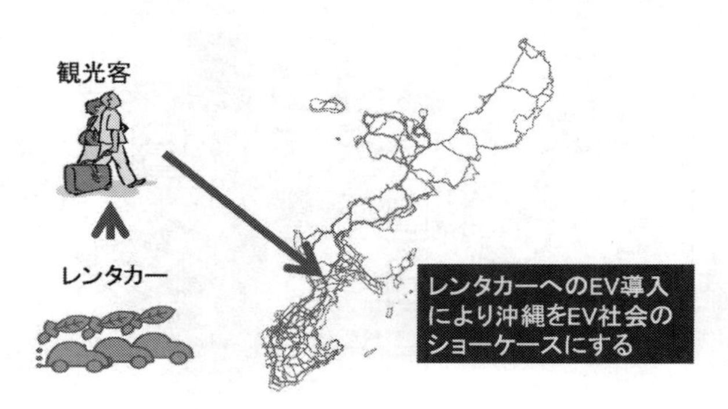

図2　EVレンタカー構想

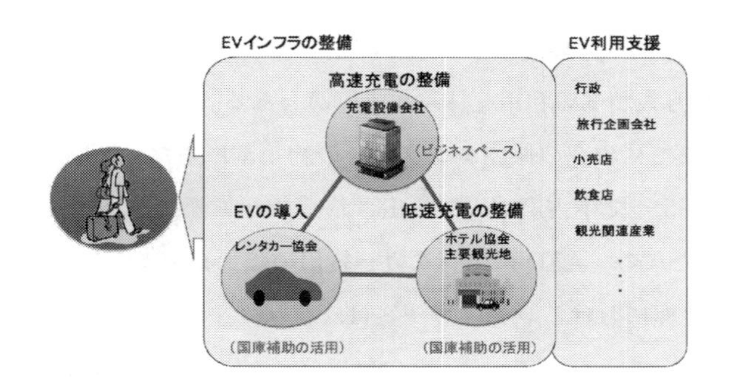

図3　EV普及へ向けた各業界の役割分担体制

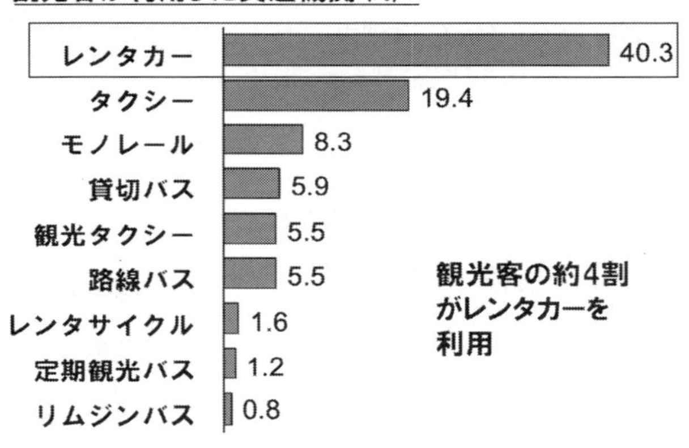

図4　沖縄県観光客のレンタカー利用割合[1)]

体としては民間主導で行うが，初期のEV購入と低速充電機の整備など，ビジネスベースでは限界があるものに関しては行政の補助金を活用する予定である（図3)。これらインフラの整備に加え，更に観光業に関わる県内の各業種から，EV利用者へのクーポンなどの優遇制度，旅行パックに組込んだ宣伝・販売など，沖縄全体で環境・EVを目玉にしたEV利用の促進・定着を図る支援を行う計画である。

沖縄は年間約600万人が訪れる観光立県であるが，観光客の約4割はレンタカーを利用する最大の移動手段であり（図4)，観光客に対するインパクトが大きい。このレンタカーは使用後に県内で中古車として販売されるため，EVの一般市民への二次波及効果も期待でき，沖縄EV化のドアオープナーとしてはふさわしいといえる。沖縄は島嶼地域であるため，EV普及の課題である航続距離が問題になりにくく，充電インフラ整備も小規模の投資で一定レベル以上の密度に達しやすいという利点もある。

沖縄ではレンタカーは約3人のグループに年間100程度貸出される。初年度において導入した300台だけでも年間9万人がEV利用を体験する計算となる。

想定では，2020年までに現在の県内レンタカーの約1割に当たる2500台をEVへ転換する。新車のレンタカーは3–5年で中古車市場に放出されることから，その過程で一般にも普及し，県内全体で6000台規模となる。AECはレンタカー貸出の際に充電インフラ利用料を徴収するモデルを想定している。沖縄におけるレンタカー客は，現状で平均200km程度利用し，ガソリン代を約2000–3000円負担していることから，その負担分を充電インフラ提供収入として，充電設備利用登録料や1回当たりの充電利用料などで課金する。

このような利点を活用してEVを安心して利用できる先進環境を世界に先駆けていち早く提供することで，環境というイメージで観光客を集客できるだけではなく，EV社会のモデルケースとして国内外にもアピールを狙っている。将来的には，EV社会の先進地域としてこの一連のシステム・導入ノウハウを他の地域へ提供する予定である。

4　充電シミュレーションに基づく配置法

充電インフラを整備するに当たり，問題となったのは充電器の配置問題である。EVは，ガソリンスタンドでしか補給できないガソリン車と異なり，夜間拠点で低速充電を行うことができる。したがって，家庭や拠点から最も近い場所で給油する前提で配置されたガソリンスタンドとは配置が異なる。小額の投資で最大の効果を上げるには効率的な配置が必要不可欠になるが，そのためにはまだ普及していないEVを想定しながら充電インフラ配置を決定するアプローチが必要となった。そこで東京大学小山ら[7]は，観光客レンタカーを1台1台の行程を地図上に時間進行シミュレーションですべて再現して，充電配置及び拠点ごとの必要設備数の求める手法を開発した(図5)。まず，飛行機の到着時刻表やホテル滞在者数，観光地の訪問客数などの入手可能なデータを基に観光客をモデル化し，観光レンタカーの沖縄滞在中の移動スケジュールを策定する（図6)。そのスケジュールに基づき，道路をモデル化した地図上のルートを走行させ，車載電池の充電率が減少する状態をモニタする。その間に低速充電設備のある観光地で滞在した場合，滞在時間中は低速充電を行い，ホテル到着後はまた低速充電を行う（図7)。このように再現した充電率が，充電が必要な残量に達した地点があれば，急速充電を行ったこととしその地点を記録する。記録した地点の分布を，実際に充電インフラを設置できる地点へまとめ，実際の配置案とする。図5は航続距離160kmの前提の配置例を示している。アウトプットとして，他にも充電インフラごとに何時に何台の需要が発生するかのスケジュールを得ることができ，最大待ち行列や時間帯稼働率も把握できることから，拠点に何台の充電器を設置すべきか，他の拠点と統合するべき

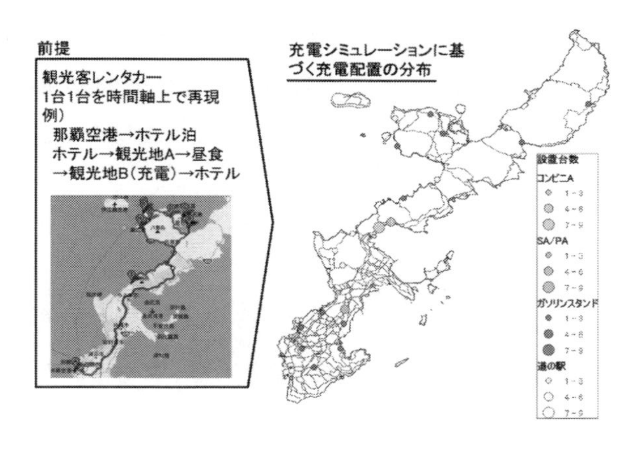

図5　充電シミュレーションを用いた充電インフラ配置計画例

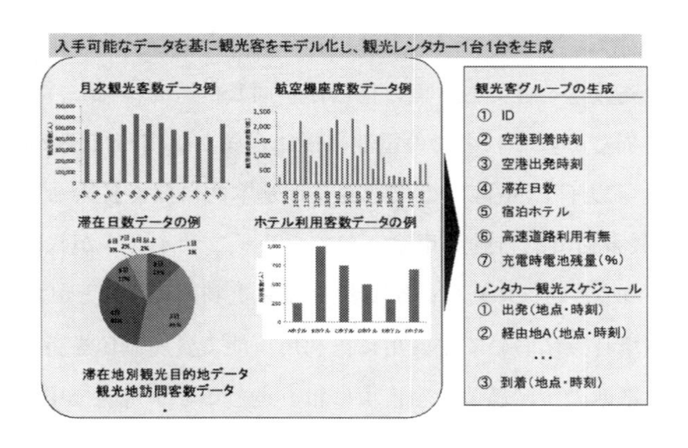

図6　データに基づく観光客のモデル化

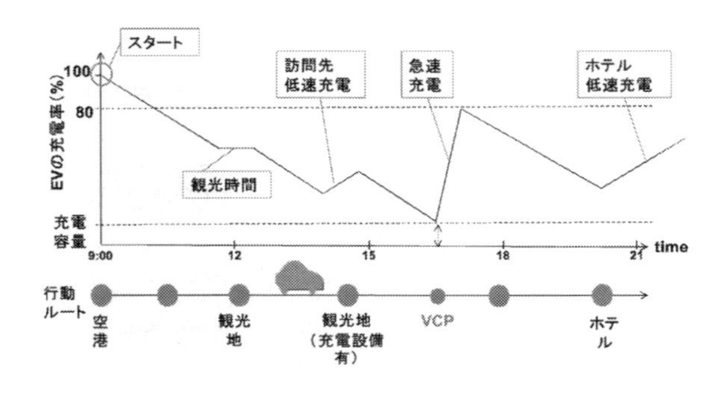

図7　走行スケジュールに応じたEV電池の充電率の変化

かなどの検討を行うことができる。また，将来的な技術発展を考慮して，航続距離 120–300km でシミュレーションした結果，300km でほぼ充電需要がなくなり，4 箇所程度に絞られることが示された。これらの結果は AEC へ提示され，普及シナリオに合わせた充電インフラの整備計画の策定において参考にされた。

5　車載用二次電池の定置再利用モデル

EV 導入では車体価格の高さも問題である。補助金を考慮してもガソリン車より高く，レンタカー会社が高価な EV 導入においても収益を生み出す仕組みが必要であった。しかし，ビジネスベースのサービスとして設計すると，コストをユーザーへ全額負担を強いることは現実的ではなく，レンタカー会社のコスト負担を軽減する必要がある。

EV 価格の高さの原因は，半額近い二次電池にある。しかし，EV に採用されているリチウムイオン電池は複数回の充放電を経ても，極の構造体が同じ構造を維持し，構造劣化しない点でこれまでの電池と大きく異なる。これまでの電池は極に金属が析出して段々変形し，構造劣化するがリチウムイオン電池（以下 Li 電池）は構造変化が基本的になく長寿命である。堀江[10)]によると自動車用 Li 電池は長寿命で，自動車用途としてのライフサイクルが終了した後も，定置用途のように要求最大出力の小さいシステムであれば 20 年以上利用することができる可能性が高い[10)]。したがって，車両の廃車時点において定置用に再利用可能で資産価値を持つと考えられる。したがって廃車時点の二次電池の資産価値を中古車に組み込むことが可能で中古車価格の嵩上げが可能となる（図 8）。レンタカー会社の負担は，新車の購入価格と中古車として販売する価格の差額であるため，このような再利用モデルにより，中古車価格を向上させて，実質的な負担を軽減させることができる。沖縄へのレンタカー EV 導入において，田中ら[7)]は，新車購入後 3–5 年は

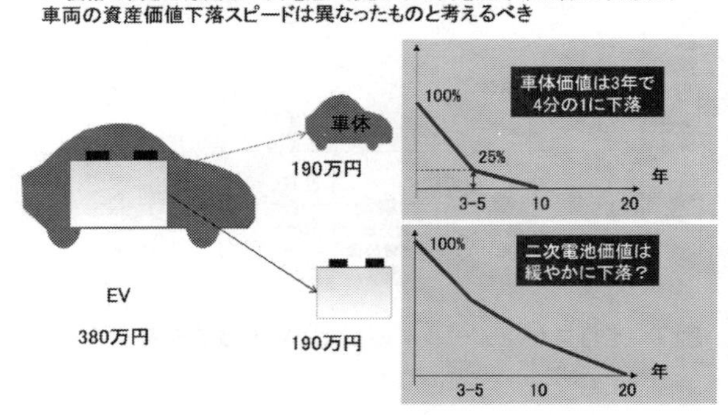

図 8　車載用電池の資産価値下落

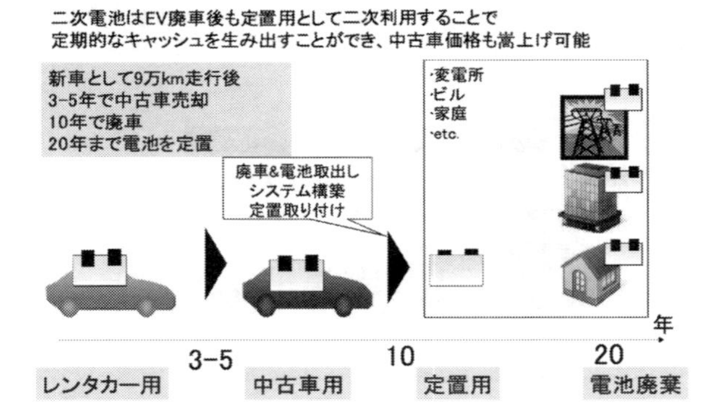

図9　車載用電池の再利用モデル①

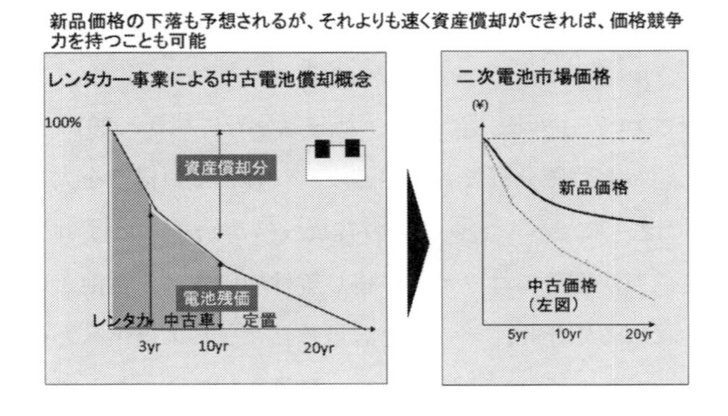

図10　車載用電池の再利用モデル②

レンタカーとして利用，中古車として売却後10年で廃車，その際，二次電池を取り出し，定置用の二次電池として再利用するモデルを提案した（図9）。もちろん，新品の市場価格も下落が予想されるが，定置用途などで充放電することで経済的利得（キャッシュ）を生み出すことができるから少なくとも一定の価値は残存する（図10）。これら再利用電池を沖縄のスマートハウス・スマートコミュニティで活用する。これらのシステムは，二次電池を大量に必要とするため（図11），市場価格より安く導入でき，ある意味で初期不良チェックも済んだ再利用電池を活用することは定置利用にとってもメリットが大きい。同様の定置用途への裁量コンセプトは，2010年9月に日産自動車と住友商事が設立した調査会社フォーアールエナジー社や，同月に発表されたGMとABBの車載電池のグリッド利用共同研究プロジェクトにおいても示されており，世界的にも注目が高まっている。なお，定置グリッドに関して，東京大学では，リゾートホテルのゼロエミッション化，離島全体の温暖化ガス削減における電力管理システムの設計法などの研究も行っているが，本稿では割愛させていただいた。

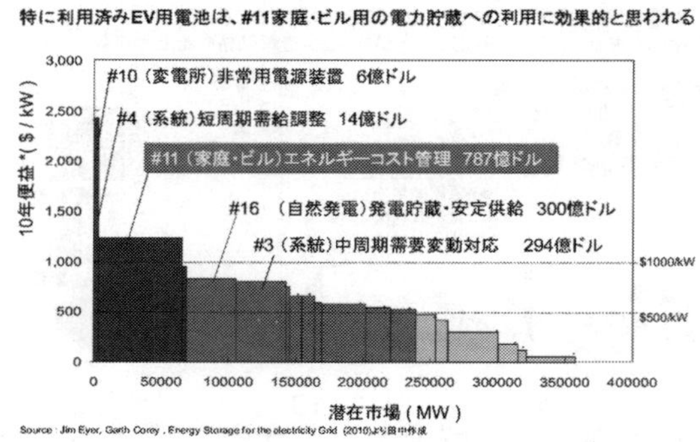

図11　電力グリッドにおける蓄電システム導入候補毎の二次電池単位導入当たりの便益と規模[2)]

6　おわりに

二次電池は1990年代のモバイル機器に始まった弱電分野に続き，2010年代に入り電気自動車や電力・エネルギーといった強電分野で普及が進み，これまでの構造を大きく変えようとしている。2010年の現段階では，未だハードウェアの普及段階が始まったばかりである。しかし，今後普及が進むにつれて，二次電池のユーザーの感じる付加価値は，電池というハードウェア自体から，ネットワーク化による知能化，データを活用したサービス提供へと順次移行していくものと考えられる（図12）。エネルギーを移動したり，貯蔵したりすることで初めて経済的な価値を実現するため，より利得に直結するサービスの設計が重要となる（電池資産を効率的に活用する電池マネジメントアルゴリズムや，劣化を抑えることやリモート管理サービス，クラウドバッテリーサービスなど）。

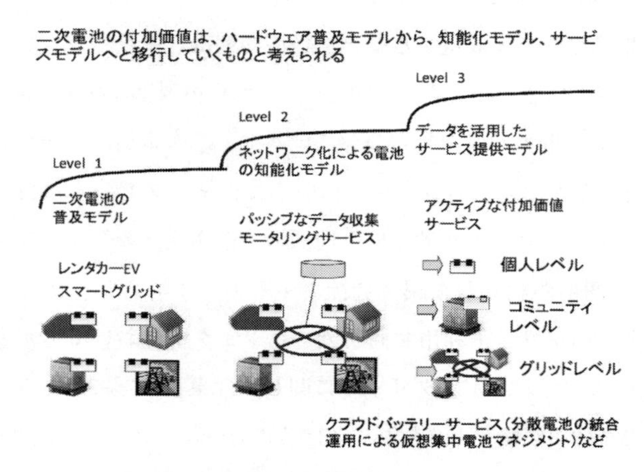

図12　二次電池の付加価値モデルの移行

沖縄では，民間主導でレンタカーEV導入による二次電池普及に始まり，定置用途利用によるスマートグリッドまでを視野に入れた環境対応型の社会システムプロジェクトを始動した。機器供給メーカーではなく，導入地域の企業が主導しているため，ユーザーの視点に立ってサービスを設計し，それを低コストで実現しようとする力学が働く。沖縄県民にとっての付加価値サービスを見出し，提供する可能性が高い。このような体制は，日本のプロジェクトとしては数少ないため，いい意味で他の地域の導入モデルとなる社会システムを構築する可能性を秘めているといえる。

文　献

1) 宮田秀明，社会システムデザインへ向けて，二次電池社会システムイノベーション第1回フォーラム講演資料，2008年（http://www.nijidenchi.org/2008/11/1.html）
2) J. Eyer, G. Corey., Energy Storage for the Electricity Grid: Benefits and Market Potential Assessment Guide, *Sandia National Laboratory,* SAND2010–0815, 2010
3) J. Neubauer and A. Pesaran, NREL's PHEV/EV Li-ion Battery Secondary-Use Project, *the Advanced Automotive Batteries Conference*（*AABC*）2010
4) ABB Press release, ABB and GM to collaborate on electric car battery research, 2010–09–21
5) 松本宗久，沖縄グリーン・ニューディールプロジェクト，二次電池による社会システムイノベーション第4回フォーラム講演資料，2009年
6) 沖縄県観光商工部観光企画課「観光統計実態調査報告書」平成20年
7) K. Tanaka *et al,* EV Installation Design Study for Rent-a-car Business, *the 6th Int. Sym. on Environmentally Conscious Design and Inverse Manufacturing,* 2009,（100224）
8) M. Nakai, *et., al.,* Zero-emission Program Planning Study on a Resort Hotel, *the 6th Int. Sym. on Environmentally Conscious Design and Inverse Manufacturing,* 2009,（10226）
9) M. Koyama, *et. al.,* A Study on EVs Introduction into Cities with a Geographical Methodology, *Int. Sym. on Environmentally Conscious Design and Inverse Manufacturing,* 2009,（100222）
10) 堀江英明，リチウムイオン二次電池の性能と拡がり，二次電池による社会システムイノベーション第1回フォーラム講演資料，2008年

第4章　パーソナルモビリティ・ビークル

須田義大*

1　はじめに

地球環境保全や高齢社会への対応の観点から，自動車や公共交通を補完するパーソナルモビリティの重要性が増してきた。従来から自転車やバイクといった一人乗りの乗り物は存在し，我が国においては通勤・通学などのコミュータや，比較的短距離の移動への活用が活発に行われてきた。

電動駆動技術の発達により，人力に頼る自転車では，パワーアシスト自転車として人力と電動駆動を協調させる方式が実用化し，広く普及してきている。原動機付自転車に代表させる小型エンジンを搭載したバイクも，輸送手段として世界的に広く活用されている。バイクの燃料消費率は，一般的に自家用乗用車よりも大幅に優れているが，炭酸ガスの排出量を抑制するという観点からは，電動駆動化も進んでいくと考えられる。

一方，このような二輪車は，低速での安定性が悪く高速走行時においても転倒の危険性があり，安全性という観点や，高齢者利用という観点からは，新たな車両構造やロボット技術を活用した安定化制御などの進展も求められている。二輪車であっても，自転車やバイクのように縦列に配置するのではなく，平行に配置し，操縦性や旋回性を大幅に向上させる試みがなされてきた。代表的なものとしてセグウェイなどであり，この乗物では，自立できない倒立振子構造であるため，制御技術により安定化する方式である。このように，従来の自転車などとは構造的にも異なる新たな方式が多数提案され，利用方法や走行空間の適合性など，様々な観点から検討が行われている[1,2]。

電気自動車という観点からも，二人乗りの効率的に電動駆動を達成させるために，より小型・軽量の車両も求められており，一人乗り原動機付自転車に分類される小型EVや，二人乗りの軽自動車よりも小さな新たなタイプの実現性なども議論されている。このような新たな乗物は，パーソナルモビリティ・ビークルと総称されることが多いが，車両や走行路の観点，さらには法制上の観点からも一般的な分類はなされていないのが実態である。

本稿では，ビークルからの視点，インフラ・交通環境からの視点，エネルギ・環境からの視点，

＊　Yoshihiro Suda　東京大学　生産技術研究所　先進モビリティ研究センター　教授

ユーザの利便性からの視点など，様々な観点から近年開発が進められている，パーソナルモビリティ・ビークルの特徴について紹介する。

2　パーソナルモビリティ・ビークルの分類と定義

新しい移動手段となる個人的な乗り物，すなわち，パーソナルモビリティ・ビークルが持つべき特徴として，ここでは以下の点を挙げる。

- 人と環境にやさしい動力で，快適かつ効率的な近・中距離移動を実現する。
- 道路空間のみならず，歩道や施設内での歩行者混在環境でも安全に使用される。
- 鉄道などの公共交通や自動車に持ち込める可搬性がある。

このようなパーソナルモビリティ・ビークルであれば，例えば利用実態として，以下のようなことが想定される。自宅から最寄り駅までパーソナルモビリティ・ビークルを使って移動し，駅ではパーソナルモビリティ・ビークルをコンパクトに折りたたみ，鉄道車内に持ち込み鉄道で移動する。到着駅では，再びパーソナルモビリティ・ビークルを広げ，通勤・通学先やショッピングモールなどの目的地まで，パーソナルモビリティ・ビークルを使用して移動する。さらに，目的地の構内においても，歩行者と共存して便利に活用することが期待される。しかも，高齢者にも利用しやすい環境が整えば，高齢者のモビリティにも活用できる。

このような利便性の高い都市交通システムが出現できれば，自動車交通への過度な依存を解消し，公共交通利用の促進や，高齢者の移動の活性化など，多くのメリットが期待される。道路交通の円滑化による省エネルギ・環境低負荷の促進のみならず，駅周辺の駐輪問題の解消にもつながると考えられる[3)]。

二輪車を主体で考えると，パーソナルモビリティ・ビークルの形態は，図1のように分類できる。自転車のように縦列に二輪を配置するものと，平行二輪方式に分けられる。駆動方式については，人力のみ，全電動方式，およびアシストの三通りが考えられる。さらにこれらの組み合わせも考えられ，切り替え方式となるドュアルモード方式や，複数の方式を共存するハイブリッド方式である。図2に，平行二輪方式として開発中のWINGLETの例を示す。

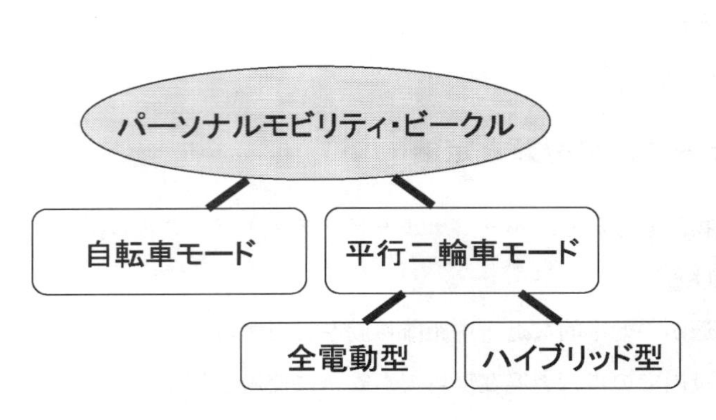

図1　パーソナルモビリティ・ビークルの分類

図2　WINGLET の例

例えば，自転車モードと平行二輪車モードという二形態を持ち合わせ，お互いのモードに機構的に変換可能で，状況に応じて使い分けることができる「ハイブリッド方式パーソナルモビリティ・ビークル」も提案されており，中高速走行時には直列二輪である自転車モード，低速走行時には平行二輪車モードとして利用するコンセプトである。速度に応じてモードを変換する方式や，公道においては自転車モード，屋内や混雑する区間では平行二輪車モードのように使い分けるドゥアルモード方式である。提案コンセプトを図3に示す。

駆動では，既に実用化している方式としては，自転車モードでは，人力，アシスト，電動の三通りがあり，平行二輪車モードでは，安定化制御のために電動方式が一般的であるが，人力の利用やアシスト方式も可能であり，実際に提案と試作もなされている（図4，5)。

図3　自転車モードと平行二輪モードの切り替え方式

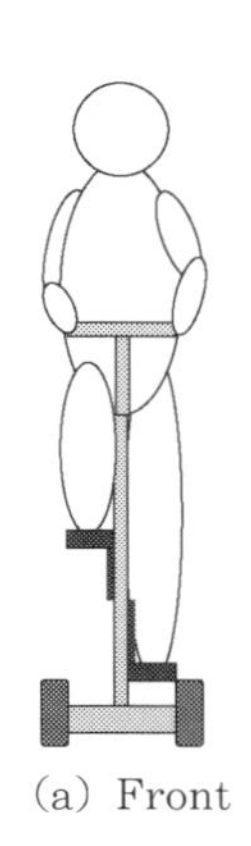

(a) Front

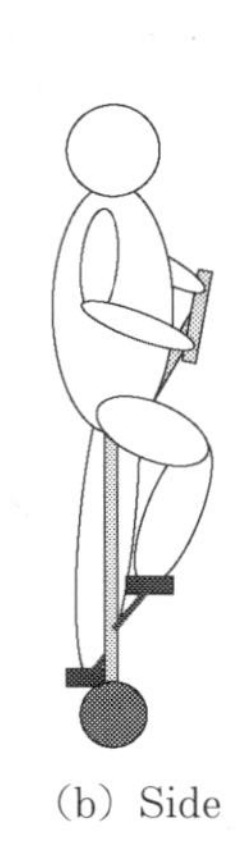

(b) Side

図4　人力駆動方式の並行二輪方式

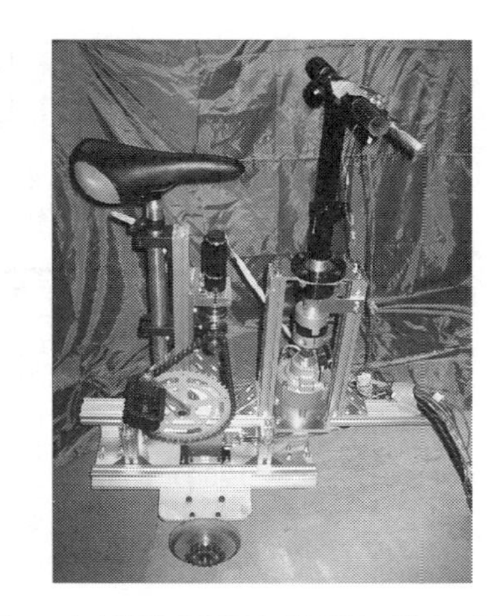

図5　人力駆動を利用した平行二輪車の試作車

3　パーソナルモビリティ・ビークルの安定性と安定化制御[1~5]

3.1　自転車の安定性と安定化制御

本稿で取り上げるパーソナルモビリティ・ビークルの基本は二輪車である。そこで，まずは自転車モードにおける車両の安定性と安定化制御について解説する。

図6に自転車の走行シミュレーション結果を示す。ここでは，パーソナルモビリティ・ビークルとして軽量・小型を重視して，タイヤ径の影響を評価する。図では，0.15mの小径自転車とタイヤ径0.6mの自転車の走行シミュレーション結果を比較して示す。本数値シミュレーションでは，マルチボディダイナミクスの手法を用い，非線形性を取り扱うことのできる3次元自転車モデルを使用している。この図において横軸正方向を進行方向，縦軸正方向を横方向左側とする。なお，後輪接地点の軌跡をプロットしており，横方向，ロール角方向のいずれか一方の安定限界までの軌跡を示している[2]。自転車の初速度は2.5m/sであり，手放し運転を想定しており，ステア角には小さな初期外乱を入力している。タイヤ径が小さい場合，安定性が低下することが分かる。

そこで，自転車をベースに制御により安定性を向上させることを考える。ここでは，前後輪の操舵角と駆動トルクを制御する2WS/2WD方式により，安定性を向上させる。2WS/2WD自転車では，操舵量を前後のステアに分配することができるので，より大きなロール角の振れにも対応できる。また，2WS/2WDとすることで，駆動力での安定化制御のために前後に加速度が生じるのを防ぐため，前輪と後輪に同じ大きさの逆向きの力を発生させて制御を行うことが考えられる[4]。一般に，自転車はジャイロ効果により速度が増すほど安定となるので，ある程度の速度を持って走行する場合は，制御量が小さくても，もしくはゼロでも，安定に操縦できるという利

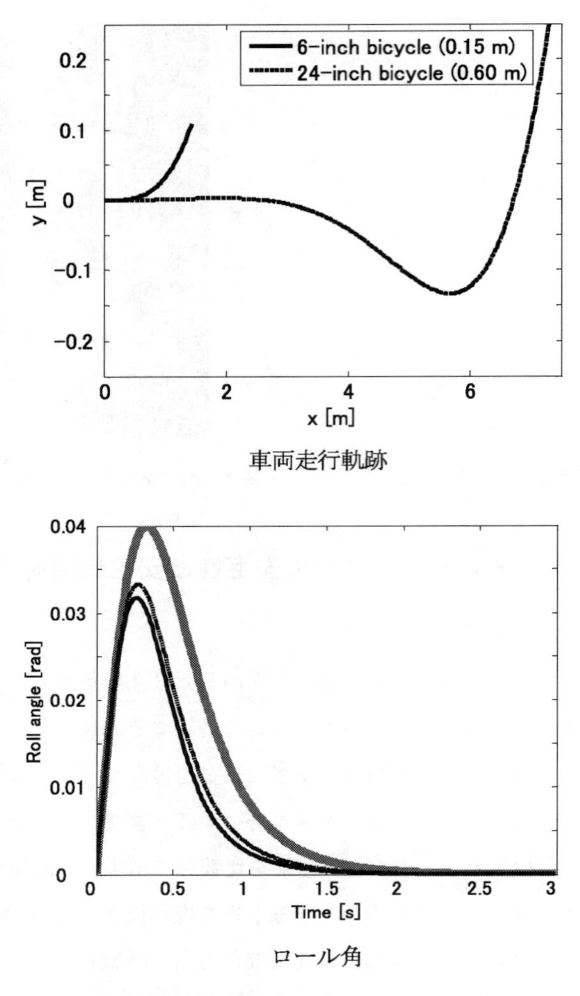

図6　自転車の安定性における車輪径の違い

点がある。逆に，極低速また停止状態においては，直立安定化のために2WS/2WD制御に大きく依存する。

ロール角θは微小とし，極低速で移動する場合を考え，簡略化した図7の自転車モデルを用いて安定化制御を試みる。ここでは，ヘッド角を90度，オフセットは0とし，構造的な安定化の影響を受けない操舵系を考える。前後輪の駆動トルクによって安定化を行う際の最大駆動トルクを前後輪の操舵角を変数にとり求めた結果を図8に示す[4]。シミュレーションでは，初期重心位置を原点，初期ロール角度を1度とし，制御がない場合はロール角がそのまま増加し，転倒する条件となっている。前後輪の操舵角の増大によって，安定化のために必要な前後駆動トルクが小さくなることが分かる。すなわち，前後輪とも90度操舵する状態の制御トルクが最小となる。

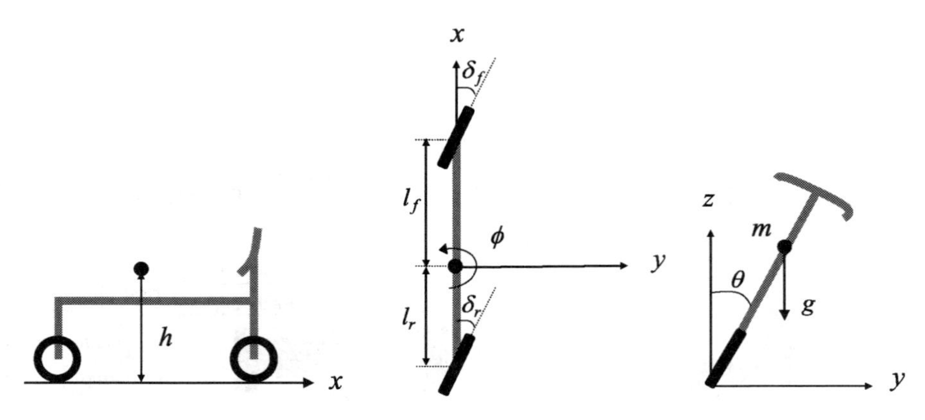

図7　安定化制御の解析モデル

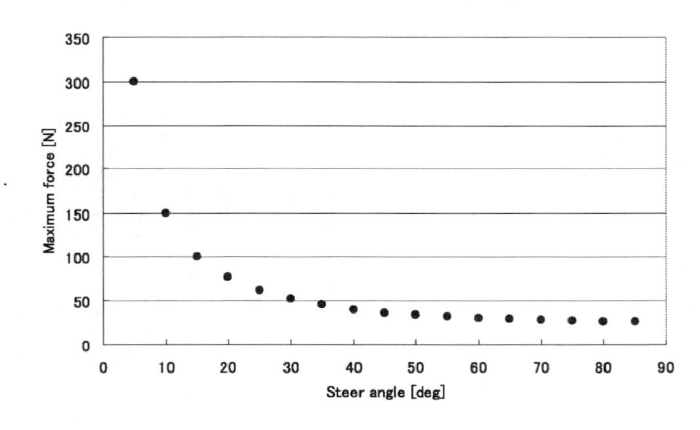

図8　二輪車における安定化制御

この状態は平行二輪車モードとなる。すなわち，極低速においても安定な自転車を構成するには，セグウェイのような平行二輪車方式がパーソナルモビリティ・ビークルとして構造的に有効であることが理論的に示されたことになる。

3.2　平行二輪車モードの安定化制御

パーソナルモビリティ・ビークルとして制御により安定化をする構成を考えると，前述のように二輪を縦列に配置する自転車モードではなく，平行に二輪を配置し，トルク制御を行うことが効果的である（図9）。ここでは，平行二輪車方式について，駆動トルクによる姿勢安定化を行い，さらに，一般的な方式として，駆動力についてはモータ駆動のほか，人力も併用できる方式について説明する。人力駆動については，自転車と同様にペダルにより駆動力を与えられるものとする。倒立振子型安定化車両は，姿勢安定化制御を車輪に取り付けられたモータで行い，前進するための駆動力は人力から得るというコンセプトである。人力による倒立振子型安定化車両に

図9　平行二輪を持つ倒立振子型安定化車両

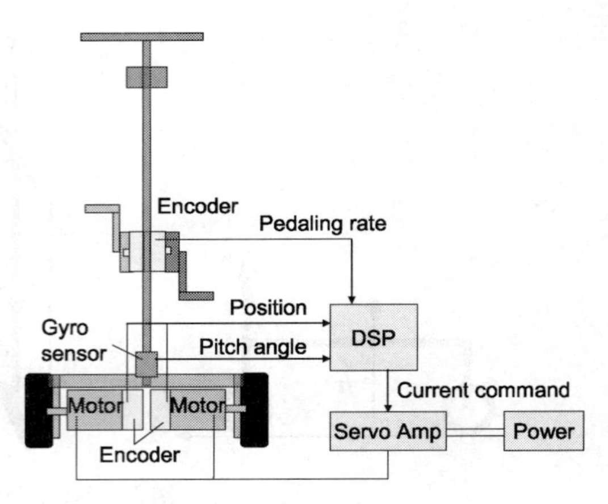

図10　制御系

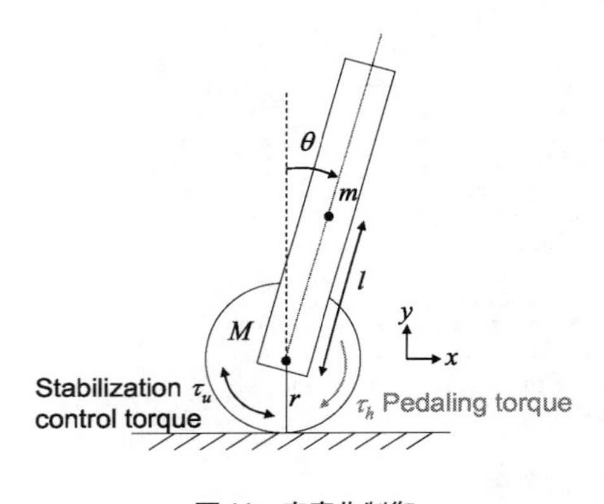

図11　安定化制御

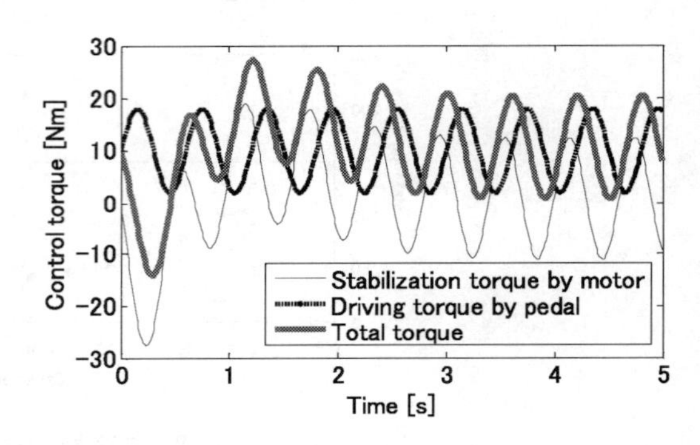

図12　安定化駆動トルク

は，次の利点が挙げられる。駆動力の一部に人力（ペダル駆動）を利用するため，全電動方式よりもバッテリ消費が少なく，軽量化と省エネに貢献できる可能性がある。また，ペダル駆動の動作は健康的であり，長時間の走行も期待できる。

人力駆動を併用する倒立振子型安定化車両の安定化制御は，図10に示すモデルを用い，図11の制御システムによるシミュレーションを実施した結果を図12に示す。ペダルによる駆動トルクを与えても安定化が可能である。

4　パーソナルモビリティ・ビークルの操縦性[6～8]

パーソナルモビリティ・ビークルにおいて，思い通りの操縦性を持たせ，優れた旋回性能を発揮させるためには，操舵システムとして，旋回方式と操縦入力システムを検討する必要がある。

通常の二輪車では，ハンドルを用いて操舵入力を人間が与え，機械的な結合により前輪が操舵される。一方，平行二輪方式の場合は，様々な方式が考えられる。例えば，左右の車輪の回転差を利用する方式，タイヤのキャンバスラストを利用する方式，車輪にステア角を与える方式などである。車輪の回転差を利用する旋回方式では，左右の車輪を逆方向に回転させることによって，その場旋回が可能となる。キャンバを利用する旋回方式は，タイヤのキャンバによって発生する横力を変化させることにより，旋回を実現できる。本方式では，平行リンクの設置などキャンバ角をつけるための機構が必要となる。ステアを利用する旋回方式は，車輪自体を操舵させ，旋回方向を定める方法である。それぞれの方法を組み合わせて使用することも考えられる。

本稿における旋回方式は，車輪の回転差を利用する方法とする。車輪の回転差を利用する方式では，駆動がドライブバイワイヤの場合，モータの回転方向を制御器で逆向きに制御すればよく，構造が最もシンプルになる。

一方，操舵の入力方法については，ハンドルを用いる方式や，体重移動や別途のスイッチを用いるなど，様々な方式が考えられ，試みられてきている。ハンドルの場合も，旋回のための入力をヨー方向にさせるか，あるいはロール方向へ回転させるか，など入力方向に応じた方式が考えられる。別途スイッチを設ける場合も，ハンドル上か，あるいはペダルの荷重スイッチを用いるかなどの方式があり，スイッチのインターフェースについても多様な方式が想定される。

よって，パーソナルモビリティ・ビークルの可能性として，これらの旋回方式と入力方式についての組み合わせが可能であり，どの方式がよいかは，利用目的や操縦者の特性などに応じて検討することになる。また，旋回方式として車輪回転数差を利用する場合は，一般的にステアバイワイヤとなる。このとき，操作入力に対して，車両の挙動をフィードバックさせるか，それとも反力は与えないで済ますか，など，さらなる検討が必要となる。これらは，現在，様々な方式が試作・検討されており，いずれ統一的なインターフェースと方式が確立されるものと思われる。

本稿では，ハンドルのヨー方向の回転を利用するステア方式に着目し，自転車と同様な操舵フィーリングを得る方式についての検討結果を紹介する。自転車の場合，ハンドルとタイヤは直結しており，ハンドルの回転に伴ってタイヤも回転するが，タイヤと路面間の摩擦から，タイヤは反力を受ける。タイヤが受けた路面反力は直接ハンドルに伝達される。よって，平行二輪車においても，ハンドルに反力となる情報を与えることを考える。

旋回指令については，前後進をせずに停止位置での旋回も可能とするシステムにするため，直進時の左右車輪の駆動トルクに，旋回指令に応じた車輪駆動トルクを左右車輪で逆向きに加えることを考える。旋回指令である操舵角に対して，操舵角に比例，操舵角速度に比例，操舵トルクに比例，など様々な方式が考えられる。また，ハンドル反力方式は，操舵角に比例したハンドル反力トルクを与える場合と，操舵角と操舵角速度に比例したハンドル反力トルクを与える場合などが考えられる。

ここでは自転車における操舵特性に近づけるという目的で，検討した結果，ハンドル操舵角と操舵角速度に適切な旋回ゲインを乗じて左右車輪駆動トルクを導出する手法が，高い操縦性を有することが分かった。

5　交通環境への受容性および歩行環境への親和性[9, 10]

人間と協調するパーソナルモビリティ・ビークルにおいては，ドライバとの協調のみならず，交通環境への受容性や，歩行環境へ親和性も重要な課題である。我が国以外では，倒立振子型安定化車両は既に公道走行が可能となっているが，我が国では既に提案されている多くのパーソナルモビリティ・ビークルは，車両保安基準や道路交通法において既存のカテゴリにマッチしないために，現状では実用化や普及がなされていない。そのため，社会への受容性に対する評価や，パーソナルモビリティ・ビークルの魅力向上などについても検討することが重要な課題となっている。

研究の一例として，電動駆動方式の平行二輪車両が歩行者混在空間に入った場合の安心感などについての評価実験結果が示されている。歩行者混在走行実験などにより，低速走行時における歩行者に対する親和性については，車両の形態や速度によって大きく変化を受ける。また，パーソナルスペースを用いた測定実験では，車両の形態や速度の違いによって，親和性が変化することを合理的に説明できている。

6　パーソナルモビリティ・ビークル活用によるCO_2排出削減効果の試算[11]

パーソナルモビリティ・ビークルの導入により，従来自動車によりカバーされていた短距離トリップがパーソナルモビリティ・ビークルに転換することが予想される。さらに可搬性に優れ電車やバスへの持ち込みも可能なパーソナルモビリティ・ビークルの特長を生かすことにより，これまで駅やバス停からのアクセスが不便だった目的地にも公共交通とパーソナルモビリティ・ビークルの組み合わせで到達が容易になり，鉄道の定時性の高さを考慮すれば，自動車利用トリップのうちある程度の割合が公共交通＋パーソナルモビリティ・ビークルに転換する可能性がある。このようにパーソナルモビリティ・ビークルは都市内の移動の有力な交通手段になると考えられ，自動車利用減少によるCO_2削減効果が期待できる。

パーソントリップ調査から得られた三大都市圏の移動距離帯別交通手段分担率[12]によると，自動車トリップは0.5〜2.0kmの20%，2.0〜4.0kmの40%を占めており，この距離帯のトリップは全トリップのうち40%を占めることから，これらのトリップの一部が転換すれば大きなCO_2削減効果が得られるものと考えられる。また，8.0km以上のトリップは全トリップに占める割合は小さいものの，トリップ長が長いため，これらが自動車から鉄道+パーソナルモビリティ・ビークルに転換した場合もCO_2排出量の観点からは大きな削減効果が見込まれる。

ここでは試算のため，2.0kmまでの自動車利用トリップの半数がパーソナルモビリティ・ビークルに，8.0km以上の自動車利用トリップの半数が鉄道+パーソナルモビリティ・ビークルに転換すると仮定する。国土交通省によると交通機関別の一人1kmあたりCO_2排出量は，鉄道19g，バス53g，バイク93g，自動車175gとなっている。またパーソナルモビリティ・ビークルのCO_2排出量として，SegwayTMの値（12.5g）[13]を用いる。以上の条件を用いてパーソナルモビリティ・ビークル導入前後のCO_2排出量の変化を試算すると，CO_2削減効果は−27.7%となる。

文　　献

1)　須田義大・中野公彦・中川智皓：人間と協調するパーソナルモビリティ・ビークルの提案，日本自動車技術会シンポジウム，No.07-09，p.23，(2009)
2)　中川智皓，人と協調するパーソナルモビリティ・ビークルの運動と制御： 東京大学博士論文，(2010)
3)　須田義大・岩佐崇史・宮本岳史・平沢隆之・小峰久直：都市交通における鉄道―自転車の連携技術，J-rail '00，pp.129-132，(1999)
4)　中川智皓・竹原昭一郎・須田義大：自転車の運動解析と走行実験（車輪径の影響），日本機械学会論文集（C編），Vol.75，No.749，pp.74-80，(2009)
5)　中川智皓・中野公彦・須田義大：前後輪操舵・駆動自転車の安定化制御，日本機械学会論文集（C編），Vol.75，No.753，pp.79-84，(2009)
6)　中川智皓・須田義大ほか：ペダル式平行二輪型パーソナルモビリティ・ビークルの操縦実験，生産研究，Vol.62，No.1，pp.119-122 (2010)
7)　中川智皓・中野公彦・須田義大・平山遊喜：人力で走行する倒立振子型安定化車両の操舵性能，日本機械学会講演論文集，D&D
8)　中川智皓・中野公彦・須田義大・平山遊喜：ペダル式倒立振子型車両の駆動制御実験，自動制御連合講演会論文集
9)　中川智皓・中野公彦・須田義大・川原崎由博・小坂雄介：パーソナルモビリティ・ビークルの歩行流に与える影響，日本機械学会第17回交通・物流部門大会，講演論文集，pp.365-368，(2008)
10)　中川智皓・中野公彦・須田義大・川原崎由博・小坂雄介：歩行空間におけるパーソナルモビリティ・ビークルの安全性と安心感，2009年自動車技術会春季学術講演会，No.65-09，

pp.1–6, (2009)

11) 須田義大・中野公彦・田中伸治・平沢隆之・牧野浩志・中川智皓・平山遊喜：パーソナルモビリティ・ビークルの試作と環境・高齢社会への適応性に関する基礎的検討：ITS Japan, 第9回ITSシンポジウム2010, pp.30–35, (2010)

12) 国土交通省 都市・地域整備局, 国土技術政策総合研究所：「平成11年全国都市パーソントリップ調査 都市における人の動き—分析結果からみた都市交通の特性—」, 2002

13) セグウェイジャパン：「Segway®PTの温室効果ガス削減への取り組みとエネルギー消費について」,
http://www.segway-japan.net/pdf/segway_green.pdf

電気自動車のためのワイヤレス給電とインフラ構築《普及版》(B1199)

2011年3月11日　初　版　第1刷発行
2017年3月8日　普及版　第1刷発行

監　修　堀　洋一，横井行雄　　Printed in Japan
発行者　辻　賢司
発行所　株式会社シーエムシー出版
東京都千代田区神田錦町1-17-1
電話03(3293)7066
大阪市中央区内平野町1-3-12
電話06(4794)8234
http://www.cmcbooks.co.jp/

〔印刷　あさひ高速印刷株式会社〕

ISBN978-4-7813-1192-0 C3054 ¥6300E